CAE分析大系

ANSYS CFD
疑难问题 实例详解

◎ 胡坤 顾中浩 马海峰 著

人民邮电出版社

北京

图书在版编目（CIP）数据

CAE分析大系：ANSYS CFD疑难问题实例详解 / 胡坤，顾中浩，马海峰著. -- 北京：人民邮电出版社，2017.8
ISBN 978-7-115-45469-0

Ⅰ. ①C… Ⅱ. ①胡… ②顾… ③马… Ⅲ. ①有限元分析－应用软件 Ⅳ. ①O241.82-39

中国版本图书馆CIP数据核字(2017)第107761号

内 容 提 要

本书主要介绍 ANSYS ICEM CFD 及 ANSYS FLUENT。其中，ICEM CFD 部分主要包括 ICEM CFD 基础、几何处理、网格基础、分块网格基础及非结构网格；FLUENT 部分则包含了 FLUENT 基础、流动问题计算、传热计算、运动部件建模、多相流计算、反应流计算、耦合问题计算等内容。

本书以 ANSYS CFD 应用过程中可能会遇到的典型问题为讨论对象。由于不同读者群工程背景的差异，因此在工作中所能碰到的问题存在较大的差异。本书不以特定 CFD 用户群为对象，而是从软件使用过程中可能会遇到的实际问题出发，力求成为一本 CFD 软件使用过程中的工具书，遇到问题可通过本书迅速找到解决办法。

另外，本书提供所需工程文件，扫描前言及封面的二维码可获取相关资源。

- ◆ 著　　　　胡　坤　顾中浩　马海峰
  责任编辑　杨　璐
  责任印制　陈　犇
- ◆ 人民邮电出版社出版发行　　北京市丰台区成寿寺路 11 号
  邮编　100164　电子邮件　315@ptpress.com.cn
  网址　http://www.ptpress.com.cn
  北京九州迅驰传媒文化有限公司印刷
- ◆ 开本：787×1092　1/16
  印张：27　　　　　　　　　2017 年 8 月第 1 版
  字数：819 千字　　　　　　 2024 年 11 月北京第 18 次印刷

定价：79.00 元

读者服务热线：(010)81055410　印装质量热线：(010)81055316
反盗版热线：(010)81055315
广告经营许可证：京东市监广登字 20170147 号

ANSYS 中包含了流体求解计算的完整方案，这其中包括了计算前处理器（ICEM CFD 与 TGrid）、计算求解器（CFX 与 FLUENT）、计算后处理（CFD-POST）。这些软件模块可以作为独立的模块运行，也可以通过 ANSYS Workbench 关联到一起形成完整的计算求解方案，多种形式的选择方案无疑给用户提供了最大的灵活性。

这些软件模块，无论是前处理器 ICEM CFD 还是计算求解器 CFX 与 FLUENT，都是流体仿真业界非常成熟的通用软件。相对于专业软件来讲，它们功能强大，能适应非常复杂的场合，然而强大的功能也意味着掌握并熟练应用它们需要较长的学习周期，这对于当今社会产品研发周期越来越短的现状来讲，无疑是一件极为不利的事情。

作为一款成熟的商用软件，ANSYS 提供了完善的随机文档，无论是 ICEM CFD，还是 FLUENT，抑或是作为后处理器的 CFD-POST，用户均可以在软件的随机文档中找到软件的使用细节描述。然而，对于非英语国家的用户来讲，面对长达几千页的英文文档，想要快速地找到问题的处理方案也是一件较为麻烦的事情。在此背景下，关于 ANSYS CFD 的学习资料层出不穷。这些资料的出现，一方面极大地方便了各类零基础读者的快速入门，另一方面也为软件的推广立下了汗马功劳。

ANSYS CFD 使用者在工作过程中要频繁地与软件打交道，努力提高软件的使用熟练程度，有利于提高工作效率。当前市面上关于 ANSYS CFD 的学习资料大致可分为两类：一类以"Step by Step"的方式讲述软件功能及使用方法；另一类则偏重于 CFD 理论的讲解，辅以软件操作。虽然说这两类资料对于 CFD 使用者来说都是必不可少的，但是笔者个人认为，除了这两类资料外，还应该有一种软件提高类资料，这类资料应该是对第一类资料的补充和加强。笔者从周围 CFD 工作者的学习历程中发现，很多人已经熟悉了软件的操作界面、操作流程，但是碰到新的工程问题时仍然一筹莫展，存在新的几何模型难以生成高质量的网格、新的物理现象无法抽象为计算模型、计算结果不会解读等问题，因此迫切需要在现有资料的基础上，提供一类帮助他们进一步提高应用技能的资料。

》 本书特色

入门型图书应当给读者指明前进的方向，理论型图书则应当给读者提供前进的动力，而本书则旨在告诉读者前进路上的坑洼坎坷，以及跨越或避开这些坑洼坎坷的基本方法和技巧。因此本书与前两类资料的不同之处在于：

（1）本书不再假定读者毫无 CFD 应用基础。阅读本书之前，请提前阅读有关 CFD 应用的入门类教程，或者参阅本书姐妹篇《CAE 分析大系——ANSYS ICEM CFD 工程实例详解》。

（2）本书不会纠缠于 CFD 基本理论或行业背景理论，因为关于此类理论已有大量教材可供选用，其中不乏优秀作品。在使用 CFD 的道路上，读者应当始终将提高自己的理论背景作为头等要事。

（3）本书以 ANSYS CFD 软件应用过程中可能会遇到的典型问题作为讨论对象。由于不同读者群工程背景的差异，因此在工作中所能碰到的问题存在较大的差异。本书不以特定 CFD 用户群为对象，而是从软件使用过程中可能会遇到的问题出发，力求成为一部 CFD 软件使用过程中的工具书。在软件使用过程中遇到疑难问题，可迅速通过本书内容得到解决。同时本书提供大量 ANSYS CFD 软件使用过程中的操作技巧，可帮助读者提高工作效率。

主要内容

本书所讲述的软件操作界面基于 ANSYS 17.0 版本。虽说本书中探讨的问题与软件的版本并无太大关联，但是明确指定软件的版本有利于问题的提出。另外，由于版本的不一致，软件操作界面也存在些许差异。

本书内容主要分为 ANSYS ICEM CFD 及 ANSYS FLUENT 两大部分，其中 ICEM CFD 部分主要包括 ICEM CFD 基础、几何处理、网格基础、分块网格基础以及非结构网格；FLUENT 部分则包含了 FLUENT 基础、流动问题计算、传热计算、运动部件建模、多相流计算、反应流计算、耦合问题计算等。

资源下载及统一技术支持

本书所附工程文件可扫描二维码下载，如在学习中需要帮助，可以通过我们的立体化服务平台（微信公众服务号：iCAX）联系，我们会尽量帮助读者解答问题。此外，在这个平台上我们还会分享更多的相关资源。微信扫描下面的二维码就可以查看相关内容。

微信公众服务号：iCAX

读者如果无法通过微信访问，也可以给我们发邮件：iCAX@dozan.cn。

限于时间和作者的能力，书中难免有疏漏之处，恳请读者批评指正。

胡　坤

2017 年 4 月 30 日

Contents
目录

第 一 篇

ICEM CFD 常见问题解答

第 1 章

ICEM CFD 基础

使用 ANSYS 系列 CFD 软件的读者可能对 ICEM CFD 都不会陌生，它是一款前处理软件，特别适合于生成 CFD 计算网格，尤其是 ANSYS CFD 系列软件，如 CFX 及 FLUENT 等。作为一款前处理软件，ICEM CFD 在几何操作、网格生成方面具有独特的优势。ICEM CFD 功能强大，这同时还也给使用者带来了使用上的困难。本章将以实例的方式剖析 ICEM CFD 使用过程中可能会存在的一些问题，并在后续各章中对这些问题进行解答。

【Q1】 ICEM CFD 的基本使用流程

ICEM CFD 是一款前处理软件，其基本任务是为 CAE 求解器提供计算网格文件。ICEM CFD 网络生成流程如图 1-1 所示。

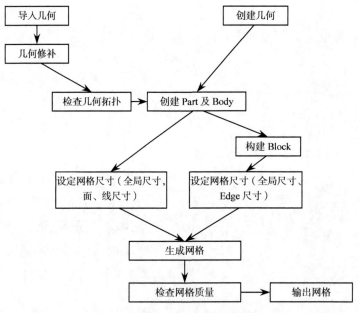

图 1-1 ICEM CFD 网格生成流程

【Q2】 ICEM CFD 的功能

ICEM CFD 是一款用于数值计算前处理的软件，具备前处理软件所有应具备的如下几项功能。

1. 几何兼容性

作为一款前处理软件，ICEM CFD 的输入文件通常为几何模型。ICEM CFD 除可以输入 ANSYS 系列几何文件(如 SpaceClaim、Design Modeler、Bladegen 等)外，还兼容当前几乎所有的通用几何格式（如 Parasolid、IGES、STEP 等)，同时还支持当前主流 CAD 软件（如 SolidWorks、Catia、Creo、Solid Edge 等），如图 1-2 所示。

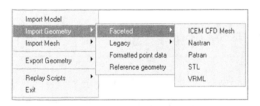

图 1-2　几何模型

除此之外，ICEM CFD 还支持导入刻面数据、点云数据，具有极强的几何兼容性，如图 1-3 所示。

图 1-3　导入其他类型几何

2．几何创建功能

ICEM CFD 具有较强的几何创建功能，对于仿真计算的绝大多数几何模型都可以通过 ICEM CFD 进行创建。其建模方式包括以下两种。

- 由点→线→面逐层构建的方式。
- 由基本几何组合，编辑曲面的方式。

几何创建功能位于 Geometry 标签页下。

3．几何编辑功能

ICEM CFD 的几何编辑功能同几何创建功能位于相同的功能按钮内。其几何编辑功能包括点编辑、线编辑和面编辑，同时还具备几何体变换功能。

为辅助几何编辑，ICEM CFD 还提供了 Part 方式组织几何。

4．网格生成功能

ICEM CFD 的网格生成功能比较全面，支持绝大多数种类的网格，如四面体、五面体、六面体、棱柱网格、三角形、四边形、笛卡儿网格等。

ICEM CFD 提供以下两类网格生成方式。

- Block 网格生成。采用构建 Block 的方式生成六面体或四边形网格。
- 非结构网格生成。常用的网格生成方法包括八叉树法、阵面推进法、Delaunay 等，同时还包括 CFD 边界层计算所需的棱柱网格。

除了网格生成外，ICEM CFD 还提供了众多的网格编辑功能。

5．网格输出功能

ICEM CFD 支持超过 100 种数值计算求解器（输出求解器），如图 1-4 所示。

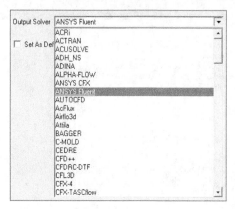

图 1-4　输出求解器

6．结构计算前处理

ICEM CFD 还支持结构计算前处理，包括网格属性设置、材料本构设置、边界约束设置、载荷设置、接触设置等。这些功能分布在 Properties、Constraints、Load、FEA Solver Options 标签页下。

【Q3】　ICEM CFD 软件的类型

ICEM CFD 是一款计算前处理软件，主要用于数值计算过程中的网格生成。ICEM CFD 具备良好的几何接口，可以很容易地导入由其他专业 CAD 软件（如 CATIA、UG、PRO/E、Solidworks 等）生成的计算模型，同时支持绝大多数中间几何文件格式（如 IGS、STP、ParaSolid 等）。除此之外，ICEM CFD 还具备一定的几何建模功能。

ICEM CFD 具备强大的几何操作功能，对于工程上复杂的几何模型，若在导入后存在几何缺陷，ICEM CFD 具备众多功能可以对几何缺陷进行修复。这些功能包括常见的几何点、线、面的创建，几何孔洞的去除，面分割与合并，面偏移等。

在网格生成方面，ICEM CFD 具备强大的分块六面体生成功能，拥有灵活的分块方式，支持自顶向下的块切割方式，同时还支持自底向上的 2D→3D 块生成方式，这对于复杂几何的分块无疑是非常有用的。

除了分块六面体网格生成方式，ICEM CFD 同时还具备强大的非结构网格生成功能，支持四面体、三角形、笛卡儿网格等网格形式。对于常用的四面体网格，ICEM CFD 提供了 Octree、Delaunay、Advancing Front 三种网格生成算法，能够满足绝大多数工程数值网格生成的需求。

作为一款前处理软件，ICEM CFD 不仅可以为流体计算求解器（如 FLUENT、CFX 等）输出计算网格文件，同时还支持为一些结构计算求解器（如 ANSYS、Abaqus、Adina、Nastran 等）输出计算网格。ICEM CFD 支持 100 多种不同的计算求解器。

ICEM CFD 可作为单独的软件运行，在 ANSYS 14.5 之后的版本中，ICEM CFD 还可作为 ANSYS Workbench 中的一个模块运行。

 说明：

ICEM CFD 的早期版本（13.0 以前的版本）除了支持网格生成功能外，还包括计算后处理功能，同时还拥有一款名为 Cart3D 的流体计算求解器。

【Q4】 ICEM CFD 工作路径设置

ICEM CFD 在工作过程中会生成较多的临时文件，这些文件会存储在工作路径中。用户可以自行设置 ICEM CFD 的工作路径。若用户没有对工作路径进行任何设置，ICEM CFD 会使用默认工作路径，默认路径通常为 c:\users\计算机名。在工程应用中，若 ICEM CFD 生成的网格数量较多，则临时文件可能会占用较多的硬盘空间，为了不使这些文件占据 C 盘空间，常常需要对 ICEM CFD 的工作路径进行设置。通常可以采用如下两种方式指定 ICEM CFD 的工作路径。

方法 1：临时设置法

此方法为一次性设置法，下次启动 ICEM CFD 后仍然采用默认工作路径。

- 依次单击菜单【File】>【Change Working Dir…】，弹出图 1-5 所示的文件路径设置对话框，选择需要设置的工作路径，单击确定按钮即可。

方法 2：一劳永逸法

如果每次都要进行设置，势必会觉得比较麻烦，其实可以采用如下步骤来永久地设置 ICEM CFD 的工作路径。

- 鼠标右键单击 ICEM CFD 快捷方式，选择菜单【属性】，在弹出对话框中的"起始位置"文本框中输入工作路径，单击确定按钮确认操作，如图 1-6 所示。

图 1-5　文件路径设置对话框

图 1-6　设置 ICEM CFD 属性

如此设置完毕后，之后每次启动 ICEM CFD 均会将起始位置的路径作为其工作路径。此可谓一劳永逸的解决办法。

 小技巧：

（1）可以在图 1-6 所示对话框的"快捷键"设置项中设置 ICEM CFD 启动快捷键。（2）临时设置法具有较高的优先级。也就是说，如果在快捷方式属性中设置了 ICEM CFD 的工作路径，同时又在软件中设置了工作路径，则以软件中设置的工作路径为准。

【Q5】 设置 ICEM CFD 的背景颜色

默认情况下，ICEM CFD 图形窗口背景颜色为上蓝下白的渐进色，而在撰写计算报告时，常常需要抓取白底图片，因此需要将 ICEM CFD 的图形背景颜色设置为白色。背景颜色的设置方法如下。

- 依次单击菜单【Settings】>【Background Style】，弹出的操作窗口如图 1-7 所示，设置 Background Style 为 Solid，并设置 Background Color 及 Background Color2 均为白色，然后单击 Apply 按钮即可将背景颜色设置为单白色。

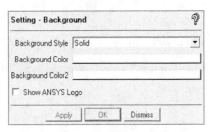

图 1-7 操作窗口

【Q6】 ICEM CFD 多核并行处理设置

设置多核并行处理可以在一定程度上加快处理速度。可以在 ICEM CFD 将进行网格生成及光顺过程中，设置处理器数量。

- 依次单击菜单【Settings】>【General】，在弹出的操作窗口中，设置选项 Number of Processors 为 CPU 数量。（该选项默认设置为 1，用户可以设置为 0~256 的任何值），若设置为 0，则自动设置为可用的最大 CPU 数量，如图 1-8 所示。

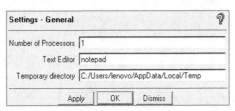

图 1-8 基本设置

 小技巧：

多核并行在网格生成过程中感觉不出来有什么效果，不过在网格光顺过程中有较大的性能提升。个人认为这是由数值算法所决定的。

【Q7】 ICEM CFD 中的几何单位设置

对复杂的工程几何模型语言，通常采用专业的 CAD 软件进行建模，然后通过几何导入的方式读入 ICEM CFD。由于几何模型文件携带了单位信息，因此大多数情况下不需要考虑单位的问题。但是，如果用户一定要设置几何单位的话（比如说利用 ICEM CFD 自身的几何建模功能创建几何），可以采用如下方式进行设置。

- 依次单击菜单【Settings】>【Model/Units】，将弹出一个操作窗口用户只需在 Length Units 下选择合适的单位，然后单击 Apply 按钮即可，如图 1-9 所示。

图 1-9　单位设置

ICEM CFD 默认采用 Unitless，即无单位设置。如用户设置了单位，则设置的单位信息会被写入 Tin 文件中。

 提示：

　　一般情况下不需要进行单位设置，直接采用默认 Unitless 即可。

【Q8】 鼠标中键的替代方案

在 ICEM CFD 中通常利用鼠标中键进行确认操作，但是对于只有两个按键的笔记本触摸板该怎么办呢？其实是有办法的。ICEM CFD 拥有众多的快捷键可以替代这一操作，其中替代鼠标中键的快捷键为 "]" 键。

 提示：

　　在使用快捷键时，确保使用的是英文输入法。

【案例1】 ICEM CFD 自动网格划分

本例的几何模型来自 ICEM CFD 的 Tutorial。

对图 1-10 所示的几何模型划分计算网格。图中表示了几何各边界的命名。在划分网格过程中，Cylinder 1 与 Cylinder 2 边界需要生成边界层网格。

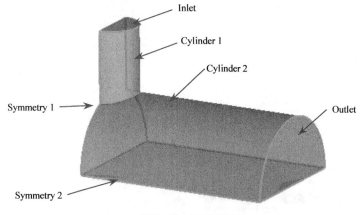

图 1-10　几何及边界

Step 1：启动 ICEM CFD

启动 ICEM CFD，利用菜单【File】>【Change Working Dir…】设置工作路径。

💡 **提示：**

> 启动 ICEM CFD 后，养成设置工作路径的好习惯。

Step 2：导入几何并进行拓扑构建

- 启动 ICEM CFD，利用菜单【File】>【Geometry】>【Open Geometry…】，在弹出的文件选择对话框中选择几何模型 ex2-1.tin。

- 单击 Geometry 标签页下的 Repair Geometry 按钮🔧，在左下角 Repair Geometry 面板中选择 Build Diagnostic Topology 工具🔍，设置参数面板中的 Tolerance 参数值为 0.25，单击 Apply 按钮进行几何拓扑构建。完成拓扑构建后的几何如图 1-11 所示。

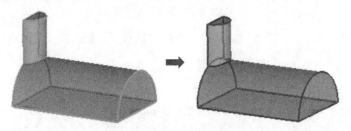

图 1-11　完成拓扑构建后的几何

🔴 **注意：**

> 对于外部导入的几何模型，一般情况下都需要进行拓扑构建操作，在构建拓扑过程中，大多数情况下可以使用默认参数值。对于 3D 模型，构建拓扑后的结果应当是所有的线条颜色均为红色。若有其他颜色线条，则需要检查几何模型或调整拓扑构建参数。

Step 3：创建 Part

创建 Part 的目的是给边界命名。一般要求在生成网格之前对边界命名。

- 在树状菜单 Parts 节点上单击鼠标右键，在弹出的菜单中选择 Create Part，如图 1-12 所示。

- 在左下角的参数设置面板中，设置 Part 名称为 INLET，如图 1-13 所示。在图形显示窗口中选择图 1-10 所示的小半圆面，单击鼠标中键确认操作。

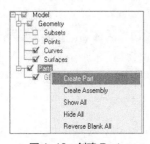

图 1-12　创建 Part

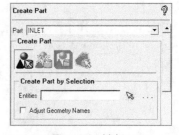

图 1-13　创建 Part

以同样的步骤创建其他的 Part：Outlet、Symmetry1、Symmetry2、Cylinder1 及 Cylinder2。

Step 4：设置全局网格尺寸

选择 Mesh 标签页下的 Global Mesh Setup 按钮🔧，如图 1-14 所示。

图 1-14　选择 Global Mesh Setup 按钮

在左下角的 Global Mesh Setup 设置面板中设置 Scale factor 为 2，设置 Max element 为 16，其他参数保持默认设置，然后单击 Apply 按钮确认，如图 1-15 所示。

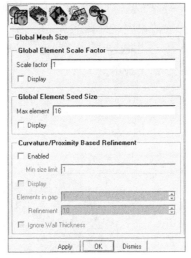

图 1-15　设置全局网络尺寸

提示：
（1）Sacle factor 的作用是对所有的网格尺寸进行缩放。该因子与 Max element 的乘积为真实最大网格尺寸。（2）设置最大网格尺寸前，可以先测量一下几何的尺寸，获取尺寸所在的量级，防止该参数设置过小导致网格量巨大而死机。（3）Max element 参数值通常设置为 2 的幂，如 2、4、8、16、32 等。

Step 5：Part Mesh 设置

虽然说很多情况下，设置完全局尺寸后就可以直接进行网格生成了，但是为了获取更精细的网格，尤其是在几何中存在尺寸跨度比较大的特征时，给不同的 Part 分别设置尺寸是非常有必要的。

单击 Mesh 标签页下的 Part Mesh Setup 按钮，如图 1-16 所示。

图 1-16　单击 Part Mesh Setup 按钮

弹出的 Part 尺寸设置面板如图 1-17 所示。设置 Cylinder1 的最大网格尺寸为 2，其他部件的最大网格尺寸均为 2，然后单击 Apply 按钮确认设置。

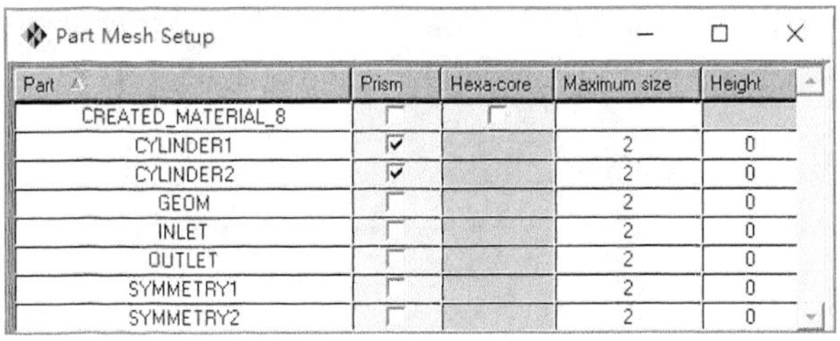

Part	Prism	Hexa-core	Maximum size	Height
CREATED_MATERIAL_8				
CYLINDER1	✓		2	0
CYLINDER2	✓		2	0
GEOM			2	0
INLET			2	0
OUTLET			2	0
SYMMETRY1			2	0
SYMMETRY2			2	0

图 1-17　Part 尺寸设置面板

Step 6：生成网格

单击 Mesh 标签页下的 Compute Mesh 按钮。左下角的 Compute mesh 设置面板如图 1-18 所示。该面板中的参数包括以下几种。

Mesh Type：指定生成的网格的类型。如四面体、六面体、笛卡儿网格等。

Mesh Method：网格生成算法。如 Octree、Delauney、Advancing Front 等。

Create Prism Layers：是否包含边界层网格的生成。

Create Hexa-Core：生成六面体核心。

Select Geometry：选择几何体进行网格划分，默认划分所有的几何体。

这里先采用默认设置，单击 Compute 按钮生成计算网格。

生成的网格如图 1-19 所示。可以看出 Cylinder1 面上的网格尺寸要小于其他面，这是因为在 part 网格尺寸设置中，Cylinder1 面上尺寸值设置较小所造成的。

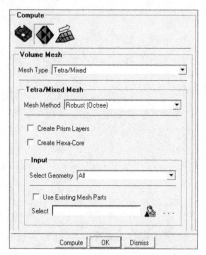

图 1-18　Compute Mesh 设置面板

图 1-19　生成的网格

💮 提示：

　　除了可以设置 part 尺寸外，还可以对面和线指定网格尺寸。

Step 7：添加边界层网格

● 设置 prism 参数

在 Mesh 标签页中选择全局网格设置，然后选择 Prism Meshng Parameters，设置参数值 Initial height 为 0.25，设置 Height ratio 为 1.2，Number of layers 为 5，Total height 值可以通过单击按钮 Compute params 计算得到，如图 1-20 所示。

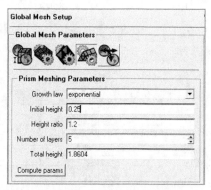

图 1-20　设置 Prism 参数

单击 Apply 按钮确认参数设置。

● 生成 Prism 网格

在 Mesh 标签页下单击 Compute Mesh 按钮，在左下侧的设置面板中选择 Prism Mesh，然后单击按钮 Select Parts for Prism Layer，在弹出的对话框中选择 Cylinder1 与 Cylinder2。单击 Compute 按钮生成网格，如图 1-21 所示。

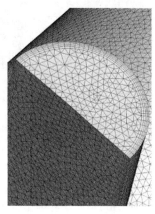

图 1-21　生成 Prism 网格

Step 8：网格质量检查

利用 Edit 标签页下的 Display Mesh Quality 按钮█进行网格质量检查，如图 1-22 所示。

图 1-22　质量检查

在左下角的参数设置面板中，采用默认参数进行设置，单击 Apply 按钮确认操作。右下角显示出的网格质量直方图，如图 1-23 所示。

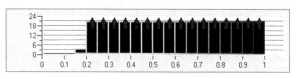

图 1-23　网格质量直方图

对于网格质量来讲，越接近 1 表示质量越好。图中显示网格质量最低为 0.19，已经可以用于 CFD 计算了。大部分 CFD 求解器能够接受质量 0.1 以上的网格。

Step 9：进行网格光顺

对网格进行光顺处理，可以在一定程度上提高网格质量。单击 Mesh 标签页下 Smooth Mesh Globally 按钮█，在左下参数设置面板中设置 Up to value 值为 0.4，单击 Apply 按钮，此时软件将对已生成的网格进行光顺操作，并自动更新光顺后的网格质量直方图，如图 1-24 所示。

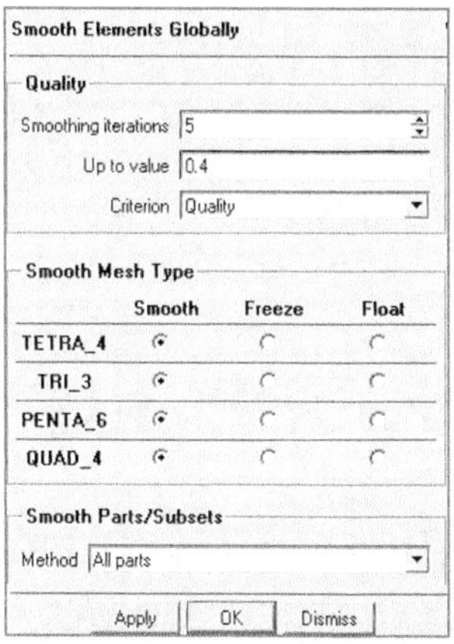

图 1-24　网格光顺

经过光顺处理后，网格质量提高到了 0.35，如图 1-25 所示。

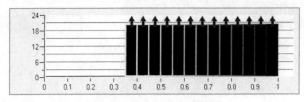

图 1-25 光顺后的网格质量

💡 提示：

　　读者可以尝试对图 1-24 中的参数进行设置，此网格质量还能够进一步提高。

Step 10：输出网格

网格生成完毕后即可输出网格。在 Output Mesh 标签页下选择 Select Solver 按钮🖱选择求解器。选择 Write Input 按钮🖱输出网格。

【案例 2】ICEM CFD 分块六面体网格划分

针对案例 1 的几何体，采用 Block 方式生成六面体网格。由于一些步骤与案例 1 相同，故在本例的讲解中会简要描述。

Step 1：启动 ICEM CFD

启动 ICEM CFD，利用菜单【File】>【Change Working Dir…】设置工作路径。

Step 2：读入几何

利用菜单【File】>【Geometry】>【Open Geometry…】，在弹出的文件选择对话框中选择几何文件 ex2-1.tin。

💡 提示：

　　几何读入完毕后，可以进行几何清理。虽然在分块网格生成方式中，几何清理不是特别重要，但是养成读入几何后进行清理的好习惯是十分有必要的。

Step 3：创建 Part

鼠标右键单击模型树节点 Parts，通过与案例 1 相同的方式创建 Part：Inlet、Outlet、Symmetry1、Symmetry2、Cylinder1 及 Cylinder2。

💡 提示：

　　要养成在几何处理完毕后进行边界 Part 的指定的好习惯。

Step 4：创建初始块

选择 Blocking 标签页下的 Create Block 功能按钮🎲。左下角参数面板如图 1-26 所示。

设置 Part 为 FLUID。

设置 Type 为 3D Bounding Box。

其他参数采用默认设置。单击 Apply 按钮确认操作。创建完成的 Block 如图 1-27 所示。

Step 5：切割块

本案例的几何为类似 L 形结构，因此在构建 Block 的过程中构建 L 形的块。

单击 Blocking 标签页下的 Split Block 功能按钮🎲，在参数设置面板中选择 Split Block 按钮🎲。按图 1-28 所示位置切割，注意选择 Edge 及切割位置后单击鼠标中键。

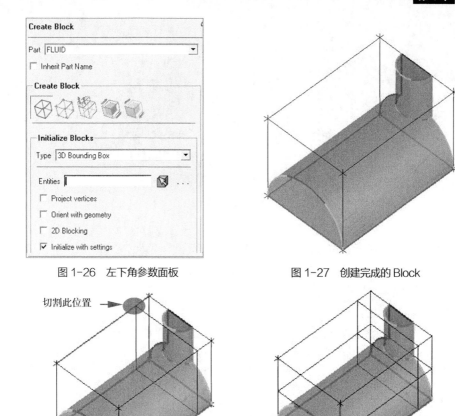

图 1-26 左下角参数面板   图 1-27 创建完成的 Block

图 1-28 切割块

Step 6：删除多余的块

选择 Blocking 标签页下的 Delete Block 按钮 ✖，然后选择图 1-29（左）中高亮部分的块，单击鼠标中键确认删除操作，删除后的块如图 1-29（右）所示。

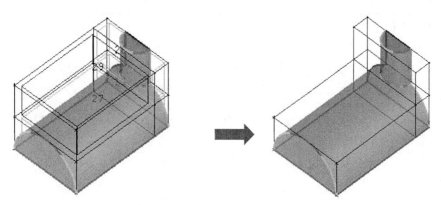

图 1-29 删除块

Step 7：进行关联操作

选择 Blocking 标签页下的 Associate 功能按钮 ，在左下角参数设置面板中选择 Associate Edge to Curve 功能按钮 。主要关联部分包括以下几部分。

● 关联 Edge 到半圆上，如图 1-30 所示。

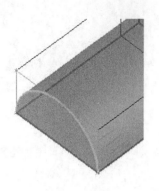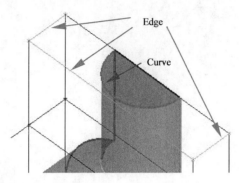

图 1-30　圆弧关联

● 相贯线位置关联

相贯线位置关联如图 1-31 所示，将 3 条 Edge 关联到相贯线上。注意，若相贯线不是一条线，在选择时一定要全部选取，读者可以在选取相贯线前将相贯线合并为一条线。

● 对称面上圆弧的关联

对称面上圆弧关联如图 1-32 所示。

关联完毕后，单击 Snap Project Vertices 按钮 ，对齐后的块如图 1-33 所示。

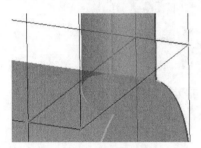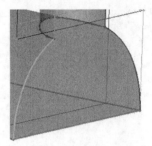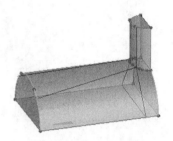

图 1-31　相贯线位置关联　　　图 1-32　对称面上圆弧的关联　　　图 1-33　对齐后的块

> **提示：**
> 在 3D 块关联过程中，并不要求所有的线完全关联，但是要留心没有关联的部分，因为它们可能在后续网格映射过程中出现问题。因此，要尽可能地多关联线，甚至关联面。

Step 8：指定网格尺寸

单击 Mesh 标签页下的 Surface Mesh Setup 功能按钮 ，按住鼠标左键框选图形窗口中的所有几何面，设置 Maximum size 为 4，其他参数保持默认，然后单击 Apply 按钮确认操作，如图 1-34 所示。

Step 9：更新块尺寸

单击 Blocking 标签页下的 Pre-Mesh Params 功能按钮 ，选择 Recalculate Sizes，选择方法为 Update All，单击 Apply 按钮确认操作，如图 1-35 所示。

图 1-34　设置面尺寸

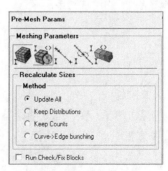

图 1-35　更新块尺寸

Step 10：预览并检查网格

单击模型树节点 Pre-Mesh 前的选择框，即可在图形窗口中预览生成的网格，如图 1-36（a）所示。

单击 Blocking 标签页下的 Pre-Mesh Quality Histograms 功能按钮，在左下角的参数设置面板中，选择 Criterion 为 Determinant 3×3×3，其他参数保持默认，单击 Apply 按钮确认操作，网络质量如图 1-36（b）所示。

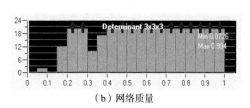

（a）预览生成的网络   （b）网络质量

图 1-36　预览网格及网格质量

从网格质量分布图可以判断出，有些地方的网格质量很差，检查网格可以发现这些网格分布在半圆面上，如图 1-37 所示。要改善这些位置的网格，可以对块进行 O 型切分。

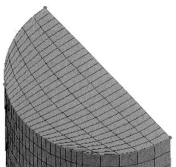

图 1-37　半圆面上的网格

Step 11：O 型切分

取消模型树节点 Pre-Mesh 前的选择项，退出网格预览。

单击 Blocking 标签页下的 Split Block 功能按钮，在左下的参数面板中选择 OGrid Block 按钮，选择所有的 Block 及图 1-38 所示的 Face 进行 O 型切分。

O 型切分后的块如图 1-39 所示。

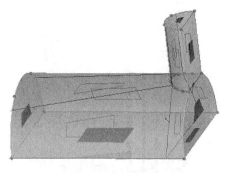
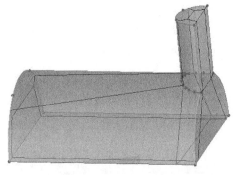

图 1-38　选择 Face   图 1-39　O 型切分后的块

重复 Step 9 与 Step 10 的操作，更新块尺寸、预览网格及检查网格质量。网格质量如图 1-40 所示。可以看出，O 型切分后网格质量提高了很多。

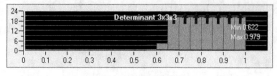

图 1-40　网格质量

Step 12：划分边界层网格

通过对 Edge 指定节点分布律，可以生成边界层网格。

单击 Blocking 标签页下 Pre-Mesh Params 功能按钮，在左下角参数设置面板中选择 Edge Params 按钮，然后选择任一条 O 型网格斜边，如图 1-41 所示。

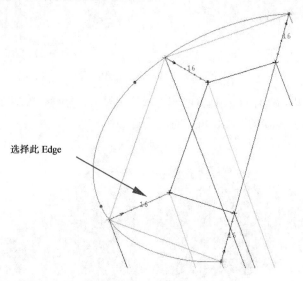

选择此 Edge

图 1-41　节点分布

设置左下角参数设置面板，如图 1-42 所示。

设置 Nodes 为 16，Mesh law 为 Exponential1，Spacing 1 为 0.1，Ratio 1 为 1.2。勾选选项 Copy Parameters，选择 Method 为 To All Parallel Edges，然后单击 Apply 按钮确认操作。

重新激活模型树节点 Pre-Mesh，预览边界位置网格，如图 1-43 所示。

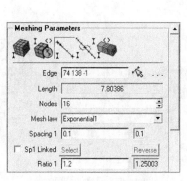

图 1-42　Edge 参数设置

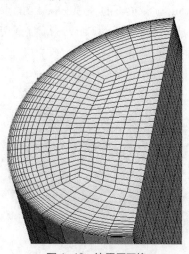

图 1-43　边界层网格

Step 13：生成网格

预览网格并非生成网格。要生成网格，可通过如下两种方式。

- 菜单【File】>【Mesh】>【Load From Blocking】生成网格。
- 鼠标右键单击模型树节点 Pre-Mesh，选择 Convert to Unstruct Mesh 生成网格。

 提示：
　　在生成网格之前，通常需要保存工程文件。要养成随时保存文件的好习惯。

Step 14：输出网格

单击 Output Mesh 标签页下的 Select Solver 功能按钮，在左下角的参数设置面板中选择 Output Solver 为 ANSYS FLUENT，单击 Apply 按钮确认操作。

单击 Output Mesh 标签页下的 Write Input 功能按钮，会连续弹出一系列对话框，通常都选择 OK，只在最后一个对话框中，设置输出的文件信息，然后单击 Done 按钮输出网格，如图 1-44 所示。

图 1-44　网格输出对话框

第2章 几何处理

【Q1】 ICEM CFD 中的几何拓扑

ICEM CFD 中并无几何实体的概念，几何拓扑的最高一级为面（Surface）。对于低级拓扑结构，如线（Curve）与点（Point），在 ICEM CFD 中同样适用。但是在划分体网格时，ICEM CFD 是如何识别几何体的呢？对于非结构网格，ICEM CFD 主要是利用 Body 进行识别；而对于分块六面体网格，则主要是利用 Part 进行识别。

常规的几何拓扑关系在几何操作过程中存在依赖，简而言之，你无法直接删除某一条线上的点，除非你先删除线，同样，你也无法删除某一个面上的线条，除非你先删除该面。因此，若要删除某个几何面上的点，则必须先删除该几何面，再删除该几何面的边界线，之后才可删除点。而 ICEM CFD 则不同，ICEM CFD 可以直接删除面上的线及点，而且这种几何拓扑的删除还会直接影响到后续的网格生成过程。在 ICEM CFD 中，提供了快速工具以方便进行几何拓扑的修复。

- 该工具位于 Geometry 标签页下，通过单击该标签页下的 Repair Geometry 按钮，同时在数据操作框中选择 Build Diagnostic Topology 按钮，通常采用默认参数，单击 Apply 按钮即可对几何模型进行拓扑构建及修复。

ICEM CFD 的几何拓扑修复功能包括：修复丢失的几何元素（点、线、面等）、以不同的颜色标记几何线（通常用 4 种颜色：红、黄、蓝、绿）、对复杂几何进行简化等。

【Q2】 构建拓扑后几何线条颜色

在 ICEM CFD 导入几何模型后，通常需要进行拓扑构建工作。这部分工作的目的主要在于修复模型中的细微错误，同时对无法修复的几何问题进行标记。ICEM CFD 对几何模型缺陷的标记方式体现为将几何线标记为不同的颜色。这些颜色包括：红色、黄色、蓝色以及绿色。其含义分别如下。

红色： 3D 几何的边界线。对于 3D 几何模型，要求所有的线条颜色为红色，如出现其他颜色，则需要检查模型以便确认是否需要进行人工修补。

黄色： 对于 3D 几何模型，黄色线条意味着面的缺失，这往往需要进行面的创建以修复错误。而对于 2D 几何模型，黄色线条为其边界线。在 2D 模型中，理想状态下所有的线条应为黄色。

蓝色： 蓝色线条一般出现在 3D 几何中，通常为多个面的交线。蓝色线条并不表示几何一定有缺陷，不过需要仔细检查。

绿色： 绿色线条为自由边。所谓的自由边，指的是不依赖于任何面的空间曲线，通常情况下可以直接删除。不过有时候为了网格划分的方便，人为创建的一些辅助线也表现为自由边。自由边一般不会影响网格的划分。

【Q3】 ICEM CFD 中 Body 的用途

ICEM CFD 中的 Body 主要用于计算域标记。Body 为一系列面所构成的封闭的区域。例如，图 2-1 所示的几何模型根据不同的计算条件，可能会存在以下情况。

（1）计算内部几何的外流场。对于这类问题，如果不考虑内部几何的应力应变的话，通常的做法是将内部几何体从外部计算域模型中减去，也就是说，内部几何体内部无需网格，仅仅需要内部几何的外表面即可。

（2）考虑内部几何体情况。比如说将内部几何体作为热源，再比如说计算过程中考虑内部几何体的应力应变等，这些情况下内部几何体往往需要生成网格。此时可能存在多个计算区域。

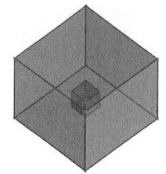

图 2-1 几何模型

以上两种情况，均可以通过 Body 得以快速实现。

对于第一种情况，可以创建一个位于内部几何体外部的 Body，如图 2-2 中所示的 OUTER，其生成的网格如图 2-3 所示，从图中可以看出，小方块内部没有网格生成。

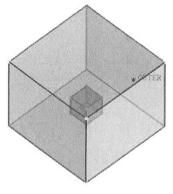

图 2-2 创建一个 Body

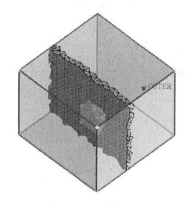

图 2-3 生成的网格

对于第二种情况，则可以生成两个 Body，一个位于小方块外部，一个位于其内部，如图 2-4 所示的 INNER 与 OUTER，生成网格如图 2-5 所示。从图中可以看出，小方块内部生成了计算网格。若将该计算网格导入求解器，是可以被识别为两个计算域的。

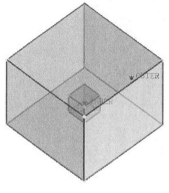

图 2-4 创建两个 Body

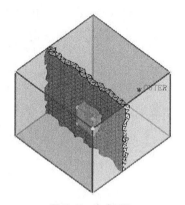

图 2-5 生成网格

若不人为创建 Body，则 ICEM CFD 在生成网格的过程中会自动搜索封闭空间，进而将封闭区域作为 Body。

【Q4】 ICEM CFD 中 Part 的用途

在 ICEM CFD 中，Part 主要有两个用途：（1）组织几何边界，以便于求解器识别；（2）方便指定网格尺寸。

在 ICEM CFD 生成网格过程中，若没有对几何边界指定 Part，则最终会默认生成一个边界，导入求解器后，该边界会被自动指定为 wall。实际上，若将边界（3D 几何中为面，2D 几何中为线）指定到 Part 中，则 ICEM CFD 会在指定的 Part 上生成面网格（3D 模型）和线网格（2D 模型），这样在求解器中才能作为独立的边界以便于识别。

特别提示：
> 若在网格生成之前未对边界指定 Part，在网格生成之后，可以通过将网格加入到 Part 来实现边界指定。网格生成后，再将几何指定到 Part 是不起作用的。

对于复杂的几何模型，在指定网格尺寸时，除了指定全局网格尺寸外，往往还需要指定面网格尺寸、线网格尺寸等。通过将一些几何放入相同的 Part，可以很容易地对其指定尺寸。ICEM CFD 中提供了 Part 网格尺寸指定功能，其位于 Mesh 标签页下。

单击 Mesh 标签页下 Part Mesh Setup 按钮，会弹出一个对话框，可以为特定的 Part 指定网格生成方式，如图 2-6 所示。

Part	Prism	Hexa-core	Maximum size	Height	Height ratio	Num layers	Tetra size ratio	Tetra width	Min size limit	Max deviation	Internal wall	Split wall
GEOM			0	0	0	0	0	0	0	0		✓
INNER												
INNER_WALLS			0	0	0	0	0	0	0	0		
OUTER												

☑ Show size params using scale factor
☐ Apply inflation parameters to curves
☐ Remove inflation parameters from curves
Highlighted parts have at least one blank field because not all entities in that part have identical parameters

Apply   Dismiss

图 2-6　Part 尺寸指定

【Q5】 几何点操作

ICEM CFD 中的几何点操作主要是几何点的创建。其所有功能均位于 Geometry 标签页下的 Create Point 功能按钮中。选择此功能后，左下角的功能面板如图 2-7 所示。

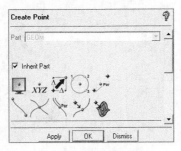

图 2-7　Create Point 面板

这些功能如下。

● （Screen Select）。

在屏幕上用鼠标选择任意位置创建点。由于屏幕选取的方式难以精确定位点的坐标，故此功能在实际应用中使用较少。

使用方法：在图形窗口中要创建点的位置单击鼠标左键，鼠标中键确认。

- ▣（Explicit Coordinates）。

利用点的坐标或参数方程创建点。在实际工程应用中，此方法使用较多。利用坐标方式经常是创建点的首选手段，如图 2-8 所示。而利用参数方程创建多个点的方式则使用较少，因为对于要利用参数方程创建的复杂曲线，一般建议使用专业 CAD 软件来做。

使用方法：直接在图 2-8 所示的参数设置面板中输入点的参数，完毕后单击 Apply 按钮即可创建点。

- ▣（Base Point and Delta）。

利用已有的点，以偏移的方式创建新的点。此方法在几何创建以及网格划分过程中辅助几何创建的时候非常有用。

使用方法：在图 2-9 所示的面板中，先输入偏移的距离，然后在图形显示窗口中选择基准点，完毕后单击鼠标中键即可创建新的点。

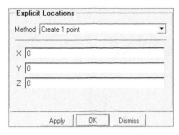

图 2-8　按坐标创建点

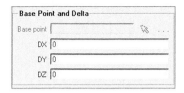

图 2-9　偏移创建点

- ▣（Center of 3 Points/Arc）。

利用圆或圆弧上的 3 个点创建圆心。此方法常用于网格划分过程中辅助几何的创建。

方法：在图形显示窗口中的圆或圆弧上选取 3 个点，完毕后单击鼠标中键即可创建圆心。

- ▣（Based on 2 Locations）。

在两个点之间创建新的点。此方法也常用于辅助几何的构建。

此点创建方式包含两种方法：Parameters 与 N point，如图 2-10 所示。

（a）Parameters　　　　　　　（b）N point

图 2-10　两点之间创建点

Parameter(s)：使用参数的方式创建新的点。参数值表示偏移起点的距离，如 0.5 表示中点，0.25 表示偏移 1/4 长度。

N points：在两点之间插入新的点以等分两点间的距离。如 1 表示插入中点，2 表示插入两个点将指定的两点间距离 3 等分。

- ▣（Curve Ends）。

创建线的两个端点。此功能主要用于几何修复过程中，通常使用较少，一般进行了拓扑构建之后线的端点会自动生成。

- ▣（Curve-Curve Intersection）。

创建两条线之间的交点。在图形显示窗口中选择两条相交的线条，则可以创建它们的交点。

- (Parameter along a Curve)。

沿着曲线以参数的形式创建点，该功能与 Based on 2 Locations... 功能类似。也有两种方法：利用 Parameters 及 N point。利用 Parameters 指定偏移起点的长度，如指定 Parameters(s)参数为 0.5 则从起点偏移 0.5 倍曲线长度。利用 N point 则在曲线上创建 N 个点等分曲线，如指定 N points 参数为 2 则创建 2 个点将曲线 3 等分，如图 2-11 所示。

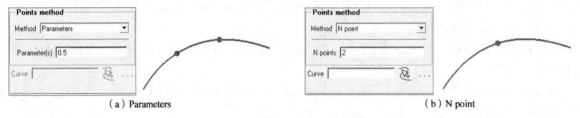

（a）Parameters   （b）N point

图 2-11　参数方式创建曲线上的点

- (Project Points to Curves)。

将线外的点投影到线上创建新的点。此功能常用于创建辅助几何。点向线投影创建新的点，如图 2-12 所示。

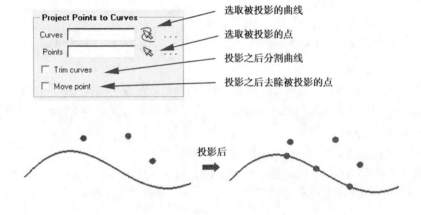

图 2-12　点向线投影创建新的点

- (Project Point to Surface)。

空间点向曲面投影形成新的点。与点向线投影功能类似，常用于辅助几何的构建，如图 2-13 所示。

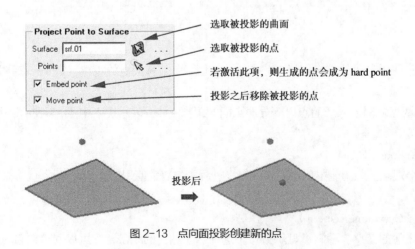

图 2-13　点向面投影创建新的点

【Q6】 几何线操作

ICEM CFD 提供了一系列线操作工具，包括线的创建与修改。通过 Geometry 标签页下的 Create/Modify Curve 工具按钮 可激活线操作工具面板，该面板如图 2-14 所示。

图 2-14 线操作工具面板

这些功能如下。

• （From Points）。

通过选取屏幕上的点来创建线。选择 2 个点创建的是直线，选择 3 个或 3 个以上的点会创建曲线。

• （Arc）。

创建圆弧。有如下两种方式。

（1）From 3 Points。通过圆弧上的 3 个点创建圆弧。

（2）Center and 2 Points。通过圆心及圆弧上的 2 个点来创建圆弧。

• （Circle）。

通过圆心及圆上的 2 个点来创建圆。在创建过程中可以指定角度，因此利用此功能也可以创建圆弧。

• （Surface Parameter）。

创建面的参数曲线。该功能经常用于辅助几何的构建。该功能有 3 种方法：By Parameter[见图 2-15（a）]、Direction on Surface[见图 2-15（b）]、Point on Edge[见图 2-15（c）]。

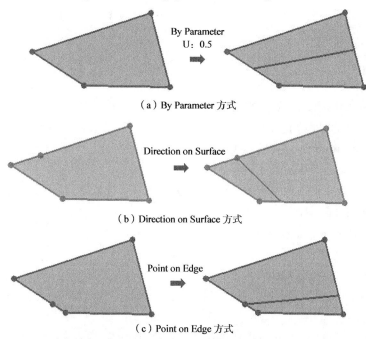

（a）By Parameter 方式

（b）Direction on Surface 方式

（c）Point on Edge 方式

图 2-15 在曲面上创建参数线

- （Surface-Surface Intersection）。

选择两个相交的面，创建这两个面的交线。此功能在做几何清理、计算域构建时非常有用。选择此功能按钮后，在图形窗口选择两个相交的面，单击 Apply 按钮确认操作后即可创建面的交线，如图 2-16 所示。

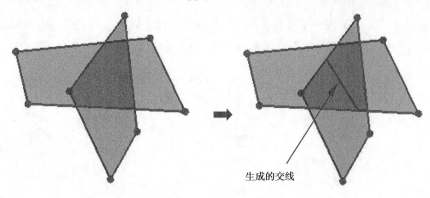

生成的交线

图 2-16　创建面的交线

- （Project Curve on Surface）。

空间线向曲面投影形成新的曲线。此功能常用于几何修补中。有如下两种投影方式：

Normal to Surface。默认方式，沿曲面法向方向投影。

Specify Direction。自定义投影方向。

实际应用中，常使用 Normal to Surface。曲线向面投影生成新的线如图 2-17 所示。

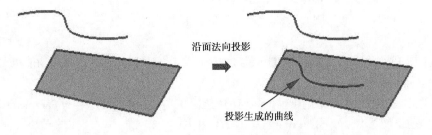

沿面法向投影

投影生成的曲线

图 2-17　曲线向面投影生成新的线

- （Segment Curve）。

分割曲线。此功能常用于辅助几何构建。ICEM CFD 共提供了 5 种方式进行线条分割。

Segment by point：默认方式。利用线条上的点进行分割。

Segment by curves：利用相交的线条进行分割。

Segment by plane：利用平面进行分割。

Segment faceted by connectivity：利用连接性进行线条的分割。

Segment faceted by angle：利用角度进行分割。

此功能较为简单，一般采用点和线进行分割。在使用过程中，选择要分割的线条，然后再选择分割处的点或相交线，即可对线条进行分割。

- （Concatenate/Reapproximate Curves）。

连接曲线。此功能一般用于几何修补中，实际应用较少。

- （Extract Curves from Surfaces）。

从曲面中释放曲线。此功能用得较少，通常进行几何拓扑操作时会自动进行边界线的释放。此功能通常用于创建辅助几何中。

选择要释放曲线的面，单击鼠标中键确认操作即可释放出面的边界线。

- ✏ （Modify Curves）。

此功能用于曲线修改，如修改曲线方向、延伸曲线、匹配曲线等。此功能在几何修复及辅助几何构建中经常被使用。它包含4种方法，如图2-18所示。

图2-18 修改曲线

（1）Reverse Direction。用于更改曲线的方向。线条的方向一般情况下不是特别重要，但是在划分网格指定节点分布律时则非常重要。

使用中，选择此方法，在图形窗口中选择要改变方向的曲线，单击鼠标中键确认操作即可改变曲线的方向。

（2）Extend。延伸曲线。可以将指定曲线延伸至指定的点、线位置，或延伸指定的长度，如图2-19所示。

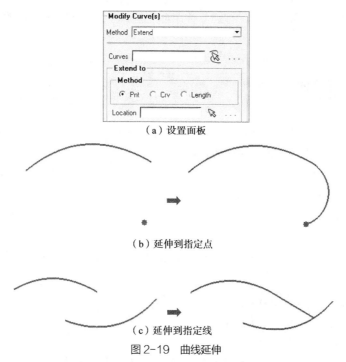

（a）设置面板

（b）延伸到指定点

（c）延伸到指定线

图2-19 曲线延伸

（3）Match Curves。匹配两条曲线。该方法涉及较多设置参数，不过一般情况下可以采用默认参数，直接选择两条曲线进行匹配，如图2-20所示。

图2-20 曲线匹配

（4）Bridge Curves。桥接曲线。与前面的曲线匹配功能相似。用于光滑连接两条曲线，如图2-21所示。

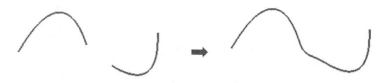

图2-21 桥接两条曲线

● 🖋 (Create Midline)。

此功能用于创建两条曲线的中间线，经常用于辅助几何的构建。

应用过程中，先选择两条曲线，然后单击鼠标中键即可创建这两条曲线的中间线，如图 2-22 所示。

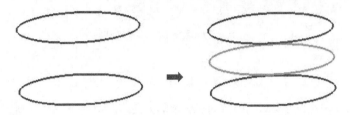

图 2-22　创建中间线

● 🔵 (Create Selection Curves)。

创建几何体的截面线。此功能用得较少，主要用在辅助几何的构建过程中。其基本原理为：利用平面与几何体相交，求得其交线。在实际应用中，往往不使用此功能，而是采用平面分割曲线的功能，这样不仅分割了曲面，还能获取交线。

【Q7】 几何面操作

ICEM CFD 提供了一系列的工具用于曲面操作。在实际工程应用中，对于几何修补、网格划分过程中辅助几何的创建等方面，经常会用到几何面操作的功能。

鼠标单击 Geometry 标签页下 Create/Modify Surface 功能按钮 🗐 即可打开曲面操作功能面板。ICEM CFD 提供了大量工具用于曲面操作，如图 2-23 所示。

各项功能具体介绍如下。

● 🗐 (Simple Surface)。

创建曲面。此功能在几何创建及几何修补中应用得非常多。ICEM CFD 提供了 3 种方法创建曲面。

图 2-23　曲面操作

From 2-4 Curves：通过 2～4 条封闭的曲线创建曲面。

From Cruves：通过多条封闭的曲线创建曲面。

From 4 Points：通过 4 个点创建曲面。

此功能使用起来较为简单，通过在图形窗口选取点或线即可直接创建曲面。

● 🧽 (Curve Driven)。

指定一条引导线和截面线生成扫略曲面。此功能主要用于几何创建中。需要注意的是，引导线只能是一条曲线，而截面线可以是多条曲线。扫略形成曲面如图 2-24 所示。

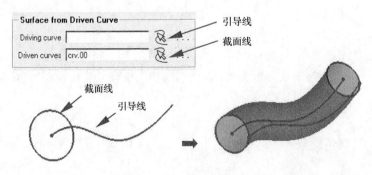

图 2-24　扫略形成曲面

- ▨（Sweep Surface）。

与前一功能类似，扫略曲线形成新的曲面。该功能主要用于几何创建中。ICEM CFD 提供了两种方法来实现此功能。

Vector：沿两点指定的向量扫略指定的曲线（见图 2-25）。此功能类似于拉伸建模。

Driving curve：沿指定曲线扫略。此功能与上一功能相同。

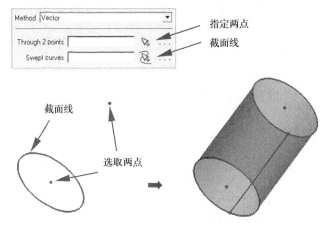

图 2-25　扫略形成曲面

- ▨（Surface of Revolution）。

旋转曲线形成曲面。通过曲线绕指定的轴旋转形成新的曲面，如图 2-26 所示。

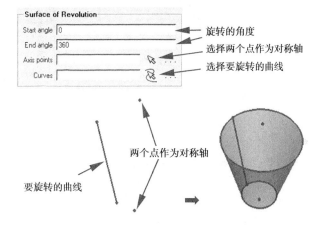

图 2-26　旋转形成曲面

- ▨（Loft Surface over Several Curves）。

选取多条曲线，以放样的形式构建曲线（见图 2-27）。该功能使用较少。

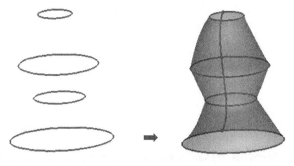

图 2-27　放样形成曲面

- 　✎（Offset Surface）。

沿面法向偏移指定的距离形成新的曲面。此功能主要用于构建辅助几何。

- 　✐（Midsurface）。

中面抽取。此功能主要用于 FEA 网格中板壳结构中面抽取。

- 　▮▮（Segment/Trim Surface）。

曲面切割。此功能在几何创建、几何修补、辅助几何构建中使用较多。ICEM CFD 提供了以下 4 种方法进行曲面切割。

By Curve：利用曲线分割曲面。

By Plane：利用平面分割曲面。

By Connectivity：利用曲面本身的连接性分割曲面。

By Angle：利用角度分割曲面。

在实际应用中，经常利用曲线和平面分割曲面，分别如图 2-28 和图 2-29 所示。

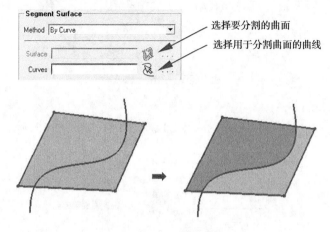

图 2-28　用曲线分割曲面

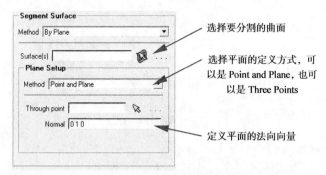

图 2-29　用平面分割曲面

By Curve。最常用的曲面分割方法，通常利用曲面上的曲线将曲面分割成若干个新的曲面。

- 　▮▮（Merge/Reapproximate Surface）。

曲面匹配。在实际工程应用中很少用到，主要用于几何面的修补。

- 　▮▮（Untrim Surface）。

对被切割的面进行缝合。

- 　▦（Curtain Surface）。

创建帷幕曲面。其原理很简单，就是从曲面所选取的曲线沿曲面法向投影到曲面上，连接曲面上的曲线与原曲线构成新的曲面，如图 2-30 所示。此功能很少用。

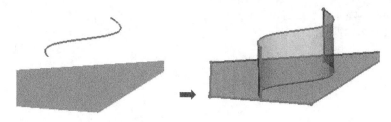

图 2-30　帷幕曲面

- （Extend Surface）。

曲面延伸。与曲线延伸功能类似，可以将曲面延伸到指定曲面、延伸指定的距离或在抽取中面时延伸曲面以弥补由于厚度造成的间隙。

- （Geometry Simplification）。

几何简化。可简化导入的非常复杂的几何体。

- （Standard Shapes）。

创建标准几何体，如长方体、球体、圆柱体等。在构建外流场计算域时非常有用。

【Q8】　变换几何体

几何变换功能在几何创建、几何修补等场合应用非常广泛。ICEM CFD 提供了一系列几何变换工具，可对几何体进行平移、旋转、镜像等操作。通过选择 Geometry 标签页下的 Transform Geometry 功能按钮，可进入几何变换功能面板，如图 2-31 所示。

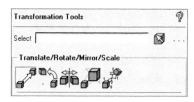

图 2-31　几何变换功能面板

各项功能具体介绍如下。

- （Translate Geometry）。

平移几何体。可通过显式指定平移距离或定义平移向量的方式平移几何体，如图 2-32 所示。

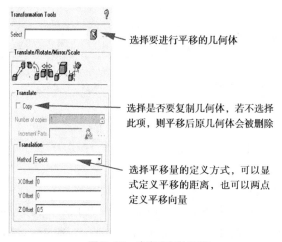

图 2-32　定义几何体平移

- 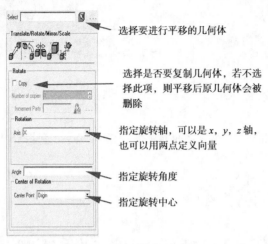（Rotate Geometry）。

旋转几何体，如图 2-33 所示。

图 2-33　旋转几何体

几何体旋转案例如图 2-34 所示。

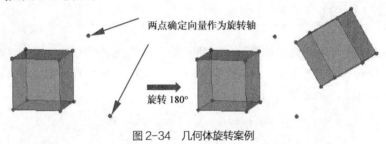

图 2-34　几何体旋转案例

- （Mirror Geometry）。

几何体镜像。与旋转操作类似，可以某一坐标轴作为镜像轴，也可以两点确定向量作为镜像轴。

- （Scale Geometry）。

可以给 x，y，z 3 个方向指定缩放因子对几何体进行缩放。大于 1 的因子表示放大，小于 1 表示缩小，等于 1 表示等比例。

- （Translate and Rotate）。

同时包含平移与旋转操作。

【Q9】　如何按函数规律创建点

ICEM CFD 中，可以有很多种方式创建几何点，如利用空间坐标创建点、利用距离偏移创建点等。实际上，ICEM CFD 还允许利用参数方程创建几何点，具体做法如下。

- 鼠标单击 Geometry 标签页，选择按钮 Create Point。
- 在数据操作窗口中，选择按钮 Explicit Coordinates，弹出图 2-35 所示面板。
- 选择 Method 为 Create multiple points。
- 在下面的坐标函数中指定变量范围以及 xyz 方向的参数方程。

按照图 2-35 中所示参数绘制的点连接起来为一段螺旋线。ICEM CFD 支持多种函数类型，详细内容可参阅帮助文档。这里简单举一例子。如可指定 m 范围 -1,1,0.1，x 为 $2\sin(m*180)$，y 为 $2\cos(m*180)$，z 为 0，此时绘制的为 xy 面上的点圆。

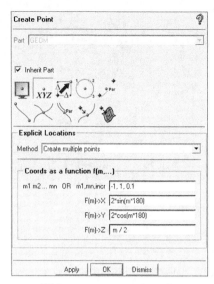

图 2-35　Create Point 面板

注意：

此处的三角函数的单位为度（°），而不是弧度（rad）。

【Q10】 导入点云数据

ICEM CFD 可以直接读入点云数据自动形成曲线。

- 通过菜单【File】>【Import Geometry】>【Formatted point data】，可打开设置面板。

设置面板如图 2-36 所示。其中最重要的是输入文件。

输入文件是一个文本文件，不过对文本文件有要求。点云数据如图 2-37 所示。其中第一行数据比较重要：第一个数字表示每条线包含的点数，第二个数据表示每个面包含的线束。图 2-37 所示的数据表示：2 个点组成一条线，4 条线组成一个面。因此该数据文件会形成 4 条线、1 个面。

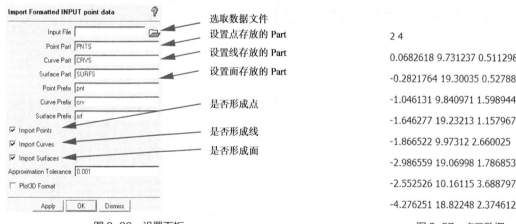

图 2-36　设置面板　　　　　　　　图 2-37　点云数据

将上述数据文件存储为文本文件，导入该文本文件后形成的几何如图 2-38 所示。

提示：

读者可以尝试取消 Import Surface、Import Curves、Import Points 等选项，观察导入数据文件后形成的几何。

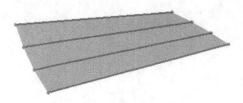

图 2-38　形成的几何

【Q11】 Close Hole 与 Remove Hole 的区别

Close Hole 与 Remove Hole 均为 （Repair Geometry）下的工具按钮，在几何修补过程中经常会用到。它们的区别在于：利用 Close Hole 仅仅只是封闭孔洞，但不会将封闭孔洞所形成的面与孔洞外部的面合并；而 Remove Hole 不仅会封闭孔洞，还会合并孔洞内部的面与外部的面。

图 2-39 所示几何的一个面中存在一个圆形孔洞，分别应用 Close Hole 与 Remove Hole 操作后形成的几何如图 2-40 及图 2-41 所示。很明显，利用 Close Hole 修补后，虽然孔洞被补上，但是孔洞与原几何之间是独立的，为两个独立的面；而采用 Remove Hole 修补后，则不仅封闭了孔洞，而且构成孔洞的几何特征线也被相应去除，同时封闭孔洞所用的面和原始面进行了合并，最终只剩下一个面。

图 2-39　带孔洞的几何

图 2-40　Close Hole 修补后
（仍然是两个面）

图 2-41　Remove Hole 修补后
（只剩下一个面）

【Q12】 快速构建流体内流域几何

在 ICEM CFD 中很容易创建内流计算域。在导入实体几何后，仅仅只需要创建 Part 并将内流道几何面添加进去，然后创建边界面封闭几何即可。

对于图 2-42 所示的三通结构，要利用 ICEM CFD 创建其内流计算域，可以通过以下步骤来实现。

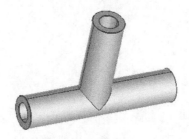

图 2-42　原始几何

- 创建 Part，将三通内表面放置在新创建的 Part 中。
- 删除其他的 Part。此时几何如图 2-43（a）所示。
- 利用线构建面，创建 3 个圆面封闭计算域。此时几何如图 2-43（b）所示。

（a）留下的几何

（b）最终的几何

图2-43　留下的几何与最终的几何

> 提示：
> 不要忘记创建面封闭计算域几何。

【Q13】 快速创建外流域几何

在 ICME CFD 中创建外流域几何也是较为方便的。利用 ICEM CFD 中提供的标准形体 ▣，可以很容易地创建方形（box）、圆柱形（cylinder）及球形外流域。

创建外流域几何的基本步骤如下。

- 导入或创建实物几何，创建基本实体（方形、圆柱形或球形）。
- 创建 Part，添加实物外表面及基本实体表面。
- 若要做对称切割，可用平面进行切割。
- 删除不用的几何 Part。

在创建外流域的过程中，灵活运用几何面切割可提高工作效率。

> 提示：
> 不管是创建外流域还是内流域，只需要牢记：在 ICEM CFD 中，所有的几何体操作都是建立在面操作的基础上的。几何创建的任何工作过程，都可以通过对面进行一系列操作，然后再将所需的面利用 Part 进行组织来实现。

【Q14】 ICEM CFD 中的布尔运算

ICEM CFD 中并没有布尔运算，但是利用 Part 及面切割功能可以很方便地实现类似布尔运算的操作。其基本思路如下。

- 利用创建线工具 ⅄ 中的创建交线 🔩 按钮，创建面与面之间的交线。
- 创建新的 Part，将需要的表面放置在 Part 中，然后删除多余的表面。
- 若面之间存在需要补充的面，则创建补充面。

ICEM CFD 的几何均是在面上进行处理的，因此灵活运用 Part 对面进行处理，对于提高工作效率非常有帮助。

【Q15】 关于几何永久删除的问题

在 ICEM CFD 中，有时候需要删除一些几何元素，如删除点、线、面等。但是在生成网格的时候，往往会发现这些已经被删除了的几何元素依然在起作用。此时可以通过在删除面板中勾选选项 Delete Permanently 来解决，如图 2-44 所示。勾选了这一选项后，删除的点或线就不会对网格造成影响了。

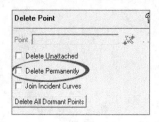 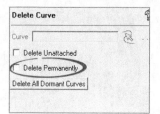

图 2-44　激活永久删除

【案例 1】几何修复

本例几何来自 ICEM CFD 实例文档。对于一般的几何体来讲，导入 ICEM CFD 通常不会存在问题。但是对于特别复杂的几何，导入后可能会存在面破碎、渗透等情况，此时需要利用 ICEM CFD 中的几何修复功能对几何缺陷进行修复。

Step 1：启动 ICEM

启动 ICEM CFD，设置工作路径。

Step 2：导入几何体

本例的几何为 tin 文件，因此可以直接使用菜单【File】>【Geometry】>【Open Geometry…】，在弹出的文件选择对话框中选择几何文件 ex2-1.tin。

几何文件打开后，从图形窗口中观察几何模型，可以看到几何中存在的缺陷：面缺失、存在多余的面、存在渗透的面等。

Step 3：几何拓扑构建

单击 Geometry 标签页下的功能按钮 Repair Geometry，然后在功能面板中单击 Build Diagnostic Topology 功能按钮，采用默认参数，单击 Apply 按钮确认操作，软件会自动对几何体进行修复处理，并用不同颜色区分问题几何。

 提示：

　　进行几何拓扑构建后，图形窗口中的曲线颜色会发生改变。对于三维几何，一般包含以下几种颜色。

　　红色：表示两个面的交线（通常为正常几何）。

　　黄色：面的边界线（通常意味着几何面的缺失）。

　　蓝色：多个面的交线（需要仔细检查，可能存在重叠的面，也可能是正常几何）。

　　绿色：自由边（不影响网格划分，一般可直接删除）。

图 2-45 所示为拓扑构建后的几何。构建后的几何中如果存在很多的黄色线条，检查后可以判断为面的缺失，需要进行修补。

图 2-45　拓扑构建后的几何

Step 4：修补缺失的端面

从大缺陷往小缺陷修补，先修补端面。端面几何如图 2-46 所示。

图 2-46　端面几何

修补策略：可先用边界线构建整个端面，然后用两个圆来切割构建的表面，之后删除多余的两个圆面。

- 单击 Geometry 标签页下的 Create/Modify Surface 功能按钮。
- 在功能区单击 Simple Surface 功能按钮，将参数 Method 设置为 From Curves。
- 在图形中选择端面上的边界线，单击 Apply 按钮确认面的创建。

端面创建后如图 2-47 所示。下一步要用 curve 对创建的端面进行切割。

图 2-47　端面创建后

- 单击功能区中的 Segment/Trim Surface 功能按钮。
- Method 选择默认的 By Curve。
- 图形窗口中选择上面创建的面，单击鼠标中键确认选择，再点选图形中的圆，再次单击鼠标中键确认选择即对面进行了切割。重复操作，选取另一个圆进行切割。

切割完毕后，圆的颜色在操作时会变为蓝色，如图 2-48 所示。

图 2-48　利用圆切割平面

下一步删除多余的两个圆面。

- 单击 Geometry 标签页下的 Delete Surface 功能按钮，在图形窗口中选择两个圆面，单击鼠标中键确认选择即可删除两个圆面。

删除后线条颜色自动变为红色。若没有变为红色，可以再次运行拓扑构建命令。完成的端面如图 2-49 所示。

图 2-49　完成的端面

Step 5：修补细小的特征面

检查其他黄色线条存在的区域。图 2-50 所示的区域可以看出该处缺陷的原因在于特征面的缺失，可以直接通过创建面来修复。

- 单击 Geometry 标签页下的 Create/Modify surface 功能按钮。

- 在功能区单击 Simple Surface 功能按钮，将参数 Method 设置为 From Curves。
- 在图形上选择图 2-50 中所示的 3 条黄色边界线，单击 Apply 按钮确认面的创建。修补完成的几何如图 2-51 所示。

 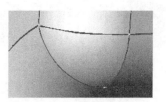

图 2-50 缺失特征面　　　　　　　　　　图 2-51 修补完成的几何

按同样的方式修补其他的缺失面。

Step 6：移除孔洞

移除图 2-52 所示的 4 个孔洞。

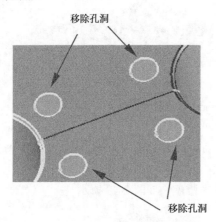

移除孔洞

移除孔洞

图 2-52 移除孔洞

- 单击 Geometry 标签页下的 Repair Geometry 功能按钮。
- 单击功能面板中的 Remove Hole 按钮。
- 选择图形窗口中的 4 个圆，单击 Apply 按钮移除孔洞。

移除孔洞后的几何如图 2-53 所示。

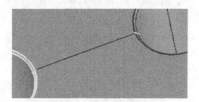

图 2-53 移除孔洞后的几何

Step 7：删除多余的面

几何中还存在多余的面，如图 2-54 所示。对于多余的面，可通过 Geometry 标签页下的 Delete Surface 按钮，直接在图形窗口中选取需要删除的面，单击鼠标中键确认即可。面删除后可能会遗留一些绿色的线条，通过构建拓扑可去除。

Step 8：匹配边

几何模型中还存在一些接近重合的边，需要采用边匹配进行处理，如图 2-55 所示。

图2-54 多余的面

图2-55 需要进行匹配的位置

提示：

　　对于这类非常接近的边，虽然可以通过边匹配的方式进行修补，但实际工程应用中往往是通过增大拓扑构建操作中的容差来自动进行修补的。本例只是为了演示边匹配操作。

匹配边的操作步骤如下。

- 单击 Geometry 标签页下的 Repair Geometry 功能按钮🖾。
- 在功能面板中单击 Stitch/Match Edges 按钮🖾。
- 在参数设置面板中，设置 Method 为 User Select，设置 Max gap distance 为 0.3。
- 在图形显示窗口中，选择图 2-56 所示的两条重合的边（放大显示）。

图2-56 重合的边

- 将输入法切换到英文输入模式，按键盘上的 A 键，之后再按 Y 键。

可以看到几何边被合并，且颜色变为红色。用相同的方式合并其他的重合边。

【案例2】几何创建

本例利用 ICEM CFD 创建图 2-57 所示的旋风分离器几何模型。

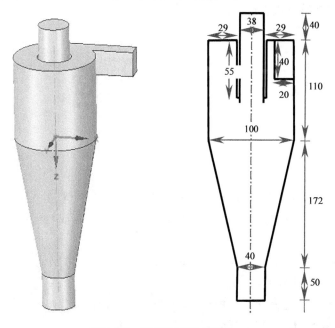

图2-57 旋风分离器几何模型

本例模型较为简单，建模思路有两种：一种建模思路是利用 standard surface 创建圆柱和圆台，入口位置几何可以采用以点形成面的方式构建。另一种建模思路是利用线旋转的方式构建主体结构，入口几何采用线拉伸构建。本例将同时演示这两种建模方式。

1. 建模方式一

Step 1：启动 ICEM CFD

启动 ICEM CFD，设置工作路径。

Step 2：创建轴线上的点

为了创建圆柱和圆台，需要先创建轴线上的点。以底部圆心为坐标原点，创建 6 个点，其坐标分别为：(0,0,0)、(0,0,50)，(0,0,222)，(0,0,277)，(0,0,332)、(0,0,372)。

- 单击 Geometry 标签页下的 Create Point 功能按钮。
- 在功能区单击 Explicit Coordinates 按钮 $_{xyz}$。
- 依次输入上述点的坐标，创建 6 个点。
- 点创建完毕后，单击按钮 显示创建的点。

创建的 6 个点如图 2-58 所示。为后续表述方便，给每个点命个名。

图 2-58 创建的 6 个点

Ste 3：创建溢流管

溢流管为直径 38 的圆柱，其高度为点 4 至点 6 的距离。溢流管的创建方式如下。

- 单击 Geometry 标签页下的功能按钮 Create/Modify Surface。
- 在功能区中单击按钮 Standard Shapes。
- 单击 Cylinder 按钮。

设置参数 Radius1 为 19，Radius2 为 19，参数 Two axis Points 选取点 4 和 6。形成几何如图 2-59 所示。

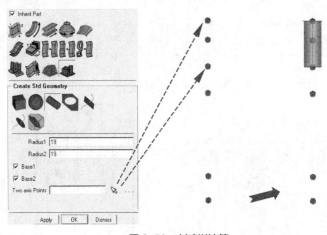

图 2-59 创建溢流管

Step 4：创建旋流腔

旋流腔是一个外径 100、内径 42 的环形圆柱。建模时可以先创建直径 100 的圆柱体和一个直径 42 的圆柱体，再进行面操作，之后利用 Part 保留需要的面。其中，小圆柱高度为点 4 至点 5，大圆柱高度为点 3 至点 5。

- 利用 Step 3 的方法先创建两个圆柱，如图 2-60 所示。
- 单击 Geometry 标签页下的 Create/Modify Surface 功能按钮，在功能面板中单击 Simple Surface 按钮，然后选择两个圆，创建圆环面。
- 创建 Part，将需要保留的面放置于 Part 中，删除多余的面，进行几何拓扑构建。
- 利用 Segment/Trim Surface 功能切割面，如图 2-61 所示。

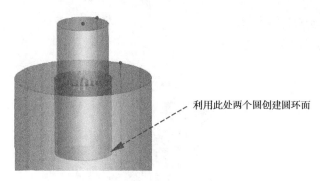

图 2-60　两个图柱

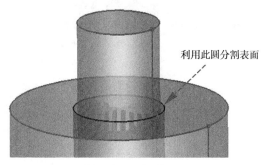

图 2-61　面切割

● 切割后删除多余的面。

提示：

　　此步操作可能会存在一些重叠面，需要进行几何拓扑构建检查这些缺陷特征，手动进行修复。灵活运用几何创建和修补工具，在 ICEM CFD 创建几何的过程中非常重要。

此步详细操作可参阅视频。

Step 5：创建底部圆柱

底部圆柱是一个直径 40、高度 50 的圆柱体。中间圆台在稍后利用放样进行构建。

● 利用 Standard Shapes▦创建此圆柱体。创建完毕后几何如图 2-62（a）所示。

● 删除圆柱上底面。

● 单击工具按钮 Loft Surface over Several Curves▦，选择图 2-62（a）所示的两个圆，创建圆台面。形成的几何如图 2-62（b）所示。

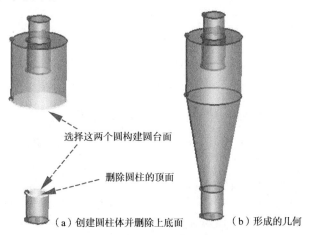

（a）创建圆柱体并删除上底面　　　（b）形成的几何

图 2-62　构建圆台面

Step 6：通过点偏移创建入口几何

选择图 2-63 所示的点作为偏移的基准点。

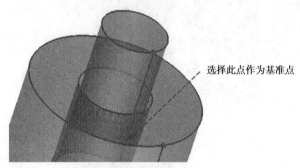

选择此点作为基准点

图 2-63　偏移基准点

偏移量如下表所示。

- 单击 Geometry 标签页下的 Create Point 功能按钮 。
- 在功能面板中选择 Base Point and Delta ，利用表中的偏移量创建新的点。

表　偏移量

序号	DX	DY	DZ
1	−100	0	0
2	−100	20	0
3	−100	0	−40
4	−100	20	−40

4 个新创建的点如图 2-64 所示。

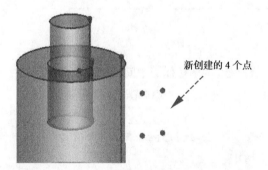

新创建的 4 个点

图 2-64　4 个新创建的点

- 单击 Geometry 标签页下的功能按钮 ，利用新创建的 4 个点通过 构建面。
- 单击 Sweep Surface 功能按钮 ，选择 Method 为 Vector，选择图 2-65（a）所示的两点作为扫略向量，选择上一步创建的面的 4 条边界线作为 swept curves。

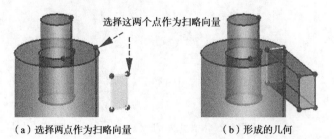

选择这两个点作为扫略向量

（a）选择两点作为扫略向量　　　　（b）形成的几何

图 2-65　扫略形成新的曲面

形成的几何如图 2-65（b）所示。下一步需要对几何面进行切割。

Step 7：切割几何面

在切割面之前需要创建面与面之间的交线，之后利用交线分割曲面。需要求交线的位置如图 2-66 所示。

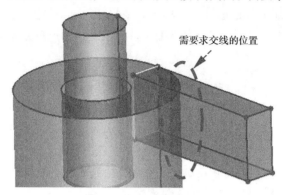

图 2-66　需要求交线的位置

- 单击 Geometry 标签页下的 Create/Modify Curve 功能按钮 $\times$。
- 在功能区单击 Surface-Surface Intersection 按钮 。
- 在图中选择相交的两个面，单击 Apply 按钮生成交线。
- 利用 Segment/Trim Surface 功能按钮 对面进行切割，利用图 2-67 所示的两条曲线分割各自的表面。

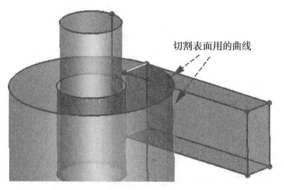

图 2-67　生成的交线

Step 8：添加面至 Part 中

将计算域需要的面添加到 Part 中，删除多余的面。重新构建几何拓扑，确保几何中的所有线条均为红色。最终形成的几何如图 2-68 所示。

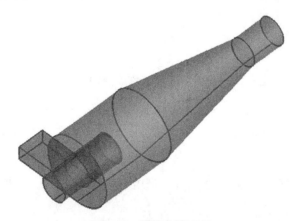

图 2-68　最终形成的几何

2. 建模方式二

第二种方式采用由点构成线、由线构成面的自底向上的建模思路。

Step 1：创建轴线上的点

创建轴线上 6 个点（0,0,0）、（0,0,50）,（0,0,222）,（0,0,277）,（0,0,332）,（0,0,372）。这些点是用于创建曲线的辅助点。为方便后续描述描述，按 z 轴坐标从小到大给这些点命名为 1~6。

Step 2：创建底部圆

底部圆是以点 1 为圆心、半径 20 的圆。利用圆心加圆上两点的方式构建圆。

- 利用点偏移方式构建圆上两点。单击 Geometry 标签页上的 Create Point 功能按钮 ，选择 Base Point and Delta 方法。
- 以点 1 为基准点，分别偏移（20,0,0）、（0,20,0）创建两个点。
- 单击 Geometry 标签页下的创建线按钮 ，在功能区单击创建创建圆工具按钮 ，选取图形窗口中的点 1 及新创建的两个点，单击鼠标中键创建圆。

创建的图形如图 2-69（a）所示。

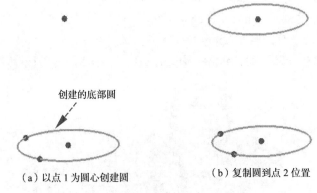

（a）以点 1 为圆心创建圆　　（b）复制圆到点 2 位置

图 2-69　创建圆

Step 3：复制底部圆到点 2

利用几何变换工具将上一步创建的圆复制到点 2 位置。读者也可以利用 Step 2 的步骤直接以点 2 为圆心创建半径 20 的圆。

- 单击 Geometry 标签页下的 Transform Geometry 功能按钮 。
- 在功能区单击 Translate Geometry 按钮 ，勾选 Copy 选项，设置 Method 为 Vector。在图形区域选择上一步创建的圆作为要移动的对象，选择点 1 与点 2 为平移变量，单击 Apply 按钮确认操作复制平移图形。

完成的图形如图 2-69（b）所示。

Step 4：创建点 3 处的圆

点 3 处为直径 100 的圆，利用和 Step 2 相似的步骤创建该圆，这里不再赘述。

 提示：---
　读者可以尝试将上一步创建的圆复制平移到点 3 处，同时利用几何缩放功能创建点 3 处的圆。

Step 5：创建点 4 处的圆

点 4 处有 3 个圆，其直径分别为 38、42、100，利用相同的方法创建。读者也可以利用几何变换的功能快速创建。

Step 6：创建点 5 处的圆

点 5 处的 3 个圆与点 4 处完全相同，可以利用复制平移将点 4 处的圆复制过去。

Step 7：创建点 6 处的圆

点 6 处只有一个直径 38 的圆，可以直接创建，也可以利用复制平移的方式获得。

完成后的草图如图 2-70 所示。

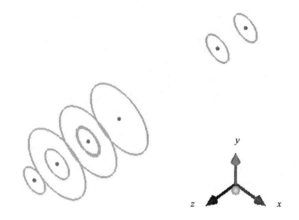

图 2-70　完成的草图

Step 8：构建曲面

利用放样功能构建曲面。

- 单击 Geometry 标签页下的曲面创建按钮 ，在功能区选择放样曲面 。
- 选择相邻的圆构建外轮廓曲面。
- 单击 Simple Surface 功能按钮 封闭曲面。

最终形成的几何如图 2-71 所示。

Step 9：入口几何的创建

入口几何的创建采用与建模方式一中 Step 6、Step 7 及 Step 8 类似的方式，采用点偏移的方式构建新的几何点，再利用几何点构建新的表面，可能还涉及面的分割及 Part 的处理。进行拓扑构建后，完成的计算域模型如图 2-72 所示，确保几何体中所有线条均为红色（在计算机显示中）。

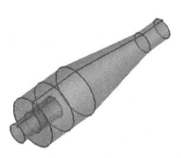

图 2-71　最终形成的几何

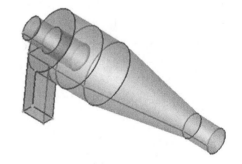

图 2-72　完成的计算域模型

 小提示：

两种建模方式各有千秋，个人推荐使用第二种方式，因为它更适合于复杂几何体的构建。在熟练使用几何创建及几何修补等各种工具之后，利用 ICEM CFD 也能高效地创建几何模型。本案例采用的第二种方案还可以采用 CAD 软件中常用的旋转成型方式，读者不妨尝试一下。

【案例 3】外流计算域创建

本案例创建一个民航客机的外流场计算域。飞机模型如图 2-73 所示。

图 2-73　飞机模型

导入几何后，先要进行几何清理，修复一些破碎的面或渗透面，之后创建外部计算区域空间，利用 Part 进行几何组织。

Step 1：启动 ICEM CFD

启动 ICEM CFD，设置工作路径，利用菜单【File】>【Geometry】>【Open Geometry…】，打开几何模型 aircraft.tin。

Step 2：进行几何拓扑诊断

采用几何拓扑诊断操作，识别几何中的缺陷。

- 单击 Geometry 标签页下的 Repair Geometry 工具按钮。
- 在功能面板中单击 Build Diagnostic Topology 按钮，采用默认参数，单击 Apply 按钮确认操作以进行拓扑诊断。

检查几何模型中线条的颜色，可以看到除了少部分蓝色线条外，其他均为红色线条。蓝色线条出现在翼根及垂直尾翼上，表示多重边的交线，后面进行处理。

Step 3：清理机身上的细小特征

利用 Remove Hole 功能清除机身上的细小特征（如舷窗、舱门等位置的细小特征）。

- 单击 Geometry 标签页下的 Repair Geometry 工具按钮。
- 在功能区单击 Remove Hole 按钮。
- 在图形窗口中选择要去除的特征，单击鼠标中键确认去除操作。清除细小特征后的几何如图 2-74 所示。

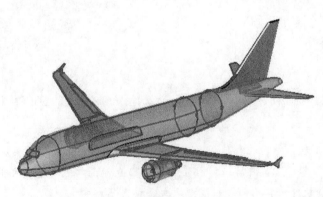

图 2-74　清除细小特征后的几何

Step 4：清除翼根位置的重复面

翼根位置出现了蓝色线条，其原因在于此处存在重叠的面。可用曲线分割机身表面进行解决。此处无需进行面删除操作，在后续步骤中直接创建 Part 组织需要的几何即可。

- 单击 Geometry 标签页下的 Create/Modify Surface 工具按钮 。
- 单击功能区 Segment/Trim Surface 按钮 ，设置 Method 为 By Curves，选择图 2-75 中所示的翼根曲线及机身曲面，进行曲面分割。

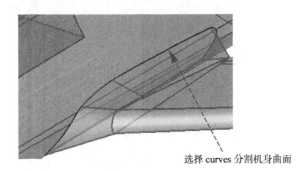

选择 curves 分割机身曲面

图 2-75　选择曲线分割曲面

用同样的操作分割另一侧的机身曲面。

Step 5：删除垂直尾翼上的重复面

垂直尾翼上的蓝色线条主要是由于重复面造成的。单击 Geometry 标签页下的 Delete Surface 功能按钮，在图形窗口中选择需要删除的面，单击鼠标中键删除面。

Step 6：分割尾翼面

垂直尾翼与水平尾翼均与机身有相交，因此需要对尾翼面进行分割。在分割之前，需要求出交线。

- 单击 Geometry 标签页下的 Create/Modity Curve 按钮 。
- 在功能区单击 Surface-Surface Intersection 按钮 ，选择要求解交线的面并创建它们的交线。
- 单击 Create/Modify Surface 按钮 下的 Segment/Trim Surface 功能按钮，利用创建的交线分割面。

Step 7：创建 Part

创建 Part，将飞机外表面所有曲面添加至 Part 中。请注意不要添加任何内部面。

Step 8：创建计算域

本案例采用 box 型计算域。实际工程中也可以使用圆柱形计算域。

- 单击 Geometry 标签页下的 Create/Modify Surface 按钮 。
- 在功能区单击 Standard Shapes 按钮 ，选择下方的 Box 按钮 ，设置 Method 为 Entity bounds，设置 X factor 为 5，Y factor 为 5，Z factor 为 10，选取图形窗口中的所有几何，单击鼠标中键确认。
- 移动 Box，使计算域布置更合理。
- 在机身与 Box 之间创建 Body。

最终形成的计算模型如图 2-76 所示。

图 2-76　最终形成的计算模型

提示：

在 ICEM CFD 中创建外流场是非常方便的，只需要保证几何表面是封闭的即可。注意创建 Body。

【案例 4】内流域创建

与外流计算域创建方法类似，内流计算域创建只需要保证几何体内表面为封闭几何即可。本案例演示一个工业阀门的内流域创建方式。实体几何模型如图 2-77 所示。

Step 1：导入几何

启动 ICEM CFD，设置工作路径。

- 利用菜单【File】>【Import Geometry】>【Legacy】>【Parasolid】，在弹出的文件选择对话框中选择模型文件 ex2-4.x_t。

确认选择后左下角参数设置面板如图 2-78 所示，选择 Units 为 Meter，单击 Apply 按钮确认导入几何。

图 2-77　实体几何模型

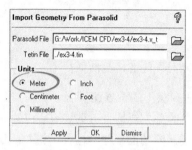

图 2-78　参数设置面板

提示：

当导入外部 x_t 格式几何时，若事先无法确定几何单位，可直接选用 Meter 作为单位，后续在检查几何过程中，可对几何模型进行缩放，也可以在输出网格时对网格进行缩放。

Step 2：几何拓扑诊断

几何模型导入后，需要进行几何拓扑诊断，判断存在的几何缺陷，同时对几何体进行修补。

- 单击 Geometry 标签页下的 Repair Geometry 功能按钮。
- 单击功能区中 Build Diagnostic Topology 功能按钮。

采用默认参数，单击 Apply 按钮进行几何拓扑诊断。

拓扑构建后的几何体如图 2-79 所示。操作时检查几何体中线条颜色，确保所有线条颜色均为红色，若有其他颜色线条，则需要对几何体进行人工排查，对有缺陷几何进行修复。本例几何较为简单，拓扑构建后的线条颜色均为红色，无需进行几何修补。

图 2-79　拓扑构建后的几何体

Step 3：创建 Part

这里创建 Part 的目的是创建内部计算域，需要将阀门内部流体接触面（湿面）放入一个 Part 中，将与计算域无关的面删除掉。通常若内部面容易选取的话，可以直接选择内部面放入 Part 中，若内部面较多且不易选取，可将外部面放入 Part，然后删除掉该 Part。本案例内部面较多，故可以创建 Part 选取所有的外部面。

- 用鼠标右键单击模型树节点 Part，选择菜单 Create Part。
- 选择所有的外部表面并放置于新创建的 Part 中，如图 2-80 所示。

图 2-80　选择外表面放置于 Part 中

小技巧：

（1）在进行表面选择的过程中，使用 F9 键可以在选择模式与动态模式间切换。（2）灵活使用 Part 的显示与隐藏功能，可以为表面选择提供方便。

Step 4：删除 Part

- 利用模型树删除上一步创建的 Part，如图 2-81 所示。

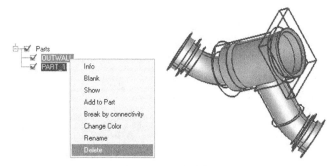

图 2-81　删除外表面

- 删除 Part 后，重新进行几何拓扑诊断。形成的几何模型如图 2-82 所示。图中存在黄色线条，此黄色线条为进出口位置面，需要手动进行补全。

图 2-82　拓扑构建后的几何

Step 5：创建 Surface

创建 3 个进出口面以封闭几何体。

- 单击 Geometry 标签页下的 Create/Modify Surface 功能按钮 ，然后单击功能区的 Simple Surface 按钮
  ，在图形窗口中选择黄色的圆，创建 3 个圆面。

最终形成的几何模型如图 2-83 所示。

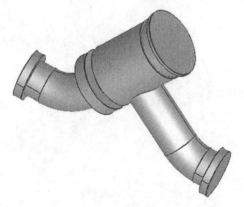

图 2-83　最终形成的几何模型

 小技巧：

　　很多时候在进行面封闭后还需要几何拓扑诊断，观察几何是否有缺陷。

第3章 网格基础

【Q1】 关于网格的 5 个误区[①]

尽管当前出现了不少使用无网格方法的 FEA 及 CFD 代码，但是网格划分依然是大多数 CAE 工作者们最重要的工作任务，对于高质量网格生成的重要性怎么强调都不过分。

但是如何生成高质量的或更精细的网格呢？查看网格生成软件所输出的网格质量报告是最基本的方式，使用者还需要对网格是否适用于自己的物理问题做出自己的判断。

不幸的是，使用者对于"好网格"存在很多的误区。如今已经很难在工程学科中找到关于网格划分方面的课程，数值算法在大多数工程学科中成了选修课程。因此，新生代 CAE 使用者对于网格在 CAE 系统中的工作机理方面的欠缺也就不足为怪了。下面列出了 5 个最主要的误区。

误区 1：好的网格必须与 CAD 模型吻合

越来越多的 CAE 使用者来自原来的设计人员，他们在 CAD 方面受到了良好的培训，因此他们倾向于 CAE 模型体现所有的几何细节特征，他们认为更多的细节意味着计算结果能够更加贴近于真实情况。

然而这种观点是不正确的，好的网格是能够解决物理问题，而不是顺从 CAD 模型。

CAE 仿真的目的是获取物理量，如应力、应变、位移、速度、压力等。CAD 模型应当是从物理对象中提取的。大量与物理问题不相干的或对于仿真模型影响较小的细节特征在建立 CAD 模型之前就应当进行简化。因此，了解所仿真的系统中的物理细节是最基本的工作任务。好的网格应当简化 CAD 模型，并且网格节点是基于物理模型进行布置的。

这意味着：只有在充分了解所要仿真的物理系统的前提下才可能划分出好的网格。

误区 2：好的网格一直都是好的

我们经常看到 CAE 使用者花费大量的心血在改变网格尺寸、拆解几何及简化几何上，以期能够获得高质量的网格。他们仔细地检查网格生成软件输出的网格质量报告，这是很有必要的。但是这事儿做得太过也不一定好，因为好的网格也不一定永远都好，网格的好与坏，还取决于要仿真的物理问题。

例如，你生成了一套非常好的网格，能够很好地捕捉机翼的绕流，能够很精确地计算各种力。但是当你将流动攻角从 0° 调整到 45° 时，试问这网格还是好的网格吗？很可能不是了。

好的网格总是与物理问题相关。当你改变边界条件、改变载荷、改变分析类型、改变流动条件时，好的网格也可能变成坏网格。

误区 3：六面体网格总比四面体网格好

很多老的图书会说六面体（四边形）网格要比四面体（三角形）网格好，同时告诉你说引入四面体（三

---

① 译自互联网有修改。

角形）网格会造成很大的数值误差。一些情况下这种观点是正确的，特别是对 15~20 年前的计算机而言。

历史上，人们热衷于六面体网格，主要有以下几个原因：（1）在当时，CFD 求解器仅能使用结构网格；（2）计算条件不允许使用大量网格（为了节省内存和节省时间）；（3）非结构网格还不成熟。

在过去的几十年里，大部分商用 FEA 及 CFD 求解器技术获得了极大发展，对于绝大多数问题，利用六面体网格及四面体网格都能获得相同的计算结果。当然，四面体网格通常需要更多的计算资源，但是其能在网格生成阶段为使用者节省大量的时间。对于大多数工程问题，六面体网格在计算精度方面的优势已经不再存在了。

对于一些特殊的应用场合，如 wind Turbine、泵或飞机外流场计算，六面体网格依然是首选的网格类型，主要原因在于：（1）工业惯例；（2）易于理解的物理情况（大多数使用者都知道应当如何对齐网格）；（3）对于这类几何模型，存在专用的六面体网格生成工具。

然而，对于大多数 FAE 及 CFD 使用者，如果几何模型稍微复杂一点，则需要花费大量的时间在六面体网格生成上，计算结果还不一定更好。计算所省的时间相对于网格生成所花费的时间，有时候显得得不偿失。

误区 4：自动网格生成（automatic meshing）的方式不可能产生好的网格

当软件提供商在证明他的软件是高端的时候（当然价格通常也是高端的），他通常会告诉你，他们的软件允许手动控制所有的操作参数，潜在意思就是只有手动控制才能生成好的网格。

当然，对于销售员来讲，好的网格需要手动控制。但是对于工程师来说，他们需要理解这是一个误导：好的网格软件应当拥有足够的智能来分析几何模型：计算曲率、寻找缝隙、寻找小的特征、寻找毛刺边、寻找尖角、拥有智能化的默认设置等。

这些工作都应当是自动网格工具的职责。对于大多数使用者来讲，软件应当对于输入的几何模型能够获取更多的信息以及更高的精度。因此，软件应该能够提供更好的设置以获取高质量的网格。当然，对于长年累月使用相同的几何模型及软件的使用者来说，情况可能有所不同。这些使用者对于物理模型了解得非常清楚，而网格软件却没办法了解他们的物理问题，因此他们对手动操作的需求更多，而且他们也能更好地驾驭手动操作。

不管怎样，对于网格质量两说，一个好的自动网格软件能够给予无经验的使用者更多的帮助。手动控制主要是为一些对物理问题非常了解的、有经验的使用者提供的。

误区 5：好的网格其数量一定特别多

由于 HPC 资源很容易获取，甚至一些学生都能进行千万级别网格的 CFD 问题求解，因此在多数 CAE 使用者眼里，大数量的网格意味着高保真度。

这种看法并不完全正确。打个比方，在 CFD 计算中，如果使用者使用标准壁面函数，则所有放置于黏性子层内的网格都会失效，这不仅会浪费大量的计算时间，也有可能会造成非物理解。特别对于 LES 模拟，过于细密的网格可能会造成大的误差及非物理解。

精细的网格并不意味着好的网格。网格划分的目的是获取离散位置的物理量。好的网格是为计算目的服务的网格，因此，当你的计算结果具有物理真实且对于项目来讲足够精确的特征时，你的网格已经足够好了。

另一个关于此误区的例子在于，大多数使用者习惯使用全 3D 模型。在他们的眼里，3D 全模型是真实的。然而，当问题对称的时候，使用部分模型将会获得更好的计算结果，因为强制施加了对称约束。当问题是轴对称的时候，使用 2D 计算模型往往能够获得比 3D 全模型更精确的结果。很多 CAE 新手没有足够的时间去完全理解仿真系统中的物理模型，因此很难对几何模型进行任何简化。

当前，CAE 计算结果依然依赖于网格。好的网格应当具备以下特征：

（1）能够求解所研究的问题。

（2）具有求解器能够接受的网格质量。

（3）基于问题简化网格。

（4）适合项目要求。

【Q2】 结构网格与非结构网格

目前人们习惯利用网格形状对结构网格（Structural Mesh）与非结构网格（Unstructural Mesh）进行区分，往往称四边形及六面体网格为结构网格，而将结构网格之外的网格统统称之为非结构网格。虽然说这在大多数情况下不会有什么问题，但实际上如果深究的话，这种分类方式还是存在很多问题的。那么结构网格与非结构网格的区别到底在哪里？

网格算法中的"结构网格"，指的是网格节点间存在数学逻辑关系，相邻网格节点之间的关系是明确的，在网格数据存储过程中，只需要存储基础节点的坐标而无需保存所有节点的空间坐标。图 3-1 所示为典型的二维结构网格。对于二维结构网格，通常用 i、j 来代表 x 及 y 方向的网格节点（对于三维结构，利用 k 来代表 z 方向）。对于图 3-1 所示的网格，在进行网格数据存储的过程中，只需要保存 $i=1$、$j=1$ 位置的节点坐标以及 x、y 方向网格节点间距，则整套网格中任意位置的网格节点坐标均可得到。需要注意的是，结构网格的网格间距可以不相等，但是网格拓扑关系必须是明确的，如节点（3,4）与（3,5）是相邻节点。

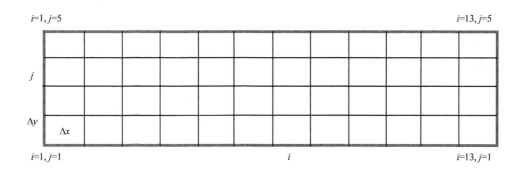

图 3-1 典型的二维结构网格

图 3-1 所示的网格也可以是非结构网格。如果在网格文件中存储的是所有节点的坐标及节点间连接关系的话，那么这套网格即非结构网格。因此所有的结构网格均可以转化为非结构形式。相反，并非所有的非结构网格均能转化为结构网格形式，因为满足结构化的节点间拓扑关系不一定能够找到。因此，仅仅从网格形状来确定网格是结构网格还是非结构网格是不合适的，四边形和六面体网格也可以是非结构网格，这取决于它们的网格节点存储方式。

数值计算需要知道每一个节点的坐标，以及每一个节点的所有相邻节点。对于结构网格来说，在数值离散过程中，需要通过结构网格节点间的拓扑关系获得所有节点的几何坐标；而对于非结构网格，由于节点坐标是显式地存储在网格文件中的，因此并不需要进行任何解析工作。

非结构网格求解器只能读入非结构网格，结构网格求解器只能读入结构网格。因为非结构网格求解器缺少通过结构网格的几何拓扑规则映射得到节点坐标的功能，而结构网格求解器无法读取非结构网格，则是由于非结构网格缺少节点间的拓扑规则。当前完全的结构网格求解器已经不多了（一些古老的有限差分求解器可能还存在），大多数的求解器为非结构求解器，因此网格导出形式常常是非结构的。

因此，对于网格类型来说：

（1）非结构网格或结构网格与网格存储方式有关，与网格的形状无关。

（2）输出什么类型的网格，取决于目标求解器支持什么类型的网格。如 FLUENT 只支持非结构网格，那么就无法读取结构网格。

【Q3】 常用的网格形状

目前一些网格生成软件能够产生多种形状的计算网格。在 2D 模型中，常见的网格类型有三角形网格与四边形网格，如图 3-2 所示。

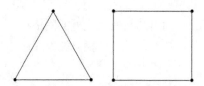

图 3-2 三角形网格与四边形网格

在 3D 模型中，常见的网格类型包括：四面体网格与六面体网格（见图 3-3）、棱柱网格、金字塔网格、多面体网格（见图 3-4）。

 注意：

目前 ANSYS 提供的前处理软件尚不能生成多面体网格，不过在 FLUENT 中可以将四面体或金字塔网格转换为多面体网格。目前能够生成多面体网格的工具主要有：STAR-CCM+、CFD-GEOM 等。转换为多面体网格后能够大幅减少网格数量。

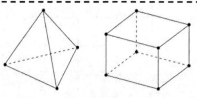

图 3-3 四面体网格与六面体网格

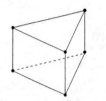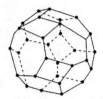

图 3-4 棱柱网格、金字塔网格、多面体网格

【Q4】 选用何种类型的网格

很多人认为使用四边形网格或六面体网格在 CFD 计算中有着不可比拟的优势，比如在计算资源消耗、收敛速度等方面。然而这种看法并不全面，因为它忽略了很多四边形网格或六面体网格的劣势方面，比说网格准备时间以及一些不适用的场合。

先来看计算精度方面。以 2D 计算为例，在 2D 模型计算中，通常划分网格为三角形或四边形网格（见图 3-5）。从数值离散的角度来讲，三角形网格的节点值计算需要利用到周围相邻 3 个节点的值，而四边形网格则需要利用到 4 个节点的值，因此疏密相当的四边形网格计算精度要略高于三角形网格。

从计算资源消耗上来讲，由于三角形网格节点值计算只需要周围 3 个节点的量，而四边形需要 4 个，因此三角形网格内存消耗和 CPU 开销都要略低于四边形网格（网格数量相当的情况下）。

不过话说回来，要想获得与四边形网格相当的计算精度，三角形网格的数量势必要比四边形多，无疑计算开销又会增大。所以，单纯从计算精度和计算开销来比较三角形网格和四边形网格孰优孰劣没有太大意义。

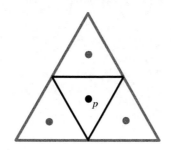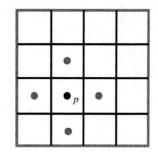

图 3-5 三角形网格与四边形网格

再来看一下网格生成效率方面。这方面似乎没有可比性，三角形网格占据绝对优势，特别是对于一些复杂的几何模型。

还有一些不适合使用四边形或六面体网格的情况。在 CFD 计算过程中，对于四边形或六面体计算网格来说最好是能沿着流线方向[见图 3-6（a）]，否则可能造成伪扩散。图 3-6（b）所示的网格则会造成较大的误差，在这种情况下，可以改用三角形网格。

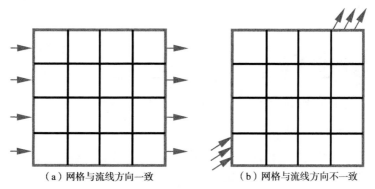

（a）网格与流线方向一致　　　　　（b）网格与流线方向不一致

图 3-6 网格与流线方向

💿 提示：

　　在划分四边形或六面体网格时，建议考虑流体域内流动方向，尽可能保持网格走向与流动方向一致。

因此在网格类型的选择上，需要综合考虑以下几个方面的因素。

（1）生成网格的时间开销。若几何模型非常复杂，时间上不允许生成四边形或六面体网格，则只能用三角形或四面体网格。

（2）从计算资源上考虑。若获取想要的分辨率的计算资源不够的话，尽量使用四边形或六面体网格。

（3）不管采用何种网格，进行网格独立性验证是必要的。

总之，计算结果的好与坏与网格形状并无太大关联。

【Q5】 边界层网格

边界层网格并不是某种类型的网格，它指的是在流体计算域中固体壁面法向方向的若干层具有较好正交性的网格，如图 3-7 所示。由于流体流经固体壁面时会在紧贴壁面的区域内形成边界层，在边界层内流体具有很大的速度梯度，因此对于此区域内网格，通常需要与壁面间有良好的正交性。对于 2D 网格，边界层网格通常为四边形网格；对于 3D 网格，边界层网格可以是六面体网格，也可以是三棱柱网格。

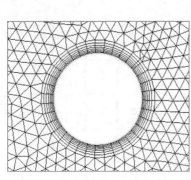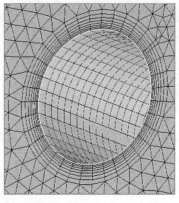

图 3-7　边界层网格

边界层网格有如下几个重要参数。

（1）第一层网格高度。这是边界层网格最重要的参数之一，在进行 CFD 计算时，根据所选用的壁面处理方式的不同，对第一层网格的高度也有不同的要求。

（2）比率。即网格高度膨胀率，指定了边界层网格高度分布的规律，常用指数率。

（3）层数或总厚度。这两个参数实际上是等效的，通过层数可以估算出总厚度，通过总厚度也能计算出层数来，通常只需要指定其中一个即可。

【Q6】 第一层网格高度

对于边界层网格，通常比较关注的是第一层网格高度。

1．为什么会存在第一层网格的问题

关于这个问题，实际上要从边界层说起。实验表明，边界层内根据流动状态的不同可以分为 3 层，自壁面向流动核心区分别为：黏性子层、过渡层和湍流核心层。边界层很薄，一般都是毫米到微米级，因此，若采用划分网格进而利用数值方法求解的话，势必会大大增加计算网格的数量，从而急剧增加计算工作量。又有实验发现，在黏性子层和过渡层内，主要是黏性力在起主导作用，惯性力的作用几乎可以忽略。在该区域内，黏性力与速度梯度成线性关系，因此在核心层为高雷诺数湍流流动的情况下，过渡层与黏性子层内的速度分布可以通过经验公式直接计算得到，而无需划分网格。换句话说，在这种情况下，可以将计算节点的第一层网格节点放置在湍流核心区内，而过渡层与黏性子层中则无需任何网格。这部分分区域中的物理量分布采用壁面函数（wall function）来计算完成。需要用到壁面函数的湍流模型包括：k-epsilon 模型和雷诺应力模型。

另外一种低雷诺数湍流模型的情况则与之不同，这种模型没有采用壁面函数来求解黏性子层与过渡层中的流动物理量分布，而是采用 NS 方程离散求解，与核心区域求解方式一样，如 K-W 模型、SA 模型等。

2．y^+ 的问题

y^+ 是什么玩意儿？y^+ 其实是一个无量纲量，其定义为

$$y^+ = \frac{u^* y}{\upsilon}$$

式中，u^* 为近壁面摩擦速度（friction velocity）；y 为第一层网格节点与壁面的间距；υ 为流体的运动黏度。

其中，壁面摩擦速度 $u^* = \sqrt{\dfrac{\tau_w}{\rho}}$，式中 τ_w 为壁面剪切应力，其值为 $\tau_w = \mu \left(\dfrac{\partial u}{\partial y} \right)_{y=0}$，其中 μ 为动力黏度，y 为第一层网格间距。

因此可以估算第一层网格间距，有

$$y = \frac{y + \upsilon}{u^*}$$

3. 更简单的计算方式

采用上式进行第一层网格间距计算比较麻烦，因为需要计算 u^*，而 u^* 的计算又涉及壁面剪切应力的计算，壁面剪切应力的计算又涉及速度梯度的计算。麻烦的事情在于壁面法向速度梯度在划分网格的时候是未知的，只有在计算完毕后才能得到。那用什么办法去补救呢？工程应用中，壁面剪切应力通常采用估计值。

引入一个新的物理量壁面摩擦系数（skin friction coefficient）C_f，有

$$C_f = \frac{\tau_w}{\frac{1}{2}\rho U^2}$$

通过计算 C_f 的值，可以计算出壁面剪切应力 τ_w。

C_f 的计算方式有很多种，如下表所示。

表　壁面摩擦系数 C_f 的计算方法

C_f 计算方式	Re	备注
$C_f = 0.0576 Re^{-\frac{1}{5}}$	$5 \times 10^5 < Re < 10^7$	
$C_f = 0.0592 Re^{-\frac{1}{5}}$	$5 \times 10^5 < Re < 10^7$	
$C_f = (2 \log_{10} Re - 0.65)^{-2.3}$	$Re < 10^9$	Schlichting
$C_f = 0.37[\log_{10} Re]^{-2.584}$		Schultz-Grunov
$\frac{1.0}{C_f^{\frac{1}{2}}} = 1.7 + 4.15 \log_{10} Re \cdot C_f$		
$C_f = 0.074 Re^{-\frac{1}{5}}$		Prandtl
$C_f = 0.34 Re^{-\frac{1}{3}} + 0.0012$		Telfer
$C_f = 0.455[\log_{10} Re]^{-2.58}$		Prandtl-schlichting
$C_f = 0.0586[\log_{10} Re \cdot C_f]^{-2}$		Schoenherr
$C_f = 0.427(\log_{10} Re - 0.407)^{-2.64}$		Schultz-Grunov

上表所列的计算公式中，有显式也有隐式，目的都是计算 C_f。显式可以直接计算，隐式可以采用迭代法求解计算。

式中的 Re 为雷诺数，其表达式为

$$Re = \frac{\rho U L}{\mu}$$

式中，ρ 为流体密度；U 为速度；L 为边界层参考尺寸；μ 为流体的动力黏度。

计算得到 C_f 后，即可通过 C_f 计算壁面剪切应力，有

$$\tau_w = C_f \cdot \frac{1}{2}\rho U^2$$

从而可以计算 u^*，即

$$u^* = \sqrt{\frac{\tau_w}{\rho}}$$

进而可以计算出第一层网格高度，即

$$y = \frac{y + \mu}{\rho u^*}$$

4. y^+ 的取值

从上面计算第一层网格高度的公式可以看出，我们需要自己提供 y^+ 值，那么这个值应该给多少呢？

一般来说，对于高雷诺数模型（如 k-epsilon 模型、雷诺应力模型等），需要满足 $30 \leqslant y^+ \leqslant 300$，一般以接近 30 为佳。对于低雷诺数模型（如 k-w 模型、SA 模型、LES 等），需要满足 $y^+ \leqslant 1$，以接近于 1 为佳。

所以在估算第一层网格时，按选择使用的湍流模型的不同，通常取 30 或 1 进行估算。

5. 更简单的方法

万能的互联网给我们提供了很多的便利，实际上网络上有很多现成的计算 y^+ 的工具，这里推荐 Pointwise 与 CFD-online 的。

（1）Pointwise 的 y^+ 计算工具网址打开后如图 3-8 所示，输入速度、密度、黏度、特征尺寸以及 y^+，网页会计算出第一层网格高度 Δs 与雷诺数。

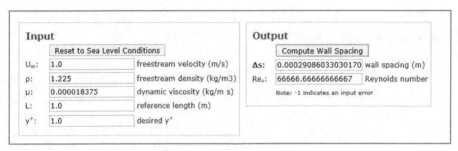

图 3-8　Pointwise 的 y^+ 计算器

（2）CFD-Online 的计算工具网址打开后如图 3-9 所示。通过输入自由来流速度、密度、流体动力黏度、边界层特征尺寸及目标 y^+ 值，可估算出第一层网格高度。

图 3-9　CFD-Online 的 y^+ 计算器

6. 遗留的问题

这里谈的第一层网格间距估计是在输入已知 y^+ 的情况下获得的，实际上在计算完后还需要检查壁面的 y^+ 分布，看是否满足湍流模型的要求，如果不满足的话，还需要重新划分网格，重新计算，重新检查……不断进行下去，直到满足 y^+ 要求（高雷诺数 30~300，低雷诺数<1）。

【Q7】 ICEM CFD 查看网格质量

ICEM CFD 能够产生多种类型的网格，如三角形、四边形、四面体、六面体、三棱柱、五面体等。对于这么多的网格类型，肯定不能使用一种网格标准进行评判。ICEM CFD 中提供了网格质量的查看工具。查看网格质量的具体方法如下。

单击 Edit 标签页下的 Display Mesh Quality 功能按钮 🔳，弹出的功能区如图 3-10 所示。

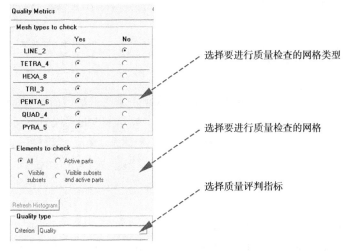

图 3-10 网格质量检查功能区

选择合适参数后，单击 Apply 按钮即可显示网格质量。ICEM CFD 以柱状图形式显示网格质量，如图 3-11 所示。

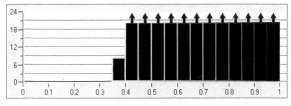

图 3-11 网格质量柱状图

图中横坐标为网格质量指标值，纵坐标为网格数量。根据网格质量指标的值及网格数量分布区间，就可判断生成的网格质量。

【Q8】 何为网格独立性验证

按照数值计算的观点，网格大小为零时离散方程才完全与控制方程吻合，但实际上网格大小为零是不现实的。那么按正常情况来讲，网格加密可以提高计算精度。但是，网格密度的提高会增大计算开销，需要更多的 CPU 计算时间和计算内存；同时，在一些特殊的物理问题中，网格加密也可能会对计算造成困扰，如计算颗粒流动，则要求计算网格尺寸大于颗粒尺寸，否则可能造成计算振荡或非物理解；此外，计算精度与网格密度也并非成线性关系，实际上当网格密度达到一定程度后，再进一步加密网格，计算误差反而会增大。因此在进行数值计算时，网格密度存在一个优化值，这即是网格独立性验证的工作内容。

所谓的网格独立性验证，就是要找寻一个合理的网格密度，该网格密度具有如下特征：随着计算网格的加密，计算结果变化小到可以忽略。

网格独立性验证的具体操作方法如下。

- 用中等规模的计算网格计算，获取计算结果。
- 粗化和细化网格，重新进行计算，获取新的计算结果。
- 比较物理量的变化或误差变化，观察误差随网格数量的变化规律。
- 当误差随网格数量增大几乎不发生变化时，可取最小数量的网格作为计算网格。

 提示：

当计算误差难以评判时，也可以选择物理量作为网格独立性验证的评判指标。

【Q9】"动网格"并非网格

CFD 中的"动网格"指的是网格运动，并非一种网格形式。如内燃机中活塞的运动、叶轮机械中叶片转动等诸如此类的存在边界运动的问题，在 CFD 模拟过程中，常常需要进行特别的考虑。通常的考虑方式有两种：（1）采用相对运动的方式，几何区域保持静止，而使坐标系运动。代表性的方法包括 SRF、MRF、MPM 方法等。（2）采用网格运动的方式。在这种方式中，网格随时间发生变化。这类方法包括滑移网格方法与动网格方法。其中滑移网格方法采用的是区域网格整体运动的方式，而动网格方法则采用网格节点运动的方式。

对于动网格来讲，并不是网格类型与常规的计算网格有什么不同，所不同的仅仅是在计算过程中：采用动网格计算时，网格节点会随时间发生改变。在划分网格过程中，动网格依然采用的是常规计算网格（采用重叠网格进行动网格计算的求解器除外）。

【Q10】 周期网格

周期网格从本质意义上讲和动网格类似，它并不是一种网格的名称，而是一种网格节点分布方式。对于周期网格，它要求周期面上网格节点一一对应。在 ICEM CFD 中进行周期指定也只是为了确保周期面上生成的网格节点一一对应，换句话说，如果有其他的方法可以使得周期面上网格节点一一对应，则不需要做额外的操作。

在 ICEM CFD 中进行周期指定，需要先进入 Mesh 标签页，再进入全局网格设置中，选择周期性设定工具，对几何的周期性进行设置，如图 3-12 所示。

可以在图 3-12 所示的面板中选择周期类型为旋转周期（Rotational periodic）还是平移周期（Translational periodic），若为旋转周期，需要定义旋转基准点、旋转轴以及旋转角度；若为平移周期，则需要设定偏移向量。

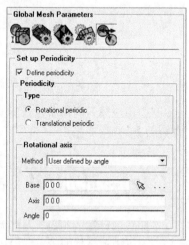

图 3-12　周期性设置

4 分块网格基础

【Q1】 何为 Block

　　ICEM CFD 分块网格是建立在 Block 的基础上的。那么什么是 Block 呢？Block 实际上是一种为了方便六面体网格生成而出现的虚拟结构。众所周知，结构网格要求几何边界一一映射。这么说可能不太容易理解，我们用图 4-1 来描述。从图中可以看出，相同的几何结构可以有不同的网格映射方案，但是它们的共同点在于：每一条边均能找到另一条边与其对应，如图中的 I 与 J。

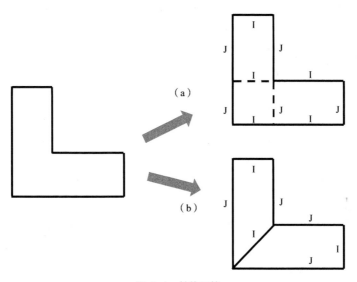

图 4-1　结构网格

　　由于结构网格的这一特征，我们可以使用具备完全映射规则的四边形和六面体来映射不规则的几何体，只要几何体能够被这些四边形或六面体完全映射，则我们的几何体也能具备生成结构网格的能力。图 4-1 中所示的不规则几何体分别被 3 个 Block[见图 4-1（a）]及 2 个 Block[见图 4-1（b）]映射。ICEM CFD 分块结构网格划分的目标在于：寻找到最合适的 Block 方案，使其与几何结构实现最完美的映射。

【Q2】 Block 网格划分中的一些术语

　　Block 网格的基本思路是先构建虚拟 Block，并将 Block 映射到原几何上。Block 由四边形和六面体组成。为了在映射时便于区分，对其几何元素的称呼与原始几何有一些不同，如图 4-2 所示。

　　几何体上的元素包括：点（Point）、线（Curve）、表面（Surface）。这些都是构成几何体的基本元素。而对于 Block，则包括：顶点（Vertice）、边（Edge）、面（Face）。

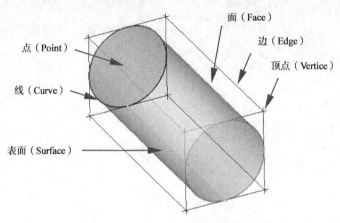

图 4-2　几何体与 Block 的组成元素

【Q3】 将网格转化为 Unstructural Mesh

也许是当前 FLUENT 或 CFX 的使用者众多, 也有可能是当前大多数的 CFD 软件均为非结构网格求解器, 因此在构建合适的 Block 后, 往往通过菜单【File】>【Mesh】>【Load from Blocking】(见图 4-3), 或在模型操作树节点 Pre-Mesh 上单击鼠标右键, 选择菜单命令 Convert to Unstruct Mesh (见图 4-4), 将预览的网格转化为真实的网格。

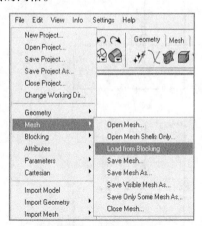

图 4-3　从块生成网格

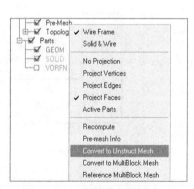

图 4-4　转换到非结构网格

【Q4】 如何输出结构网格

有一些求解器只支持结构网格, 此时 ICEM CFD 需要输出结构网格。利用 Block 方式可以很容易地将生成的网格输出为结构网格。如图 4-5 所示, 在树节点 Pre-Mesh 上单击鼠标右键, 在弹出的菜单中选择 Convert to MultiBlock Mesh, 将块网格输出成分块结构网格。

【Q5】 何为 O 型切分

对于包含圆弧 (2D) 及圆角 (3D) 类的几何结构, 在生成四边形及六面体网格的过程中, 为了满足映射关系, 需要将圆弧或圆角进行剖切。如将一个圆形切分为由 4 段圆弧组成的图形, 采用此种方式直接生成的网格如图 4-6 所示。

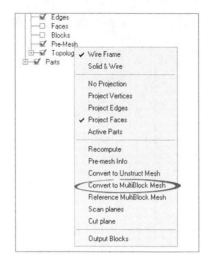

图 4-5　输出多块网格

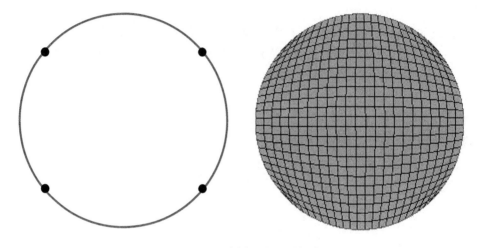

图 4-6　圆形划分四边形映射网格

采用此种方式生成的网格，其质量最差的网格出现在 4 个分割点处，而且随着网格尺寸的加密，该位置的网格质量会变得更低。

一种解决方式是采用 O 型切分，即将圆切分成 5 个四边形，如图 4-7（a）所示。采用 O 型切分后生成的网格如图 4-7（b）所示。此网格能具有较好的正交性。

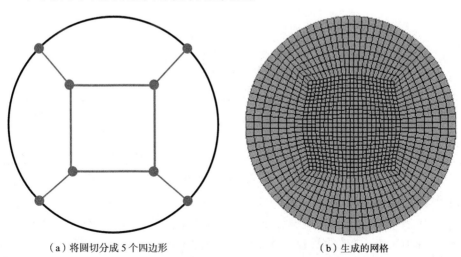

（a）将圆切分成 5 个四边形　　　　　　　　　　（b）生成的网格

图 4-7　采用 O 型切分形成的网格

图 4-7 所示为标准的 O 型切分，除此之外，还有 C 型切分和 L 型切分，如图 4-8 所示。

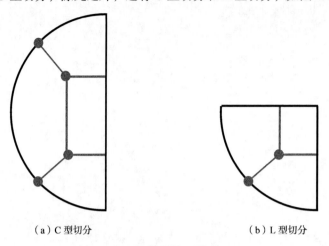

（a）C 型切分 　　　　　　　　　　　　　　（b）L 型切分

图 4-8　C 型切分与 L 型切分

O 型切分可以通过 ICEM CFD 很方便的实现。在 Block 标签页中，选择块切割工具，在数据窗口中单击 Ogrid Block 工具按钮，选择合适的 Block 及 Face，即可很方便地对块进行 O 型切分。

如图 4-9 所示为 O 型切割面板。该面板中各参数的意义如下。

Select Block：选择要切割的块。

Select Face：选择要切割的面（3D 中选择）。

Select Edge：选择要切割的边（2D 中使用）。

Select Vert：选择要切割的顶点。

Clear Selected：清除所有的选择，从而可以重新进行选择。

Around block：创建外部 O 型切分。

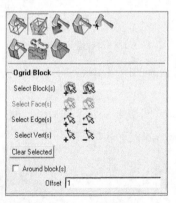

图 4-9　O 型切割面板

【Q6】 Y 型切分

与 O 型切分类似，Y 型切分也是块切割的一种方式，其主要是为三棱柱形块而准备的。常规意义上来讲，三角形只有三条边，无法满足映射条件，因此无法直接生成映射网格。但此时可以通过切割的方式将三角形切割成 3 个四边形（将三棱柱切割成 3 个六面体），从而满足映射条件，如图 4-10 所示。

在 ICEM CFD 中能够很方便地实现 Y 型切分。利用 Blocking 标签页下的 Edit Block 工具，在数据窗口中选择 Covert Block Type，在数据面板中设置 Set Type 为 Y-Block，然后选择要进行 Y 型切割的块，确认操作后即可进行 Y 型切割，如图 4-11 所示。

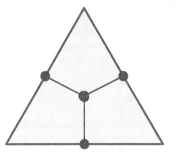

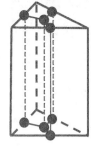

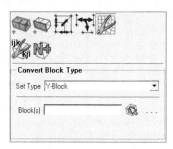

图 4-10 Y 型切分

图 4-11 Y 型切割面板

【Q7】 三角形如何进行 Y 型切分

2D 块无法直接进行 Y 型切分。但是三角形可以通过 O 型切分的方式实现类似 Y 型切分的效果。详细过程如图 4-12 所示。

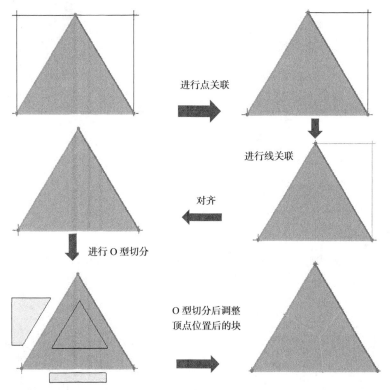

进行点关联

进行线关联

对齐

进行 O 型切分

O 型切分后调整
顶点位置后的块

图 4-12 2D 块的 Y 型切分

【Q8】 圆角的通用处理方式

在建立计算域的过程中，如果圆角特征不是特别重要的话，建议去除圆角特征，因为圆角的存在会给网格划分造成麻烦。但有些情况下圆角特征不能去除，则此时利用 Block 方式划分网格需要进行一些处理。

圆角的几何模型采用以下步骤进行处理。

Step1：创建圆弧线的中点

单击 Geometry 标签页下的 Create Point 按钮 ，在左下侧的工具面板中单击 Parameter along a Curve 按

钮。设置 Parameter(s)参数为 0.5，在图形窗口中选择圆弧线，单击鼠标中键确认操作，如图 4-13 所示。

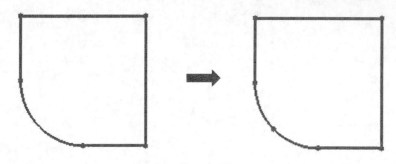

图 4-13　创建中间辅助点

Step 2：创建 2D Block，并进行关联

在进行关联的过程中，注意顶点的关联位置。应分别进行点关联和线关联，如图 4-14 所示。

图 4-14　进行关联并生成网格

Step 3：设定尺寸，查看网格

设定网格尺寸，进行 Block 更新后，观察生成的网格（见图 4-14）。从生成的网格可以看到，在圆弧辅助点位置存在高度扭曲网格，因此需要对块进行改进。

Step 4：进行 O 型切分

对块进行 O 型切分，可生成图 4-15 所示网格。可以看出，O 型切分能极大地提高圆角位置的网格质量。

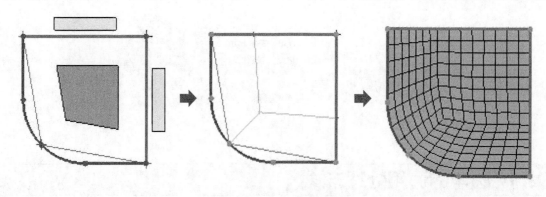

图 4-15　O 型切分并生成网格

> 💧 提示：
>
> （1）3D 的圆角处理与 2D 一致，只不过在第一步中不是创建中间点，而是创建中间线。（2）倒角处理也可以参考圆角处理的方法。在有圆弧的几何中，应首先考虑采用 O 型切分以提高网格质量。

【Q9】 边界层网格如何实现

Block 中的边界层是通过指定 Edge 上的节点分布来实现的。ICEM CFD 提供了多种节点分布律，其中最为常用的分布律为 BiGeometric 与 Biexponential，以及它们的变种 Geometirc1、Geometric2、Exponential1、Exponential2。

在 Block 标签页下单击按钮 Pre-Mesh Params ⬛，在左下面板中单击 Edge Params 按钮 ⬊，弹出的功能设置面板如图 4-16 所示。

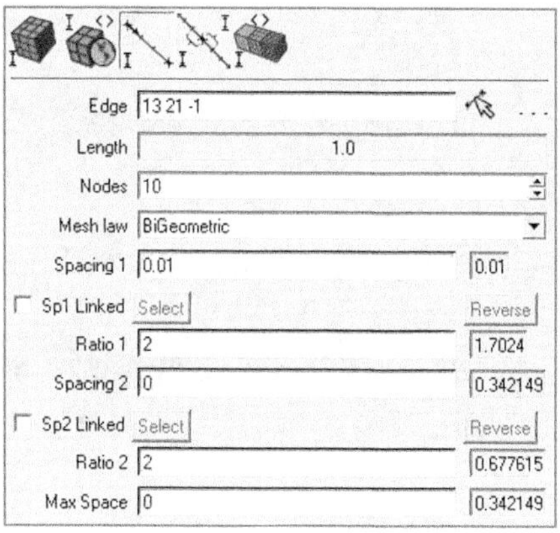

图 4-16　功能设置面板

1. BiGeometric

BiGeometriy 是 ICEM CFD 中默认的分布律。该分布律包含 4 个参数：Spacing 1、Ratio1、Spacing 2、Ratio 2。

当选择 Block 中的 Edge 后，如图 4-17 所示，Edge 上出现了节点的分布形式以及箭头。当采用 BiGeometric 分布律时，Spacing 1 表示箭头起点第一层网格高度，Spacing 2 表示箭头终点第一层网格高度，Ratio 1 表示起点到终点的网格尺寸比率，Ratio 2 表示终点到起点的网格尺寸比率。

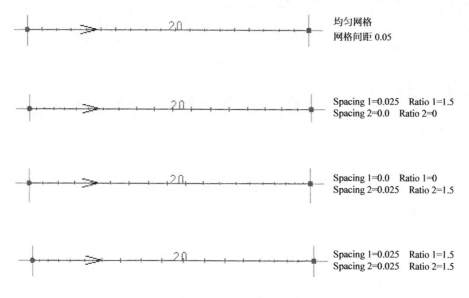

均匀网格
网格间距 0.05

Spacing 1=0.025　Ratio 1=1.5
Spacing 2=0.0　Ratio 2=0

Spacing 1=0.0　Ratio 1=0
Spacing 2=0.025　Ratio 2=1.5

Spacing 1=0.025　Ratio 1=1.5
Spacing 2=0.025　Ratio 2=1.5

图 4-17　选择 Edge 后的图形

网格实例如图 4-18 所示。

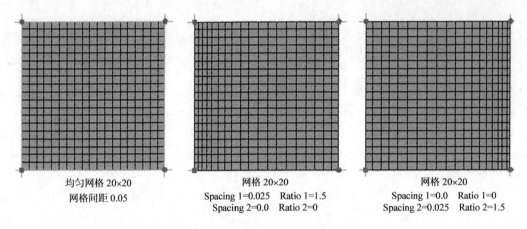

图 4-18　不同参数形成的网格

网格间距计算公式为

$$S_i = \frac{R-1}{R^{N-1}-1}\sum_{j=2}^{i} R^{j-2}$$

式中，S_i 为从起点到第 i 层节点的距离；R 为比率 Ratio，取值为 0.25～4.0；N 为总的节点数量。

Geometirc1、Geometric2 与 BiGeometric 类似，只不过它们只有一组参数起作用罢了。

2．Biexponential

Biexponential 的参数设置与 BiGeometric 完全相同，只不过节点分布计算方法存在差异。在实际应用中，常使用 Exponential 1 与 Exponential 2，根据 Edge 上的箭头方向灵活选择。以 Exponential 1 为例，其节点分布采用的计算公式为

$$S_i = Sp1 \cdot i \cdot e^{R(i-1)}$$

式中，S_i 为节点 i 与起点的距离；$Sp1$ 为面板中设置的 Spacing 1；R 为比率 Ratio。网格实例如图 4-19 所示。

不管采用何种分布律，对于边界层网格来讲，第一层网格高度与层间 Ratio 较为重要，需要仔细估算。

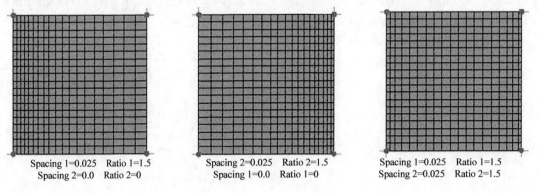

图 4-19　Biexponential 分布律

【Q10】　如何删除 O 型块

ICEM CFD 中并未提供 O 型块直接删除工具，不过可以通过顶点合并功能来实现。

删除 O 型块的具体操作步骤如下。

- 单击 Block 标签页下的 Merge Vertices 按钮。
- 在设置面板中选择 Merge Vertices，勾选 Propagate merge，如图 4-20 所示。

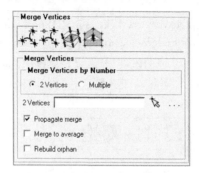

图 4-20　勾选 Propagate merge

- 任选两个 O 型块上的对角节点（见图 4-21），要注意顶点的选择顺序。顶点选择完毕后单击鼠标中键确认，软件弹出确认对话框，此时可单击按钮 Confirm 进行确认，确认后 O 型块被删除。

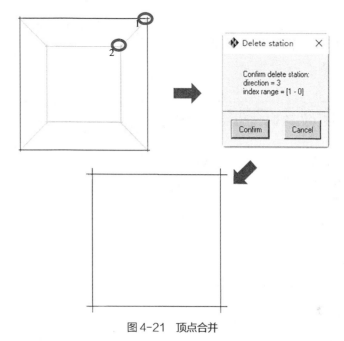

图 4-21　顶点合并

三维 O 型块的删除方式与此完全相同，读者可以自行尝试。

【Q11】 3D 网格中如何创建 2D 边界

某些情况下，3D 计算域中包含了一些薄壁面，例如在计算建筑物通风时，各房间之间的分隔墙在建模时常用一些无厚度的壁面来替代，这类模型在进行分块网格划分时，需要进行一些特殊的设置，否则这些无厚度的 2D 几何结构不会生成网格，导出至求解器中也不会被识别。这些额外的设置包括以下两步。

- 创建 Part，添加 2D 几何到 Part 中。
- 构建 Block，将特定的 Face 关联到 Part 上。

这两步操作缺一不可。

【Q12】 2D 分块网格关联时应该注意的问题

有时用 ANSYS ICEM CFD 划分好的网格保存为 FLUENT 文件时会出现警告 "WARNING: Mesh has uncovered edges. FLUENT needs a complete boundary (lines in 2D) or it will give a variety of errors and not read in the mesh! If this was 2D Hexa, perhaps your edges are not associated with perimeter curves"。

出现此错误提示的网格网格，导出到 FLUENT 中会报错。解决此问题的方式很简单：在进行 Curve 关联的过程中，实现所有的 Curve 关联。即对每一条几何边进行关联。

【Q13】 如何创建多区域分块网格

在 CFD 仿真计算时，经常会涉及多区域的问题，如 MRF、MPM 及 SMM 模型等的旋转区域、多孔介质、固体域等，在自动网格划分方法中，可以使用创建 Body 的方式来构建多个计算域，而在 Block 网格生成方法中，则需要采用其他的方式。

在 Block 网格生成方法中，可以创建 Part，在创建 Part 面板中单击 Blocking Material，Create Part 按钮，将构成区域的 Block 添加至 Part 中，如图 4-22 所示，即可创建多区域网格。

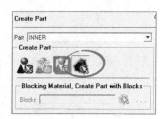

图 4-22　利用 Block 创建 Part

【Q14】 如何自顶向下创建 Block

自顶向下创建 Block 的方式是最常用的 Block 构建方式。

自顶向下的 Block 构建方式的基本思路如下（见图 4-23）。

- 创建基本块。通常是包裹几何体的块。
- 按照几何拓扑对基本块进行切割。
- 删除多余的块。
- 将块关联到几何上。

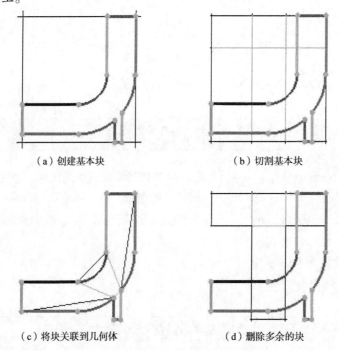

（a）创建基本块　　　　　（b）切割基本块

（c）将块关联到几何体　　　　（d）删除多余的块

图 4-23　自顶向下创建 Block 的方式

【Q15】　如何自底向上创建 Block

与自顶向下"雕塑式"创建块不同，自底向上的 Block 构建方式是类似于建房子的"添砖加瓦"式。在某些场合（例如，构建特别复杂的几何结构的块时），利用自底向上的方式能够提供极大的方便。自底向上构建 Block 的基本步骤如下。

- 创建基础块。自底向上的 Block 构建方式建立在基本块的基础上。
- 单击 Blocking 标签页下的 Create Block 功能按钮 。
- 利用功能面板中的 From Vertices/Faces 按钮 、Extrude Faces 按钮 及 2D to 3D 按钮 创建新的块。

图 4-24 所示为一个自底向上创建 Block 的示例，图中展示了一步步添加新的块从而形成最终块的过程。

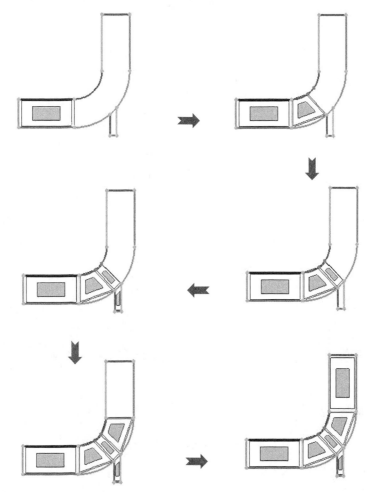

图 4-24　自底向上构建 Block 的示例

【Q16】　如何利用 From Vertices 创建新的 2D 块

利用顶点创建新的块是最基本的自底向上的块构建方式。可以利用此方法构建新的 2D 和 3D 块。该功能位于 Blocking 标签页下 Create Block 功能按钮下，如图 4-25 所示。

在图 4-25 所示的操作面板中，可以创建不同类型的 Block。对于 2D 块来讲，主要包括 3 种类型的块：Mapped、Free 及 Quarter-O-Grid。其中，在实际工作中用得最多的是 Mapped 块的构建；其次，在一些特殊的场合，Quarter-O-Grid 块也有使用；而 Free 块用得较少。

2D Mapped 块的构建可通过 1vertice+3points、2vertices+2points、3vertices + 1point、4vertices 来构建，分别如图 4-26 ~ 图 4-29 所示。

注意：--

至少需要一个顶点，当前 ICEM CFD 还无法从几何点直接创建 Block

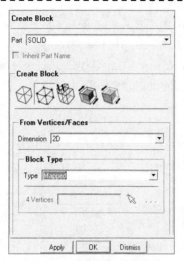

图 4-25　通过顶点创建块

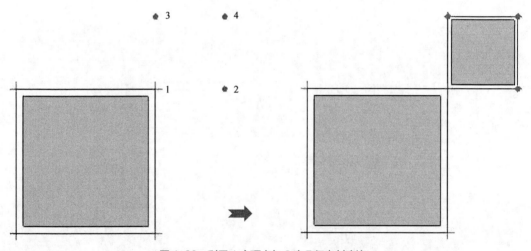

图 4-26　利用 1 个顶点与 3 个几何点创建块

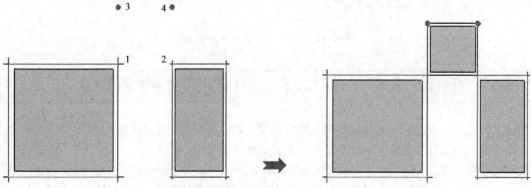

图 4-27　利用 2 个顶点与 2 个几何点创建块

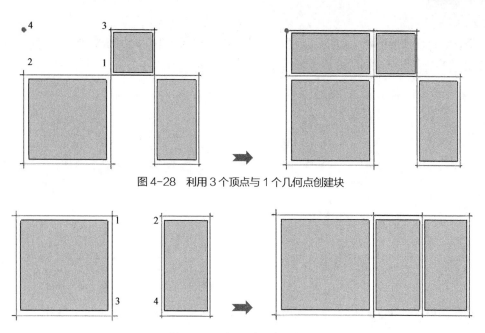

图 4-28 利用 3 个顶点与 1 个几何点创建块

图 4-29 利用 4 个顶点创建块

对于 Quarter-O-Grid 块，其为利用 3 个 vertices 创建 3 个四边形块，如图 4-30 所示。

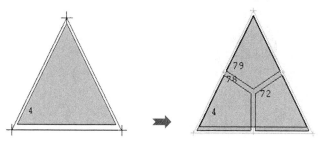

图 4-30 利用 3 个 vertices 创建 Quarter-O-Grid 块

【Q17】 如何利用 From Vertices 创建新的 3D 块

与 2D 块创建方式相同，在图 4-31 所示面板中选择 Dimension 为 3D 即可创建 3D 块。3D 块的创建包含 Hexa、Swept、Quarter-O-Grid、Degenerate、Sheet 及 Free-Sheet 6 种类型。

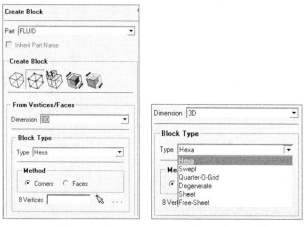

图 4-31 利用 From Vertices/Faces 创建新的 3D 块

1. Hexa

利用 8 个顶点创建六面体块，如图 4-32 所示。与 2D 块类似，不一定完全需要 8 个顶点，但至少需要 1 个顶点。若使用 1~7 个顶点，剩余的顶点采用几何点替代。

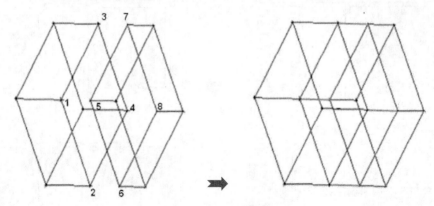

图 4-32　使用 8 个顶点创建 3D 块

除了可以使用顶点创建 3D Hexa 外，利用两个 Face 也可以创建 Block，如图 4-33 所示。

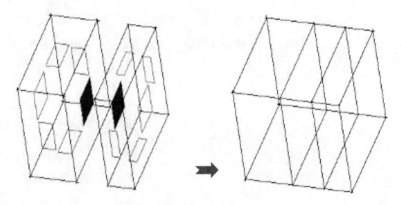

图 4-33　利用 Face 创建 3D 块

2. Quarter-O-Grid

利用 6 个顶点可以创建 Y 型切分的 3D 块，如图 4-34 所示。

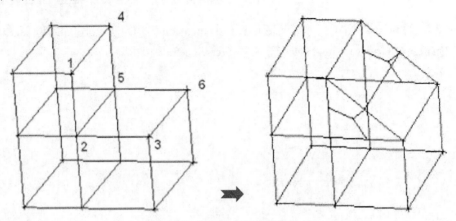

图 4-34　利用 6 个顶点创建 3D 块

3. Degenerate

利用 6 个顶点创建三棱柱块，如图 4-35 所示。

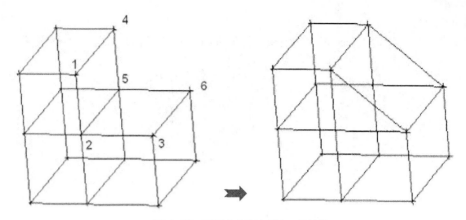

图 4-35　利用 6 个顶点创建三棱柱块

由于其他 3 种块构建方式在实际工程中应用较少，这里不再详细阐述，读者可以参阅 ICEM CFD 用户文档。

【Q18】 Extrude Face 方式创建 3D 块

利用 Face 拉伸的方式很容易形成新的 3D 块。单击 Blocking 标签页下的 Create Block 功能按钮，然后在功能区单击 按钮，即可进入此方法面板，如图 4-36 所示。该工具包含 3 种方式：Interactive、Fixed distance 及 Extrude Along Curve。

 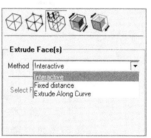

图 4-36　Face 拉伸的形式创建新的块

1．Interactive

选择要拉伸的块，按住鼠标中键进行拉伸，如图 4-37 所示。此方法使用方便，缺点是无法精确设置拉伸的距离。

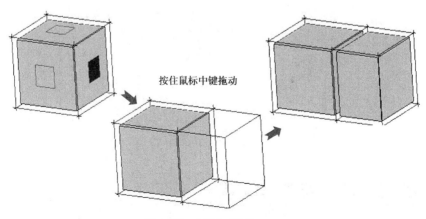

图 4-37　交互方式拉伸 Face

2. Fixed distance

通过设定拉伸的距离来拉伸 Face 形成新的块，拉伸方向为 Face 的法向，如图 4-38 所示。

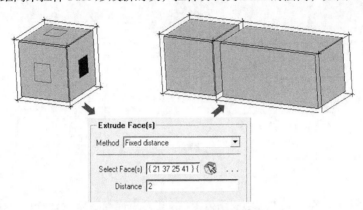

图 4-38　拉伸指定的距离形成新的块

3. Extrude Along Curve

沿曲线拉伸 Face。此方法设置参数较多，如图 4-39 所示。

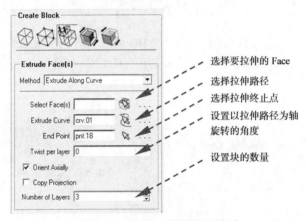

图 4-39　沿曲线拉伸块的设置参数

> **提示：**
> 参数中，Twist per layer 主要用于螺旋型几何的块构建，Number of Layers 主要用于 Curve 为曲线的情况。

沿 Curve 拉伸块如图 4-40 所示。

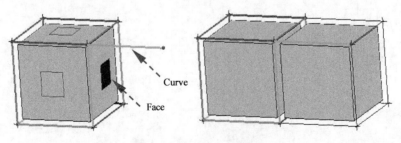

图 4-40　沿 Curve 拉伸块

【Q19】 2D to 3D 创建 3D 块

此功能可以将 2D 块转化为 3D 块，功能面板如图 4-41 所示。这里包含 3 种方法：MultiZone Fill、Translate

和 Rotate。

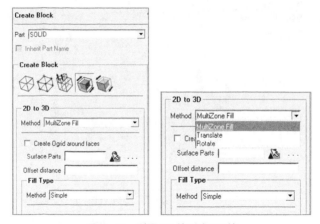

图 4-41　利用 2D 块形成 3D 块

1．MultiZone Fill

将 2D 面块转换为 3D 块。在利用 Multizone Block 时使用较多。利用封闭的面块围成 3D 块，如图 4-42 所示。

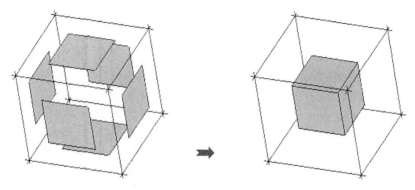

图 4-42　MultiZone Fill 形成 3D 块

2．Translate

将 2D 块沿某一方向拉伸指定的距离形成 3D 块，如图 4-43 所示。

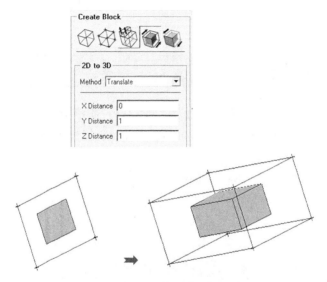

图 4-43　2D 块拉伸形成 3D 块

3．Rotate

通过旋转 2D 块形成 3D 块。通常需要指定旋转轴、旋转角度等参数。此方法主要用于回转体块的构建，涉及的参数较多，如图 4-44 所示。

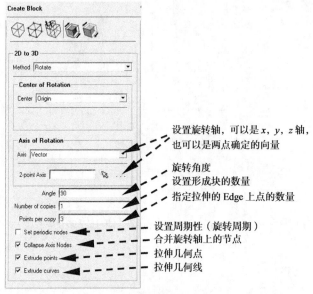

图 4-44　块旋转形成 3d 块

旋转形成 3D 块如图 4-45 所示。

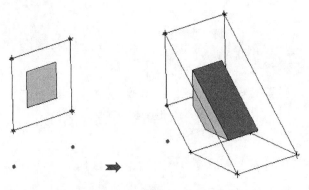

图 4-45　旋转形成 3D 块

【Q20】 块变换功能

ICEM CFD 中，已建好的块可以通过块变换功能创建更复杂的块。块变换功能包括平移、旋转、镜像、缩放等。块变换功能位于 Blocking 标签页下的 Transform Blocks 功能按钮⊗下，功能面板如图 4-46 所示。

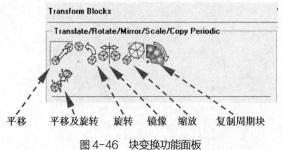

图 4-46　块变换功能面板

1. Translate Blocks

通过指定平移量来平移已有的 Block。其设置面板如图 4-47 所示。

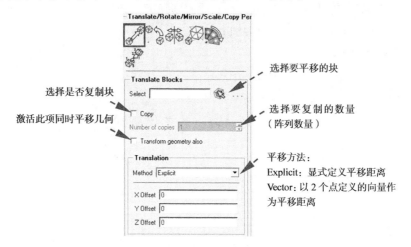

图 4-47　设置面板

利用块平移功能可以实现块的线性阵列。对于以线性阵列形式形成的几何模型，使用块平移功能可以快速地构建整体块，如图 4-48 所示。

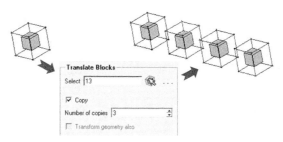

图 4-48　平移阵列块

> 提示：
>
> 　若要平移的块已进行了关联，则平移后的块也会保持关联关系。因此，在块平移之前，建议取消块上的所有关联。

2. Rotate Blocks

利用此功能可以对已有的块进行旋转，从而形成新的块。其设置面板如图 4-49 所示。

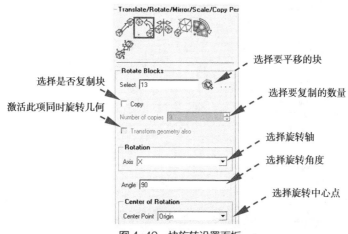

图 4-49　块旋转设置面板

块旋转需要设置的参数较多，需要注意的地方包括：

（1）Axis（选择旋转轴）。可以是 x、y、z 轴，也可以在屏幕上选择两个点，以其确定的向量作为旋转轴。注意点的选择顺序，其会影响旋转方向。方向可由右手定则确定。

（2）Center Point（选择旋转中心点）。应为轴上的任一点。

块旋转示例如图 4-50 所示。

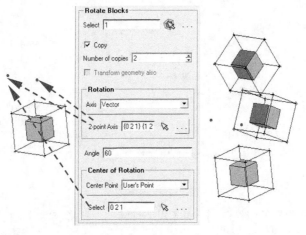

图 4-50　块旋转示例

3. Mirror Blocks

对于对称或类似对称的几何，采用块镜像的方式构建整体块非常方便。镜像面板设置与旋转面板类似，需要指定镜像面。块镜像示例如图 4-51 所示。

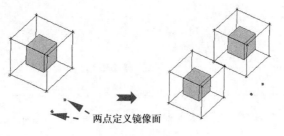

两点定义镜像面

图 4-51　块镜像示例

4. Scale Blocks

通过指定缩放比例来缩放已有的块，可以形成新的块。此功能应用较少，主要用于类似几何结构的块的构建。缩放块的参数如图 4-52 所示。

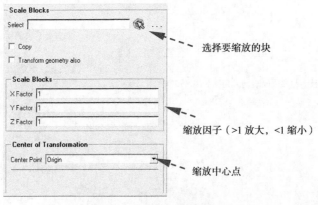

图 4-52　缩放块的参数

该功能操作比较简单，选择需要缩放的块，设置缩放因子即可对已有的块进行缩放，如图 4-53 所示。

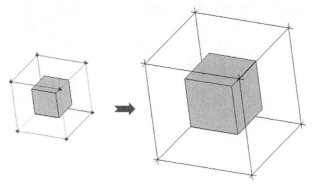

图 4-53　块的缩放实例

其他变换功能，如周期变换、复合变换的方法与上述基础变换方法类似，故不再赘述。

【Q21】 顶点移动

在构建块的过程中，经常需要移动块顶点以使初始的块更贴近几何体。ICEM CFD 移动顶点的功能位于 Blocking 标签页下的 Move Vertex 按钮 下。其包含的功能按钮如图 4-54 所示。

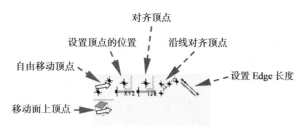

图 4-54　顶点移动功能按钮

1. Move Vertex （自由移动顶点）

此功能为基本的顶点移动方式，操作方便，日常使用较为频繁，可以使用鼠标对选取的顶点进行自由移动，但移动后点的位置难以控制。此功能的参数对话框如图 4-55 所示。

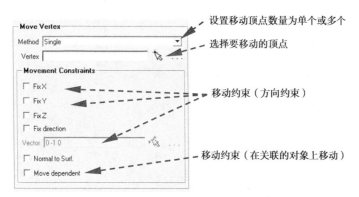

图 4-55　顶点自由移动方式的参数对话框

> 提示：
>
> 利用顶点移动方式可以移动单个顶点，也可以同时移动多个顶点。移动单个顶点采用鼠标左键，而移动多个顶点则需要采用鼠标中键。

2．Set Location.┷.（设置顶点位置）

可以根据参考顶点的坐标移动所选择的顶点。顶点位置的设置如图 4-56 所示。

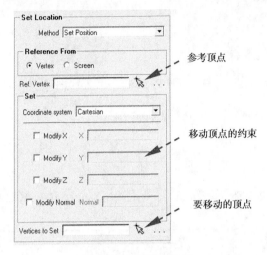

图 4-56　设置顶点位置

此方法在顶点移动过程中经常被用到，通常是选取某一参考顶点，之后使要移动的顶点某坐标值与参考顶点的该坐标值保持一致。顶点位置设置示例如图 4-57 所示。

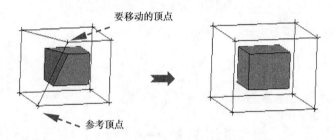

图 4-57　顶点位置设置示例

3．Align Vertices.┷.（对齐顶点）

如图 4-58 所示，可以采用顶点对齐的方式来移动顶点。通过设置顶点移动的参考方向及参考点，可使其他的顶点与指定平面内的顶点对齐。

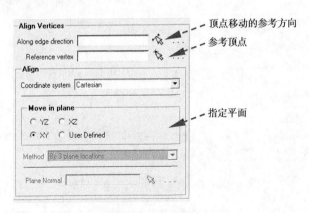

图 4-58　对齐顶点

顶点对齐的示例如图 4-59 所示。

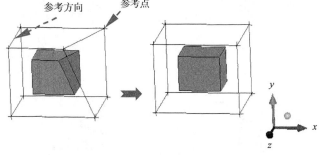

图 4-59　不同的参考点对齐移动不同的顶点（均为 xy 平面）

4．Align Vertices in-line（沿直线对齐顶点）

可以沿着定义的直线方向对齐选定的顶点。其设置面板如图 4-60 所示。

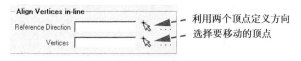

图 4-60　设置面板

此功能使用起来比较简单：先选择两个顶点以定义对齐的方向，再选择要移动的顶点，软件会自动将要移动的顶点移动至定义对齐的方向上。其示例如图 4-61 所示。

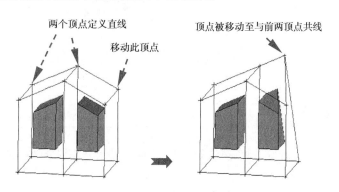

图 4-61　沿直线移动顶点示例

5．Set Edge Length（设置 Edge 长度）

通过设置 Edge 长度来移动顶点，如图 4-62 所示。

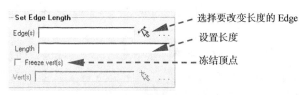

图 4-62　设置 Edge 长度

采用此方法时要设置的参数较少，在应用的过程中，选择需要改变长度的 Edge，直接设置长度即可。需要注意的是，默认情况下在改变长度后，组成该 Edge 的两个顶点均会被移动。若想只移动某一个顶点，可以激活 Freeze Vert 选项并选择要冻结的顶点。若 Edge 的原始长度为 1，将其改变为 1.5 后新的顶点位置如图 4-63 所示。

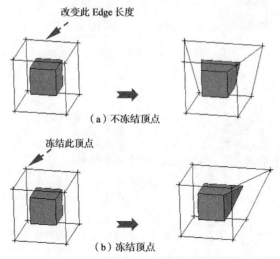

图 4-63 改变 Edge 长度

此功能在实际工程中应用较少，不过在一些特殊的场合可能会带来意想不到的效果。

6. Move Face Vertices 🔊（移动面上顶点）

通过指定 Face 偏移距离来移动 4 个顶点，如图 4-64 所示。

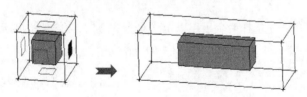

图 4-64 移动 Face

【Q22】 关联的本质

关联（Associate）是 Blocking 划分网格的核心内容。通常采用分块划分网格失败，绝大多数的问题都出在关联上。

采用 Blocking 方式划分六面体网格的基本流程为。

（1）构建由四边形（2D）或六面体（3D）组成的与原始几何外观相近的块。

（2）在块上生成四边形或六面体网格。

（3）将块生成的网格映射至原始几何上。

那么问题来了，软件是如何知道怎么将块生成的网格投射到原始几何上的呢？这都是通过关联来实现的。

如图 4-65（c）所示，在未进行关联时，网格是依据块的形状生成的；而在进行关联之后，网格则会从块映射至几何，如图 4-65（d）所示。

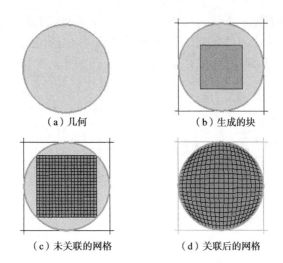

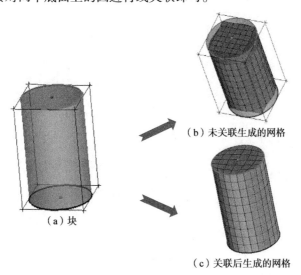

（a）几何 （b）生成的块

（c）未关联的网格 （d）关联后的网格

图4-65 关联

所以，关联的本质就是告诉计算机如何将块上的网格映射到几何上。

但是可能有人会问：ICEM CFD 中的关联有很多种，有点关联、线关联、面关联，那么在实际操作过程中，是要每一种关联都做到吗？还是说只需要做一部分？其实大可不必，ICEM CFD 能够从用户定义的关联中自行推导出其他的关联方式，但是有如下一些原则必须要遵守。

（1）2D 模型必须进行**完全线关联**。

（2）3D 模型通常只需关联一些重要的特征线，ICEM CFD 会根据几何特征与块特征的距离进行自动关联。因此，对一些紧挨的表面，可能需要手动补充面关联。

图 4-66（b）所示即为典型的未进行正确关联而生成的网格，但是可以看到，圆柱面是能够自动进行网格映射的。图 4-66（c）所示的是正确关联后生成的网格，圆柱的两个底面均成功地进行了映射。对于示例中简单的几何模型，只需要对两个底面上的圆进行线关联即可。

（b）未关联生成的网格

（a）块

（c）关联后生成的网格

图4-66 关联生成网格

【Q23】 Index Control 的使用

在 ICEM CFD 中可以利用 Index Control 来进行块的选择。

如图 4-67 所示，在模型树节点 Blocking 上单击鼠标右键，在弹出的菜单中选择 Index Control，即在右下角出现图中所示的辅助选择项，通过选择 I、J、K 的值，就可以对块进行过滤，辅助块的选择。此功能在模型中块数量较多时特别有用。不同索引值对应的块如图 4-68 所示。

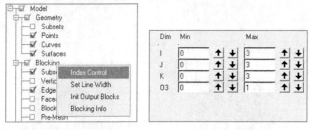

图 4-67　Index Control

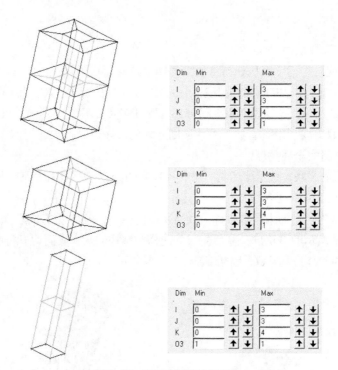

图 4-68　不同索引值对应的块

若需要还原块的显示，可单击索引对话框右侧的 Reset 按钮，如图 4-69 所示。

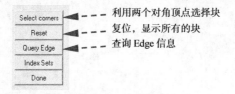

图 4-69　索引控制按钮

【案例 1】自底向上 2D 网格划分

对于 2D 几何，采用自底向上方式生成块非常方便。本案例演示利用自底向上构建并划分图 4-70 所示几何模型网格的 2D 块。该模型为某型号射流泵的计算模型，包含两个入口及一个出口，采用 2D 轴对称几何模型。

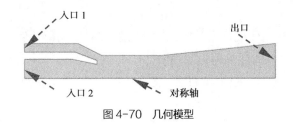

图 4-70　几何模型

Step 1：几何准备

采用 CAD 软件建立几何模型。启动 ICEM CFD 并读取该模型。导入 x_t 格式文件时选择单位为毫米。打开模型树中的 Points 及 Surfaces 显示，如图 4-71 所示。

图 4-71　显示几何

Step 2：创建 Part

创建边界 Part。本案例需要创建 4 个 part，即入口 1、入口 2、出口和对称轴，分别命名为 INLET1、INLET2、OUTLET 和 AXIS。

用鼠标右键单击模型树节点 Part，选择菜单命令 Create Part，创建上述 4 个 part。创建完毕后的模型树如图 4-72 所示。

图 4-72　创建 Part 后的模型树

Step 3：创建基本块

- 单击 Blocking 标签页下的 Create Block 按钮 。
- 按图 4-73 所示步骤创建基本块。

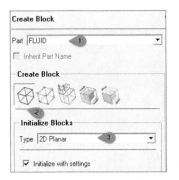

图 4-73　创建基本块

 提示：

　　创建的基本块位于 xy 平面。实质上，CFD 计算 2D 模型时，也要求模型位于 xy 平面。在几何建模过程中需要注意这一点。

Step 4：点关联

由于采用自底向上的方式创建块，因此要先把基础块关联到局部几何上。

- 单击 Blocking 标签页下的 Associate 按钮。
- 在功能面板中单击 Associate Vertex 按钮，将初始块的 4 个顶点分别与几何左上角的 4 个点相关联。关联后的块如图 4-74 所示。

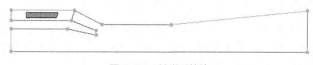

图 4-74　关联后的块

Step 5：创建新的块

利用顶点和几何点创建新的块。

- 单击 Blocking 标签页下的 Create Block 按钮。
- 在功能面板中单击 From Vertices/Faces 按钮。
- 在图形面板中选择顶点 1 和顶点 2，单击鼠标中键；继续选择几何点 1 和几何点 2（注意次序不可错乱），单击鼠标中键确认操作，如图 4-75 所示。

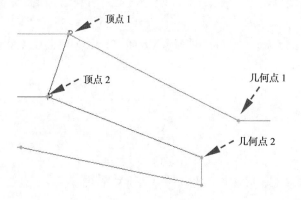

图 4-75　2D 块的构建

此时形成的新的块如图 4-76 所示。

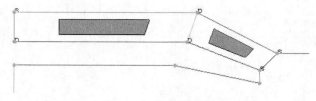

图 4-76　形成的新块

Step 6：创建新的块

如图 4-77 所示，利用 2 个顶点和 1 个几何点创建新的 2D 块。

图 4-77　创建新块

对于 2D 块需要 4 个点才能创建，因此还需要在屏幕上选取一个点。详细操作过程如下。

- 单击 Blocking 标签页下的 Create Block 按钮。
- 在功能面板中单击 From Vertices/Faces 按钮。
- 选择顶点 1 和顶点 2，单击鼠标中键；选择几何点 1，在屏幕上适当位置单击鼠标左键，然后单击鼠标中键确认操作。（注意操作顺序）

此时形成的块如图 4-78 所示。

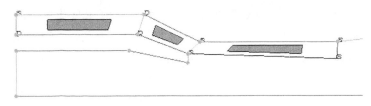

图 4-78　形成的块

Step 7：创建新的 2D 块

采用与前面相同的方式，创建其他的块。创建方法类似，这里不再赘述。最终形成的块如图 4-79 所示。

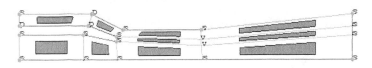

图 4-79　最终形成的块

Step 8：进行关联

2D 模型要进行完全线关联。关联的具体步骤如下。

- 单击 Blocking 标签页下的 Associate 功能按钮。
- 在功能面板中单击 Associate Edge to Curve 按钮。
- 选择所有的边界 Edge 与边界线关联。

Step 9：指定全局网格尺寸

指定全局网格尺寸的具体操作步骤如下。

- 单击 Mesh 标签页下的 Global Mesh Setup 功能按钮。
- 在参数面板中设置 Max element 为 0.5，单击 Apply 按钮。
- 单击 Blocking 标签页下的 Pre-Mesh Params 功能按钮，然后单击 Apply 按钮进行参数更新。

Step 10：预览网格

选择模型树节点 Pre-Mesh 前的复选框，进行网格预览。形成的网格如图 4-80 所示。

图 4-80　形成的网格

Step 11：其他工作

剩下的工作包括：

- 调整网格节点分布，划分边界层网格。
- 生成计算网格。

- 检查网格质量并光顺计算网格。
- 导出计算网格。

这些工作并非本章重点内容，故不详细描述操作过程。

【案例 2】3D 结构中的内部 2D 几何边界

在一些 3D 模型中，可能会存在一些薄壁结构，在计算时可以将其简化为 2D 几何，如计算室内环境时的墙壁，往往就可以将其当作二维的平面来对待。对于此类模型，在利用 ICEM CFD 进行 Block 网格划分过程中，需要进行特殊处理，否则这些 2D 面不会生成网格。本案例以一个简单的几何演示此类几何的网格生成方式。

几何模型如图 4-81 所示，该模型为一矩形流道中存在阻挡的壁面。

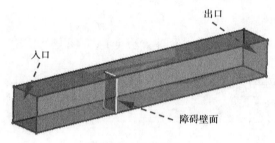

图 4-81 几何模型

Step 1：创建各种 Part

目前只需要创建两个 Part：入口、出口及障碍壁面。默认壁面则不需要额外创建。

Step 2：创建基本块

创建基本块的详细操作步骤如下。

- 启动 ICEM CFD，创建或导入几何文件。
- 单击 Blocking 标签页下的 Create Block 功能按钮。
- 在功能面板中创建 3D Bounding Box 块。

创建的基本块如图 4-82 所示。

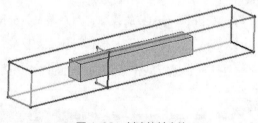

图 4-82 创建的基本块

Step 3：切割基本块

在有壁面位置对基本块沿壁面边界进行切割。

- 单击 Blocking 标签页下的 Split Block 按钮。
- 在功能面板中单击 Split Block 按钮。
- 在壁面位置进行切割，这里需要切两次，将原始块分割成 4 个块。

切割后的块如图 4-83 所示。

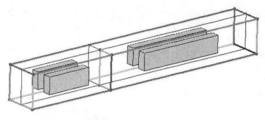

图 4-83　切割后的块

Step 4：进行线关联

将块上的 Edge 关联到几何边上。关联操作的具体步骤如下。

- 单击 Blocking 标签页下的 Associate 按钮。
- 单击设置面板中的 Associate Edge to Curve 按钮。
- 关联所有的 Curve。

提示：

对于 3D 模型，并不要求完全关联所有的 Curve，但是对于复杂的几何模型，建议尽可能多地设置关联，因为单纯依靠软件自动判断容易造成错误关联。

Step 5：进行面关联

这一步非常重要，需要将 Face 关联到 2D 面上，否则无法生成内部面网格。面关联的具体操作方式如下。

- 单击 Blocking 标签页下的 Associate 按钮。
- 单击设置面板中 Associate Face to Surface 按钮。设置面板如图 4-84 所示。
- 选择图 4-85 中的 Face 及 Surface 进行面关联。

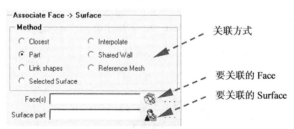

图 4-84　面关联设置面板

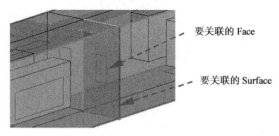

图 4-85　面关联设置

提示：

这一步非常重要。若要想在 3D 模型中生成 2D 网格，则必须将 Face 关联到相应的面上。

Step 6：设置网格尺寸并预览网格

设置全局网格尺寸为 0.1。

- 单击 Mesh 标签页下的 Global Mesh Setup 工具按钮。
- 在参数设置面板中设置 Max element 为 0.1，单击 Apply 按钮确认。

- 单击 Blocking 标签页下的 Pre-Mesh Params 功能按钮 ，然后单击功能面板中的 Update Sizes 按钮 ，最后单击 Apply 按钮确认操作。
- 单击模型树节点 Pre-Mesh 前的复选框，预览网格。

生成的网格如图 4-86 所示。

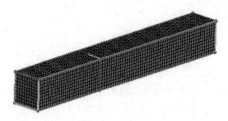

图 4-86　生成的网格

Step 7：生成网格并导出网格

生成并导出网格的详细步骤如下。

- 利用菜单【File】>【Mesh】>【Load From Blocking】生成网格。
- 单击 Output Mesh 标签页下的 Select Solver 工具按钮 ，选择 Output Solver 为 ANSYS FLUENT。
- 单击 Output Mesh 标签页下的 Write input 功能按钮 。

【案例 3】多区域分块网格

对于存在运动区域、多孔介质区域、固体域等的计算模型，通常需要创建多个计算域，利用 ICEM CFD 能够方便地创建这种存在多个计算区域的网格。

本例以一个简单的计算模型演示如何在 ICEM CFD 中划分多区域网格。几何模型如图 4-87 所示，包含两个计算区域，其中区域 1 为静止域，区域 2 为运动区域。

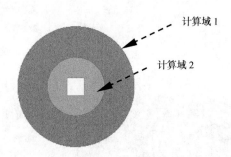

图 4-87　几何模型

Step 1：创建基本块

创建基本块的详细操作步骤如下。

- 单击 Blocking 标签页下的 Create Block 功能按钮 。
- 在功能面板窗口中单击 Initialize Blocks 功能按钮，选择 Type 为 2D Planar。
- 单击 Apply 按钮创建基本块。

创建的基本块如图 4-88 所示。

Step 2：进行 O 型切分

从几何上进行分析可知，该模型需要进行两次 O 型切分以生成网格。

O 型切分的详细操作过程如下。

- 单击 Blocking 标签页下的 Split Block 功能按钮。
- 单击功能面板中的 Ogrid Block 按钮。
- 在图形窗口中选择要进行 O 型切分的块。

O 型切分两次，最终形成的块如图 4-89 所示。

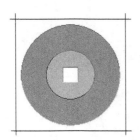

图 4-88 创建的基本块

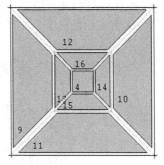

图 4-89 两次 O 型切分后的块

Step 3：进行关联

对于 2D 几何模型，需要进行完全线关联。

- 单击 Blocking 标签页下的 Associate 功能按钮。
- 在功能区单击 Associate Edge to Curve 功能按钮。
- 在图形区关联所有的 Curve。

> 注意：
> 这里提到的完全线关联，指的是几何模型上的所有线条均有 Edge 与之关联。

Step 4：创建 Part

创建 Part 以放置 Block。

- 用鼠标右键单击模型树节点 Parts，选择子命令 Create Part。
- 在参数设置面板中，设置 Part 的名称为 outer，然后单击按钮。
- 选择图 4-90 所示的块，将其添加至 Part 中。

图 4-90 创建 Part

> 提示：
> 可以将剩下的块放置于其他的 Part 中。本案例只有两个区域，因此其他的块自动放置到了另外一个 Part 中，无需再创建新的 Part。

Step 5：设置网格尺寸并预览网格

至此网格块已经构建完毕，剩下的工作即定义网格尺寸。

- 进入 Mesh 标签页，单击 Global Mesh Setup 功能按钮，在参数设置面板中设置 Max Element 参数为

5，然后单击 Apply 按钮确认。

● 进入 Blocking 标签页，单击 Pre-Mesh Params 功能按钮，在功能面板中单击 Update Sizes 按钮，采用默认设置，单击 Apply 按钮确认。

● 单击 Edge Params 按钮，设置合适的 Edge 尺寸后，单击 Apply 按钮确认。

● 激活模型树节点 Pre-Mesh，预览网格。

最终生成网格如图 4-91 所示，包含两个计算区域。

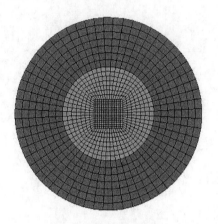

图 4-91　最终生成网格

> **注意：**
>
> 对于包含多个计算区域的计算模型，采用 Block 方式进行网格划分的过程中，最重要的一步操作即为将区域对应的 Block 添加至 Part 中。

【案例 4】旋风分离器分块网格划分

旋风分离器是一种常见的工业设备，广泛应用于工业气固分离领域中。本案例演示如何利用 ICEM CFD 划分旋风分离器的六面体网格。案例几何如图 4-92 所示。

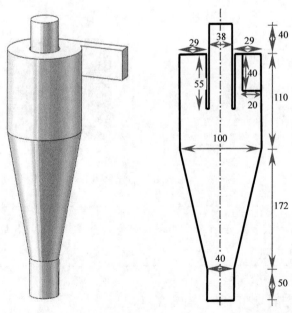

图 4-92　几何模型

Step 1：导入几何

可以采用第 3 章案例 2 所创建的几何，也可以利用 CAD 软件按图 4-92 所示尺寸创建几何模型。本案例导入外部 CAD 几何模型。

- 启动 ICEM CFD，利用菜单【 File 】>【 Change Working Dir… 】修改工作路径。
- 利用菜单【 File 】>【 Import Geometry 】>【 legacy 】>【 Parasolid 】，选择几何文件 cyclone.x_t。
- 选择单位 Millimeter。
- 单击 Apply 按钮。

此时图形窗口显示几何模型。

Step 2：构建几何拓扑

利用 Geometry→Repair Geometry →Build Diagnostic Topology ，采用默认参数，单击 Apply 按钮确认操作。以 solid 及 Transparent 方式显示 Surface，几何模型如图 4-93 所示。

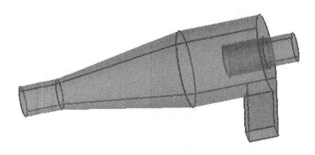

图 4-93　几何模型

Step 3：创建 Part

通常在几何拓扑构建完成并检查几何无误后，即可创建 Part。对于 Part 创建，前文已有描述，且其对于后续的网格划分并无关联，故此处略过。

Step 4：创建辅助几何圆

在构建 Block 之前，先进行辅助几何的构建。构建辅助几何的目的在于为后续的关联做准备。本案例需要创建一系列的辅助圆。下面以创建其中一个为例进行描述。

1．创建圆心点

利用 Geometry→Create Point →Center of 3 Point/Arc ，在图 4-94 所示圆上选择 3 个点，创建圆心点。

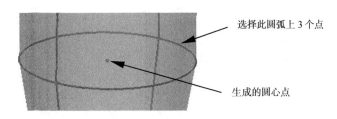

选择此圆弧上 3 个点

生成的圆心点

图 4-94　创建圆心点

2．创建辅助点

利用 Geometry→Create Point →Base Point and Delta ，选择前面生成的圆心点，分别以 $DX=19$ 和 $DY=19$ 创建两个点，如图 4-95 所示。

3．创建圆

利用 Geometry→Create/Modify Curve →Circle or Arc from… ，在图形窗口中选择前面创建的圆心点，

然后依次选择后创建的两个新的点，单击鼠标中键创建圆，如图 4-96 所示。

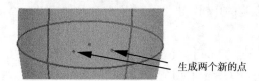

图 4-95　生成两个新的辅助点

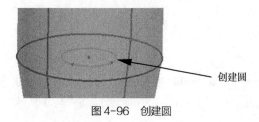

图 4-96　创建圆

4．创建其他的圆

利用相同的方法创建其他的辅助圆，如图 4-97 所示。

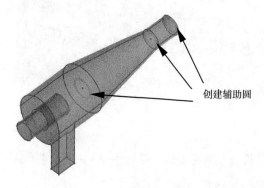

图 4-97　创建其他的辅助圆

提示：

除了采用创建点构建圆外，还可以利用已有的几何，采用几何变换的方式创建辅助几何。在实际工程应用中，需要灵活运用。在本例中，由于旋风分离器的底流口直径与溢流管直径非常接近，所以在创建辅助几何的过程中，没必要严格按照实际尺寸进行创建。

Step 5：投影线

利用 Geometry→Create/Modify Curve →Project Curve on Surface ，设置参数如下。

- Method = Normal to Surface。
- 单击 Select Curve 按钮 ，选择图 4-98 中的线。
- 单击 Select Surface 按钮 ，选择图 4-98 中的面。

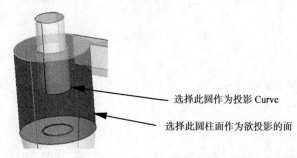

图 4-98　向面上投影线

● 单击鼠标中键确认操作，如图 4-99 所示。

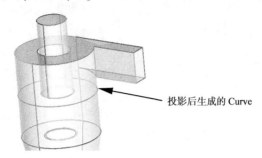

图 4-99　投影后的线

注意：
这些辅助线的颜色均为绿色。

Step 6：切割面生成辅助线

利用 Geometry→Create/Modify Surface ▨ →Segment/Trim Surface ▥，设置参数如下。

● Segment Surface Method = By Plane。
● 单击按钮 Select Surface，选择图 4-100 所示的面。
● Plane Setup Method = Point and Plane。
● Through point：选择图中的点。
● Normal：0 0 1。

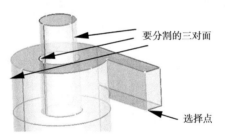

图 4-100　操作几何

分割后的几何如图 4-101 所示。

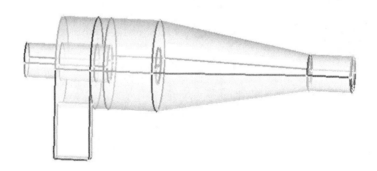

图 4-101　分割后的几何

Step 7：创建辅助点

创建辅助点的目的在于方便后面的 Block 顶点对齐，并非必须。利用 Geometry→Create Point ▨ →Project Points to Curves ▨ ，以及 Geometry→Create Point ▨ →Parameter along a Curve ▨ ，创建所有圆弧的四等分点，如图 4-102 所示。

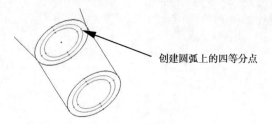

创建圆弧上的四等分点

图 4-102　创建辅助点

Step 8：创建 Block

利用 Blocking→Create Block→Initialize Block，设置参数如下。

- Part ：　Fluid。
- Type : 3D Bounding Box。
- 单击 Select geometry 按钮，在图形窗口框选中图 4-103 所示几何。
- 单击鼠标中键创建 Block。

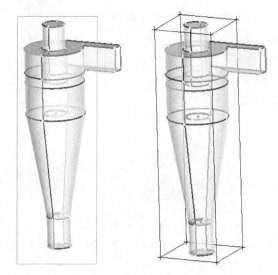

图 4-103　框选几何及生成的块

Step 9：关联点

利用 Blocking→Associate→Associate Vertex，将上一步创建的 Block 的顶点关联到前面创建的辅助点上。点关联后的块如图 4-104 所示。

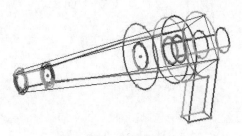

图 4-104　点关联后的块

Step 10：切割块

利用 Blocking→Split Block→Split Block，设置参数如下。

- Split Method = Prescribed Point。
- 单击 Edge 右侧的 Select Edge 按钮，选择要切割的 Edge。

单击 Point 右侧的 Select Point 按钮，在图形窗口中选择点，如图 4-105 所示。

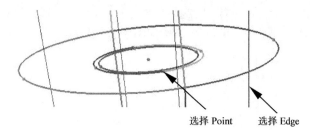

选择 Point　　　选择 Edge

图 4-105　选择几何

采用类似的方法将 Block 切割成 5 段。

提示：

在利用指定点切割 Edge 之前，确保已经激活模型树菜单中的 Point 项，否则几何点在图形窗口中不显示，无法进行选取。

切割后的块如图 4-106 所示。

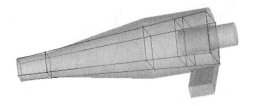

图 4-106　切割后的块

Step 11：进行线关联

利用 Blocking→Associate →Associate Eege to Curve ，激活参数选项 Project vertices，将每一段 xy 面上的 Edge 与最外圈的圆相关联。

Step 12：第一次 O 型切分

利用 Blocking→Split Block →Ogrid Block ，设置参数如下。

- 选择图 4-107 所示的两个 Face。
- 选择所有的 Block。
- 设置 Offset 值为 1.4。
- 单击 Apply 按钮。

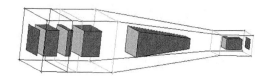

图 4-107　选取 Face

生成 Ogrid 如图 4-108 所示。

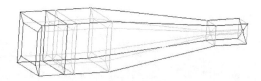

图 4-108　生成 Ogrid

Step 13：进行线关联

利用 Blocking→Associate📦→Associate Eege to Curve 🔄，激活参数选项 Project vertices，将前步生成的
O 型块内部 Edge 与第二层圆线关联。关联完毕后块如图 4-109 所示。

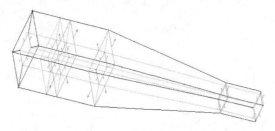

图 4-109　第一次线关联后的块

Step 14：第二次 O 型切分

采用与 Step 12 类似的方法进行 O 型切分。O 型切分选择的块与 Face 如图 4-110 所示。

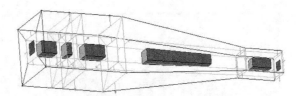

图 4-110　O 型切分选择的块与 Face

设置 Offset 为 1，单击 Apply 按钮进行切分。

Step 15：进行线关联

利用 Blocking→Associate📦→Associate Eege to Curve 🔄，激活参数选项 Project vertices，将前步生成的
O 型块内部 Edge 与第三层圆线关联。关联完毕后块如图 4-111 所示。

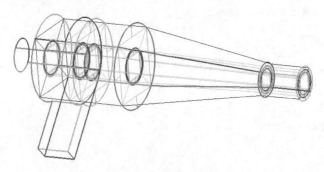

图 4-111　第二次线关联后的块

Step 16：删除块

利用 Blocking→Delete Block❎，删除图 4-112 中所示的块。

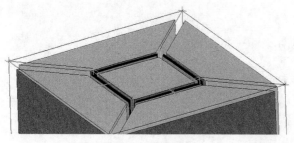

图 4-112　删除块

Step 17：拉伸块

利用 Blocking→Create Block → Extrude Faces ，设置参数如下。

- Method：Fixed distance。
- Select Faces：选择图 4-113 所示的 Face。
- Distance：40。
- 单击 Apply 按钮。

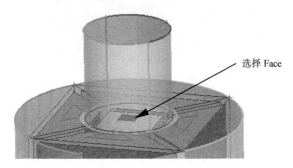

选择 Face

图 4-113　选择 Face

生成 Block 如图 4-114 所示。

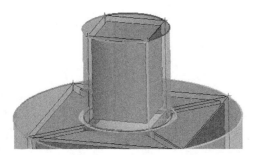

图 4-114　生成 Block

Step 18：分割块

利用 Blocking→Split Block → Split Block ，设置参数如下。

- 设置 Block Select 方式为 Selected。
- 选择图 4-115 所示的 Block。
- 选择图 4-115 所示的 Edge。
- 单击 Apply 按钮。

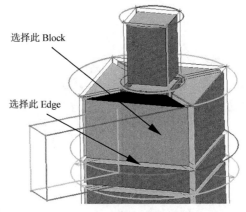

选择此 Block

选择此 Edge

图 4-115　选择图形

切割完毕后的块如图 4-116 所示。

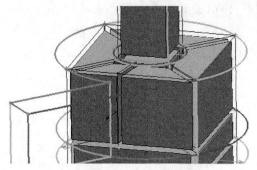

图 4-116　切割后的块

Step 19：对切割的位置进行线关联

利用 Blocking→Associate⬡→Associate Eege to Curve⬡，对切割的位置进行线关联。

Step 20：拉伸 Face 形成块

利用 Blocking→Create Block⬡→Extrude Faces⬡，设置参数如下。

- Method：Fixed distance。
- Select Faces：选择图 4-117 所示的 Face。
- Distance：60。
- 单击 Apply 按钮。

拉伸完毕后形成的块如图 4-118 所示。

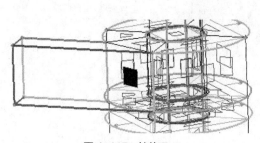

图 4-117　拉伸 Face

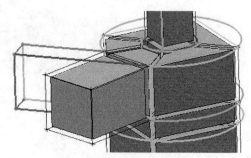

图 4-118　拉伸形成的块

Step 21：进行线关联

利用 Blocking→Associate⬡→Associate Eege to Curve⬡，将新形成的块相应的 Edge 关联到几何上。关联完成的块如图 4-119 所示。

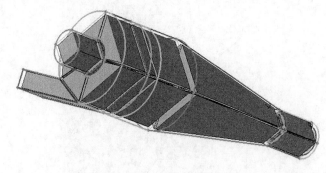

图 4-119　关联完成的块

Step 22：O 型切分

利用 Blocking→Split Block→Ogrid Block，进行 O 型切分，如图 4-120 所示。

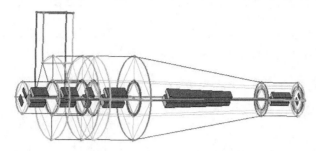

图 4-120　O 型切分

至此，所有的块构建完毕。

Step 23：设置尺寸

利用 Mesh→Global Mesh Setup→Global Mesh Size，设置参数如下。

- Scale factor：1。
- Max element：10。
- 单击 Apply 按钮。

Step 24：更新参数

依次单击 Blocking→Pre-Mesh Params →Update Sizes，采用默认参数，单击 Apply 按钮。

Step 25：预览网格

激活模型树节点 Pre-Mesh，预览网格如图 4-121 所示。

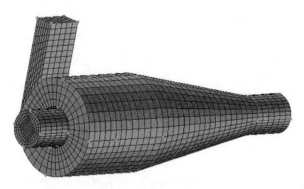

图 4-121　预览网格

Step 26：检查网格

依次单击 Blocking→Pre-Mesh Quality Histograms，采用默认参数，单击 Apply 按钮。网格质量如图 4-122 所示，无负网格存在，因此块的构建和关联不存在问题，改善网格质量只需要调整网格尺寸即可。

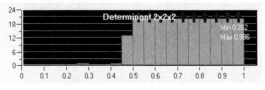

图 4-122　网格质量

本案例到此结束。

【案例 5】管壳式换热器周期网格划分

管壳式换热器在工业上应用非常广泛。如图 4-123 所示，管壳式换热器由大量小直径的管道与容器组成，两种温度不同的介质分别在管道和容器中流动，从而实现热量传递。

图 4-123　管壳式换热器

管壳式换热器由大量管束组成，在建立计算模型过程中，若建立全部管束模型，会消耗大量的计算资源，而且由于几何模型过于复杂，计算精度也得不到保障。对于此类问题，通常利用流动周期性建立周期模型，这样可以极大地降低计算开销。周期单元如图 4-124 所示。

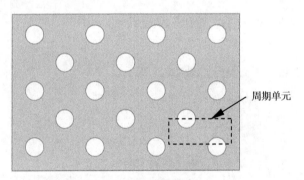

图 4-124　周期单元

Step 1：导入几何

导入几何的操作步骤如下。

- 启动 ICEM CFD，利用菜单【File】>【Change Working Dir…】修改工作路径。
- 利用菜单【File】>【Import Geometry】>【Legacy】>【Parasolid】，选择几何文件 ex4-5.x_t。
- 选择几何单位为 Millimeter。

导入的几何模型如图 4-125 所示。

图 4-125　导入的几何模型

Step 2：创建 Part

利用树状菜单 Part→Create Part，创建不同的 Part。由于 Part 创建过程非本案例重点，故不详细描述。

Step 3：创建 Block

利用 Blocking→Create Block↗→Create Block↗，选择 Type 为 2D Planar，单击 Apply 按钮创建块，如图 4-126 所示。

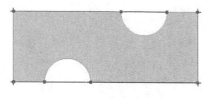

图 4-126　创建块

Step 4：指定几何周期性

利用 Mesh→Global Mesh Setup→Setup Periodicity ⚙，设置参数如下。

- 激活选项 Define periodicity。
- 选择 Type 为 Translational periodic。
- 设置 Offset 为：48 0 0。
- 单击 Apply 按钮。

除了设置几何周期性外，还需要指定顶点对应关系。

Step 5：指定顶点对应关系

利用 Blocking→Edit Block ↗→Periodic Vertices，设置参数如下。

- 选择 Method 为 Create。
- 单击 Select vert 按钮↗，分别选择 1 和 2、3 和 4，如图 4-127 所示。

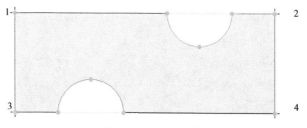

图 4-127　选择顶点

Step 6：切割块

利用 Blocking→Split Block ↗→Split Block↗，对初始块进行切割。切割后的块如图 4-128 所示。

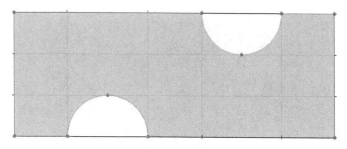

图 4-128　分割后的块

Step 7：O 型切分

利用 Blocking→Split Block↗→Ogrid Block↗，设置参数如下。

- Select Block：选择图 4-129（a）所示的 Block。

- 激活选项 Around Block。
- Offset：0.5。
- 单击 Apply 按钮。

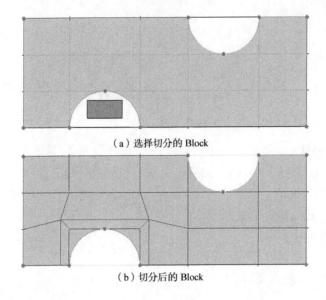

（a）选择切分的 Block

（b）切分后的 Block

图 4-129　O 型切分

Step 8：第二次 O 型切分

利用 Blocking→Split Block→Ogrid Block，采用与上一步相同的方式切分出另一个 O 型块。最终切分出的块如图 4-130 所示。

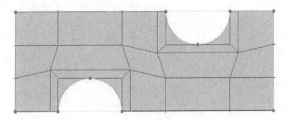

图 4-130　最终切分出的块

Step 9：删除块

利用 Blocking→Delete Block，删除多余的块，最终形成的块如图 4-131 所示。

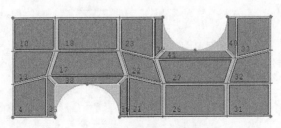

图 4-131　最终形成的块

Step 10：线关联

利用 Blocking→Associate→Associate Edge to Curve，激活选项 Project vertices，关联所有的 Edge。关联完毕的块如图 4-132 所示。

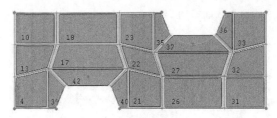

图 4-132　关联并对齐的块

Step 11：设置网格尺寸

利用 Mesh→Global Mesh Setup→Global Mesh Size，设置 Max element 为 1，单击 Apply 按钮确认操作。

Step 12：更新网格参数

依次单击 Blocking→Pre-Mesh Params→Update Sizes，采用默认参数，单击 Apply 按钮确认操作。

Step 13：预览网格

激活模型树节点 Model | Blocking | Pre-Mesh，预览网格，如图 4-133 所示。

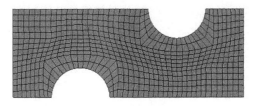

图 4-133　预览网格

Step 14：调整网格节点

利用 Blocking→Pre-Mesh Params→Edge Params，设置参数如下。

- 单击 Select Edge 按钮，选择图 4-134 中所示的 Edge。
- Nodes = 12。
- Mesh law Select = BiGeometry。
- Spacing 2 = 0.2。
- Ratio 2 = 1.2。

图 4-134　选择 Edge

- 单击 Apply 按钮。

预览网格，如图 4-135 所示。

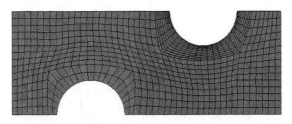

图 4-135　预览调整节点后的网格

同理，修改下方半圆上网格节点的分布。最终网格如图 4-136 所示。

图 4-136　最终网格

Step 15：生成网格

利用菜单【File】>【Mesh】>【Load From Blocking】生成网格。

本案例到此结束。

第5章 非结构网格

【Q1】 使用非结构网格

ICEM CFD 留给计算人员的印象大约就是那些令人眼花缭乱的 Block，以及那些漂亮得令人窒息的六面体及四边形网格了。但是，ICEM CFD 除了这些之外，生成诸如三角形、四面体、五面体、三棱柱等类型的非结构网格的能力也很强大。实际上，在工程应用中对于复杂的几何模型，更多是采用非结构网格进行计算（这里的非结构网格并非严格意义上的非结构网格，而是指除了 Block 方式生成的四边形及六面体网格之外的所有类型的计算网格）。

这里为叙述方便，将 Block 方式生成的四边形及六面体网格称之为结构网格，而将除此之外的所有网格类型均称为非结构网格，如图 5-1 所示。一般认为结构网格与非结构网格相比具有如下几个特点。

（1）在相同计算开销情况下（如网格数相当），结构网格的收敛性要优于非结构网格，计算精度也要优于非结构网格。

（2）在要求相同网格质量情况下，非结构网格的生成要远比结构网格容易，所耗费的时间也要少得多。

（3）结构网格划分的学习周期较长，需要操作人员掌握分块原理、拓扑思想；而对于非结构网格的划分，则只需操作人员了解基本的网格尺寸设定原则即可，学习周期短。

（4）对于一些特殊的场合，结构网格可能会存在较大的伪扩散，造成极大的计算误差，甚至是非物理解；利用非结构网格则不存在此类问题。

事实上，随着计算机计算能力的日益强大，采用大量高质量非结构网格进行数值计算，并不会在精度上逊色于结构网格，而且相较于结构网格，非结构网格生成过程中所节省的大量时间能极大地减轻计算人员的工作量，同时减少计算周期。利用高质量的非结构网格计算是数值计算的一大趋势。

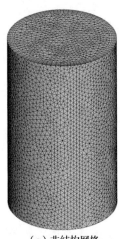
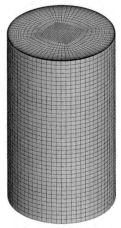

（a）非结构网格　　　　　　　　（b）结构网格

图5-1　非结构网格与结构网格

【Q2】 非结构网格生成流程

非结构网格生成过程相对简单，不过想要获取高质量的非结构网格并不是一件简单的事情。一般情况下，非结构网格生成包括以下几个步骤。

1. 几何准备

几何是网格生成的基础，在生成网格之前需要准备几何文件。几何文件可以利用 ICEM CFD 直接创建，也可以通过导入外部 CAD 软件创建的几何模型。不管采用何种方式构建的几何模型，都必须保证以下两点。

（1）几何体本身没有缺陷。如 3D 几何不能有缺失的面、不正常的面面相交干涉、不正常的面重叠等情况。这些问题可以通过对几何体进行诊断并构建几何拓扑来进行修复。

（2）简化的几何体应能反映真实的物理场景。在建模的过程中，常需要对几何体进行简化，如去除一些不重要的倒角、小孔等细节特征，有时为提高网格质量还需要对真实几何模型进行修改。

2. 全局网格参数设定

在几何准备完毕后，可以设置全局网格参数。对于流体计算网格，通常需要设定缩放因子及最大网格尺寸，同时设定面网格、体网格及边界层网格生成方法。

3. 局部网格参数细化

局部网格参数通常包括部件网格参数、面网格参数及线网格参数等。

在实际应用中，通常采用部件网格参数及面网格参数设定。主要设定最大网格尺寸、边界层网格生成方式等。

有时还常常配合建立密度区域进行网格局部加密。

4. 网格生成、修补及光顺

当网格参数全部设置完毕后，此时即可生成网格了。在生成网格过程中，建议先生成面网格，并对面网格进行优化，确保在生成体网格之前拥有较好的面网格。

5. 网格输出

当体网格生成后，即可设置目标求解器并输出网格。

【Q3】 定义网格尺寸

在进行网格划分过程中，往往需要对网格尺寸进行控制。在 ICEM CFD 中，网格尺寸的控制包括 4 个等级，在生成网格过程中，优先级从低到高依次为。

（1）全局网格尺寸。

（2）部件网格尺寸。

（3）面网格尺寸。

（4）线网格尺寸。

除此之外，ICEM CFD 还提供了网格尺寸控制工具 Mesh Density。

图 5-2 所示为 ICEM CFD 中进行网格控制的功能按钮，其位于 Mesh 标签页下。

1. Global Mesh Setup （全局网格设置）

全局网格参数设置面板中包含众多网格设置项，其中 Global Mesh Size 按钮 可以用于设置网格尺寸。单击该按钮后，参数设置面板如图 5-3 所示。其中的重要参数包括如下几项。

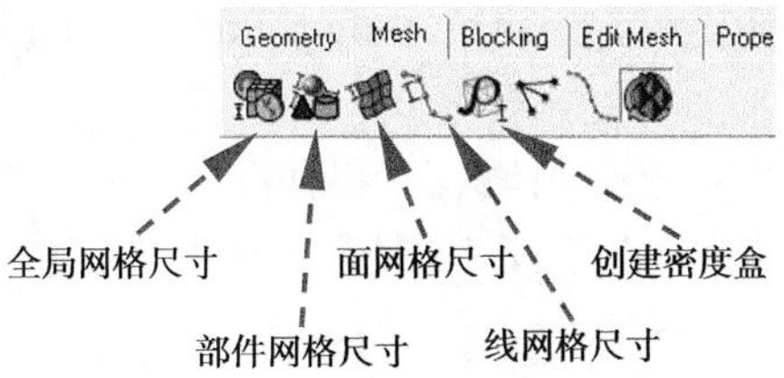

图 5-2 ICEM CFD 中网格尺寸控制

Scale factor：缩放因子。所有设置的尺寸值与该因子的乘积才是真实的网格划分尺寸。

Max element：最大网格尺寸。在生成网格过程中，最大网格尺寸不超过此值与缩放因子的乘积。

Min size limit：当激活曲率细分选项时，该参数限制网格生成的最小尺寸。

Element in gap：当几何模型中存在细小的沟槽时，该参数指定贴近位置生成的节点数。

💡 提示：

（1）缩放因子可以帮助控制全局网格尺寸，当模型中设置了较多的网格参数，且需要整体缩放网格参数时，可以使用缩放因子来实现，而不需要分别修改网格尺寸。

（2）当 Max element 参数被设置为 0 时，ICEM CFD 会自动计算出一个全局网格尺寸作为默认尺寸。该值取决于用户设置的面网格尺寸数量，若设置的面网格尺寸较少（少于 22%），则 ICEM CFD 会将全局网格尺寸设置为 0.025×包裹几何体的六面体对角线长度；若设置的面网格尺寸较多（大于 22%），则 ICEM CFD 会将全局网格尺寸设置为最大的面网格尺寸。

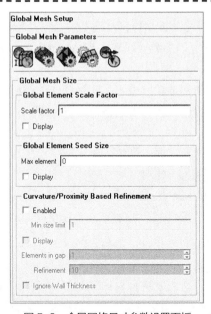

图 5-3 全局网格尺寸参数设置面板

2．Part Mesh Setup（部件网格参数设置）

利用此功能可以为不同的 Part 指定不同的网格参数。参数设置面板如图 5-4 所示。

💡 提示：

Part 参数优先级要高于全局参数，因此对于设置了 Part 参数的几何体，在网格划分过程中，将按 Part 参数进行网格划分，全局参数对其不起作用。

该参数设置面板包含了较多的设置参数，这些参数包括：

Prism：指定用于棱柱层网格生成的 Part。通常 Volume、Surface 及 Curve 均可选择用于棱柱层网格的生长起点。一旦激活此选项，则可以配合参数 Height、Height Ratio、Num Layers、Prism height limit factor 及 Prism growth law 来设置边界层网格。

Hexa-core：激活此项将对几何体划分六面体核心的网格。

Maximum size：设置网格最大尺寸。实际的网格最大尺寸为该设置值与全局缩放因子的乘积。

Height：指定第一层网格高度。

Height ratio：指定网格间距比率，取值为 1~3。设置值小于 1 时，自动取倒数，大于 3 则被默认为 3。

Num layers：指定从面或曲线起始增长的网格层数。

Tetra size ratio：控制四面体离开表面的增长率。

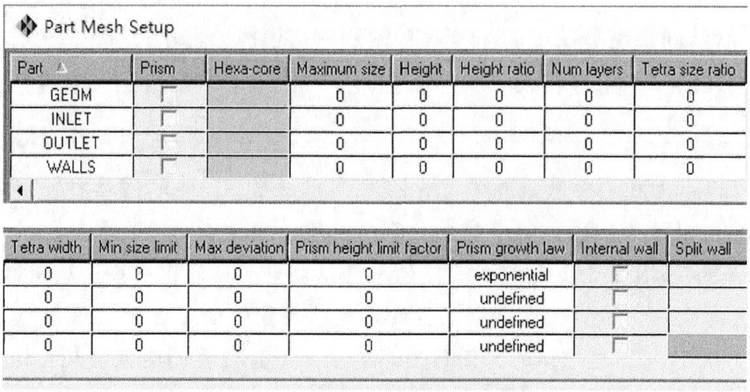

Part △	Prism	Hexa-core	Maximum size	Height	Height ratio	Num layers	Tetra size ratio
GEOM	☐		0	0	0	0	0
INLET	☐		0	0	0	0	0
OUTLET	☐		0	0	0	0	0
WALLS	☐		0	0	0	0	0

Tetra width	Min size limit	Max deviation	Prism height limit factor	Prism growth law	Internal wall	Split wall
0	0	0	0	exponential	☐	
0	0	0	0	undefined	☐	
0	0	0	0	undefined	☐	
0	0	0	0	undefined	☐	

图 5-4　Part 网格参数设置

Tetra width：创建以 max size 为尺寸的四面体网格层数。

Min size limit：限制最小网格尺寸。该参数值只有在当 curvature/proximity based refinement 选项被激活时才有效，且实际值为该设置值与缩放因子的乘积。

Max Deviation：基于三角形或四边形面单元中心与实际几何的距离而实施的一种分割方法。若实际距离高于此设定值，则网格单元会自动被分割且将新的网格节点自动投影到几何上。实际应用的距离为该设定值与全局缩放因子的乘积。

Prism height limit factor：该参数为指定面上创建的棱柱网格设定最大长宽比。

Prism growth law：选择棱柱网格高度增长率。

Internal wall：若激活此选项，则选择的部件将会被划分为内部面边界，仅用于 Octree Tetra 方法。

Split wall：若激活此项，则选择的部件将会被划分为相互重叠的面对，仅用于 Octree Tetra 方法。

 提示：

当 3D 几何中存在 2D 面，或 2D 几何中存在 1D 线时，需要激活 Internal wall 或 Split wall（视不同情况而定）。Internal wall 生成的网格仅为一系列内部节点，本质上是连通的，而采用 Split wall 则会形成两个 wall 边界（一个命名的 Part 边界及一个影子边界），它们是不连通的。

3. Surface Mesh Setup（面网格设置）

面网格设置参数拥有比部件网格参数更高的优先级，因此对于同时设置了部件网格尺寸和面网格尺寸的几何面，在生成网格过程中将按照面网格参数进行网格的生成。

图 5-5 所示为面网格参数设置面板。

4. Curve Mesh Setup（线网格参数设置）

可以为不同的特征线指定网格参数。所需设置的参数与前述面网格参数相同，这里不再详述。

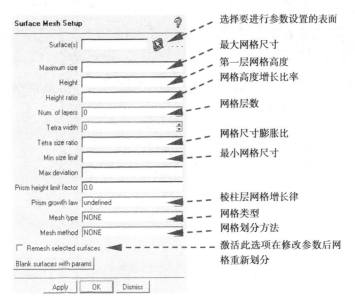

选择要进行参数设置的表面

最大网格尺寸

第一层网格高度

网格高度增长比率

网格层数

网格尺寸膨胀比

最小网格尺寸

棱柱层网格增长律

网格类型

网格划分方法

激活此选项在修改参数后网
格重新划分

图 5-5 面网格参数设置面板

5. Create Mesh Density（创建密度盒）

此功能用于局部网格尺寸控制，具有最高的优先级。Density 创建参数面板如图 5-6 所示。在实际应用中，可以创建一个或多个密度区域，同时给这些区域设置相应的网格参数，在网格生成过程中，这些区域可以生成细化或粗化的网格。密度区域示例如图 5-7 所示。

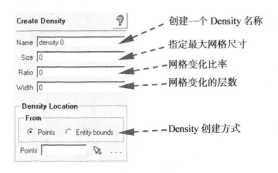

创建一个 Density 名称

指定最大网格尺寸

网格变化比率

网格变化的层数

Density 创建方式

图 5-6 Density 创建参数面板

注意：
（1）Density 区域并非几何，因此在网格生成过程中，网格不完全受密度区域约束。（2）当区域采用 FLUENT Meshing 方法进行体网格生成时，密度区域不起作用。（3）该方法仅作用于四面体、笛卡儿网格以及 Path Independent 方法。

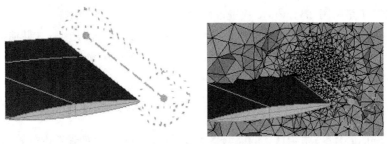

图 5-7 密度区域示例

【Q4】 全局面网格参数

单击 Mesh 标签页下的 Global Mesh Setup功能按钮，其功能面板中的 Shell MeshingParameters 功能按钮可用于设置全局面网格参数，如图 5-8 所示。

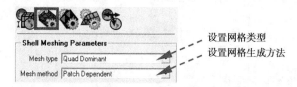

设置网格类型
设置网格生成方法

图 5-8　面网格全局参数

图 5-9 所示面板中的参数介绍如下。

1. Mesh Type

网格类型。ICEM CFD 中可生成 4 种类型的面网格，如图 5-9 所示。

图 5-9　面网格类型

（1）All Tri。生成全三角形的面网格。

（2）Quad w/one Tri。生成四边形占优面网格，包含一个三角形网格进行过渡。

（3）Quad Dominant。四边形占优网格，包含若干个三角形网格。

（4）All Quad。生成全四边形网格。

2. Mesh Method

ICEM CFD 中包含 4 种网格生成方式，如图 5-10 所示。

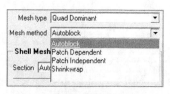

图 5-10　面网格生成方法

（1）Auto block。当 Mesh method 选择 Autoblock 时，参数面板的 Section 选项自动设置为 Autoblock 项，如图 5-11 所示。此时下方多了两个选项。

Autoblock 方法其实是利用 2D Surface 块进行网格划分的，包含较少的参数：

Ignore size：设置忽略尺寸。当几何尺寸低于该设置值时，几何将会被合并。如几何中存在非常小的间隙。

Surface Blocking Options：包括分块类型。主要包括 Free、Some mapped、Mostly mapped。其中，Free 类型表示采用与 Patch Dependent 相同的方式生成网格；Some mapped 方法则表示具有 4 条边的面采用四边形正交网格，其他部分采用 Patch Dependent 方式生成网格；Mostly mapped 则尽可能地采用四边形进行网格划分，其他部分采用 Patch Dependent 方式生成网格。

（2）Patch Dependent。此方法为默认的面网格生成方法，拥有较多的设置参数，如图 5-12 所示。利用 Patch Dependent 方法能够生成贴体网格。需要注意的是，要想生成贴体网格，则几何特征线必须完整，因此在采用此方法生成面网格之前，需要对几何进行拓扑诊断及重构，确保几何特征线的完整。

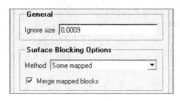

图 5-11 Autoblock 方法

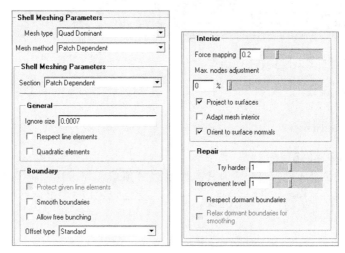

图 5-12 Patch Dependent 方法

一些参数介绍如下。

Ignore size：忽略尺寸。当模型中存在一些低于该设置值的细小特征时，将忽略该特征。

Respect line elements：对于一些已生成网格节点的线，激活此选项将冻结线上的网格节点，使其在网格生成过程中不发生改变。在确保网格匹配过程中，此选项非常有用。

Quadratic element：二次单元。一般用于有限元网格中。绝大多数 CFD 求解器不支持二次网格。

Protect given line elements：当 Ignore size 及 Respect line elements 选项被激活时此选项才可用。当激活此选项时，将会保护已存在的小于 Ignore size 尺寸的线网格单元。

Smooth boundaries：激活此选项，则在网格生成后自动光顺面网格。此选项通常能够提高网格质量，但是不会维持初始网格间距。

（3）Patch Independent。此方法利用八叉树方法生成健壮的面网格。没有参数需要设置。

（4）Shrinkwrap。此方法一般用于"脏"几何。需要设置的参数较少，如图 5-13 所示。

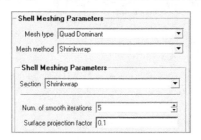

图 5-13 Shrinkwrap 参数

Num. of smooth iterations：光顺迭代数，增大数量能提高网格质量，但会消耗更多的时间。

Surface projection factor：控制 Shrinkwrap 相对于几何的贴近程度，取值 0~1。取值 0 表示不加任何约束，自由简化；取值 1 表示严格贴近与原始几何，如图 5-14 所示。

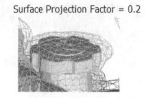

图 5-14　不同的 factor 参数

【Q5】　全局体网格参数

ICEM CFD 的体网格包括以下 3 种网格类型。

Tetra/Mixed：生成四面体网格。

Hexa Dominant：生成六面体占优网格。

Cartesian：生成笛卡儿网格。

1．Tetra/Mixed（四面体网格）

此种体网格类型中，包含 4 种网格生成方式，如图 5-15 所示。

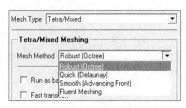

图 5-15　四面体网格划分方式

（1）Robust（Octree）八叉树方法。此方法为默认四面体网格生成方式，是一种非常稳定的网格生成方法。其参数设置面板如图 5-16 所示。

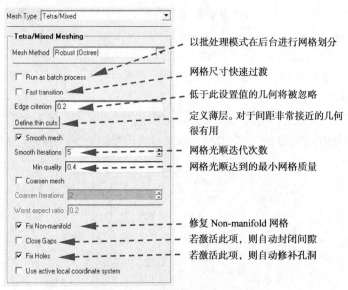

图 5-16　八叉树方法参数设置面板

一般情况下，默认参数可以适用于绝大多数几何模型。

（2）Quick（Delaunay）。此方法采用自底向上的网格生成方法（Delaunay Tetra 算法）。其参数设置面板如图 5-17 所示。此方法要求存在封闭的面网格，若当前没有面网格，则软件会先根据全局网格参数或面网格参数生成面网格。

提示：
> 对于采用 Delaunay 方法生成体网格来说，可以先生成面网格（ICEM CFD 生成或其他第三方软件生成），然后在生成体网格过程中读取已存在的面网格。

图 5-17　Delaunay 方法参数设置面板

Delaunay Scheme：可采用两种方法：Standard 及 TGlib。其中，Standard 方法为基于歪斜修正算法；而 TGlib 则基于 FLUENT Meshing 中的 Delaunay 体网格生成算法，在壁面附近采用缓慢过渡，而在计算域内部采用快速过渡。

Use AF：激活此项则使用 FLUENT Meshing Advancing Front Delaunay 算法，此算法与标准的 Delaunay 算法相比，增加了光顺过渡。

Memory Scaling Factor：实际内存为初始的内存需求与该值的乘积。

Spacing Scale Factor：四面体网格从表面向中心扩展的比率。

Fill holes in volume mesh：若激活此项，则用体网格填充孔洞。

Mesh internal domains：若激活此项，则内部体积域会被划分网格。

Flood fill after completion：若激活此项，则体网格会根据材料点进行创建。

Verbose output：若激活此项，则输出更多信息帮助用户调试。

Delaunnay 方法能够生成高质量的四面体网格，但前提是生成高质量的面网格。在实际工程中，通常先生成面网格，之后对面网格质量进行检查及修复，在已有高质量面网格的基础上生成体网格。

（3）Smooth（Advancing Front）。阵面推进法与德劳内方法类似，也是一种自底向上的网格生成方法，其参数设置面板如图 5-18 所示。利用阵面推进算法时，在生成体网格之前，要求面网格的存在。若没有面网格，则先生成面网格，继而在面网格基础上生成体网格。因此，高质量的面网格是生成高质量体网格的前提。

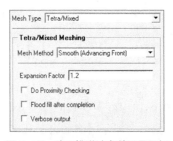

图 5-18　阵面推进法参数设置面板

一些参数介绍如下。

Expansion Factor：从面网格生成体网格的比率。

Do Proximity Checking：激活此项，则自动检测非常接近的几何结构，在生成网格过程中对于一些细小的沟槽能很好地生成网格，但是会花费大量的网格生成时间。

（4）FLUENT Meshing。采用 FLUENT Meshing 算法生成四面体网格，其参数设置面板如图 5-19 所示。FLUENT Meshing 实际上采用的是 TGrid 网格生成器，在生成非结构网格方面优势明显。该方法采用的参数与阵面推进参数相同，这里不再赘述。

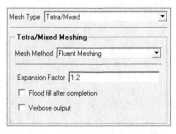

图 5-19　FLUENT Meshing 参数

2．Hexa Dominant（六面体占优网格）

此方法采用自底向上的网格生成方法生成六面体占优体网格。在生成网格过程中，网格生成器从四边形占优的面网格开始，采用阵面推进方法生成尽可能多的体网格。对于简单的几何体，网格生成过程可能很快；对于复杂的几何体，通常是从面网格生成几层六面体网格，之后采用金字塔网格和四面体网格进行填充，在填充完毕后会对网格质量进行诊断，若网格质量差，则内部网格会利用 Delaunay 网格生成器进行重新划分。

3．Cartesian（笛卡儿网格）

笛卡儿网格选项将会采用自顶向下的网格生成方法生成笛卡儿网格。有两种不同的网格生成方法：Body-Fitted 与 Hexa-Core，如图 5-20 所示。

（1）Body-Fitted（贴体网格）。此选项将采用统一尺寸生成贴合几何表面的非结构六面体网格。其参数设置面板如图 5-21 所示。

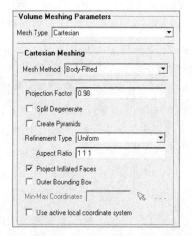

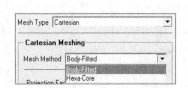

图 5-20　Cartesian 网格划分　　　　图 5-21　Body-Fitted 网格参数设置面板

一些设置参数介绍如下。

Projection Factor：控制笛卡儿网格的贴体程度，其取值范围 0~1，取值为 0 表示网格自由，取值为 1 表示网格严格受限于几何。默认参数 0.98 表示大部分网格贴合于几何表面，允许少量网格不贴合几何。

Split Dengenrate：激活此项将分割边界四边形或六面体网格，以生成质量更高的网格。此选项不会引入金字塔或四面体网格。

Create Pyamids：激活此选项则采用 Delaunay 方法重新划分低质量六面体网格（通常为网格行列式质量低于 0.05 的六面体网格），利用高质量的四面体网格或金字塔网格替换低质量的六面体网格。

Aspect Ratio：控制 x，y，z 3 个方向上网格的长宽比。

Project Inflated Faces：允许网格完全投影到几何面上。

Outer Bounding Box：允许指定外部流动网格的计算区域尺寸，无需显式创建外部计算域几何。

（2）Hexa-Core（六面体核心）。Hexa-Core 将会采用自底向上的网格生成方法产生六面体核心网格。其参数设置面板如图 5-22 所示。

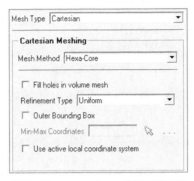

图 5-22 Hexa-Core 参数设置面板

此方法网格参数较少，大部分与贴体网格相同，这里不再赘述。

【Q6】 全局棱柱层网格参数

棱柱层网格即通常意义上的边界层网格，其特征为网络与壁面具有良好正交性。所谓的边界层网格在 3D 模型中通常为六面体网格，在 2D 模型中通常为四边形网格。3D 模型中的棱柱层网格如图 5-23 所示。

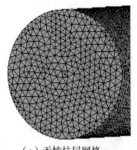
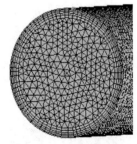

（a）无棱柱层网格　　　　　　　　（b）棱柱层网格

图 5-23 3D 模型中的棱柱层网格

在生成体网格之前，可以指定棱柱层网格参数。棱柱层网格参数设置面板可通过单击 Mesh 标签页下的 Global Mesh Setup 功能按钮，然后在其功能面板中单击 Prism Meshing Parameter 按钮来打开。

> 💡 **提示：**
>
> 在实际网格生成过程中，往往是先生成面网格和体网格，之后在已有的体网格基础上生成棱柱层网格。

棱柱层网格参数较多。这里只讲最主要的参数，即全局棱柱层网格参数。

全局参数设置面板如图 5-24 所示，其中各参数含义介绍如下。

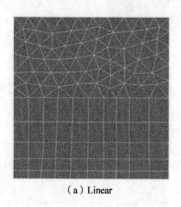

图 5-24　全局参数设置面板

Growth law：指定棱柱层网格高度变化规律，通常需要指定第一层网格高度以及高度增长率。ICEM CFD 提供了 3 种增长率：

（1）Linear。网格层间高度以线性形式增长，有

$$H_n = h \times [1 + (n-1)(r-1)]$$

式中，h 为初始高度（initial height）；r 为增长率（Height ratio）；n 为网格层数。

因此对于 n 层网格来讲，其总网格高度为

$$H_T = n \times h \times \frac{(n-1)(r-1)+2}{2}$$

（2）Exponential。网格层间高度以指数形式增长，有

$$H_n = h \times r^{n-1}$$

式中，h 为初始高度；r 为增长率；n 为网格层数。

因此总高度 $H_T = h \times \frac{(1-r^n)}{1-r}$。

（3）WB-Exponential。此方法为 ANSYS Workbench 中使用的网格高度指数增长率。第 n 层网格高度的计算公式为

$$H_n = h \times r^{n-1}$$

式中，h 为初始高度；r 为增长率；n 为网格层数。

图 5-25 所示为 h=0.05，r=1.5，n=5 时，分别采用上述 3 种方法生成的网格。

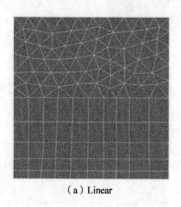
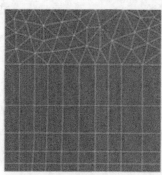
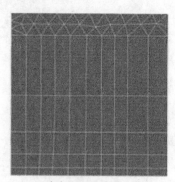

（a）Linear　　　　　　　　　（b）Exponential　　　　　　　　（c）WB-Exponential

图 5-25　不同方法生成的网格

Initial height：第一层网格高度。

提示：

边界层网格的第一层网格高度非常重要，需要根据 y^+ 值进行计算而得到。

Height ratio： 网格膨胀率。本层网格高度由前一层网格高度及膨胀率计算得到。

Number of layers： 棱柱层数。不同的湍流模型对于网格层数要求不同，一般的高雷诺数湍流模型要求网格层数为 10~15 层，而对于低雷诺数湍流模型或大涡模型，则要求网格层数不低于 15 层。

Total height： 棱柱层网格总高度。

 注意：

以上 4 个参数往往只需要输入 3 个即可，另一个参数可以通过计算得到。

【Q7】 创建内部边界

在创建计算模型过程中，有时在 3D 模型中夹杂着 2D 边界，如 3D 计算域中包含有忽略厚度的 wall 边界，此时由于 wall 的厚度相较于几何模型可忽略不计，然而若要建立全 3D 模型，则在生成网格过程中会极大地增大网格数量，导致不必要的计算开销。ICEM CFD 提供了应对此类模型的方法。图 5-26 所示的静态混合器的叶片在建立几何模型过程中就可以将其简化为无厚度的曲面。

图 5-26 静态混合器

要想在生成网格后能够识别这些无厚度的壁面边界，需要进行以下操作。

- 创建 Part，将内部边界面添加至 Part 中。
- 启动 Mesh→Part Mesh Setup，在参数设置对话框中勾选该 Part 为 Split wall 项，如图 5-27 所示。

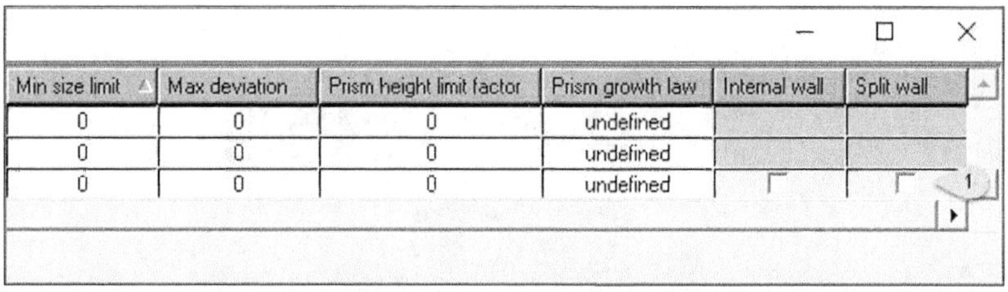

Min size limit	Max deviation	Prism height limit factor	Prism growth law	Internal wall	Split wall
0	0	0	undefined		
0	0	0	undefined		
0	0	0	undefined	☐	☐

图 5-27 Part Mesh Setup

如此设置后，将生成网格导出到求解器中后，求解器即可识别出内部的边界面。

【Q8】 各种面网格生成方法

面网格是非结构网格划分的基础，在生成体网格之前，拥有质量良好的面网格是非常有必要的。ICEM CFD 提供了多种面网格生成方式，它们各自适用于不同的场合。灵活运用这些方法，可以使面网格划分工作事半功倍。

依次单击 Mesh→Global Mesh Setup→Shell Mesh Parameters，可打开面网格设置面板，如图 5-28 所示。ICEM CFD 提供了 5 种面网格划分方法，其各自特点及适用场合介绍如下。

（1）Patch Dependent。该方法基于构成几何表面的曲线环来生成网格，适合于捕捉几何表面的细节特征，能够生成高质量的四边形占优的面网格。此方法为 ICEM CFD 提供的默认面网格生成方法。由于此方法高度依赖于几何特征线，因此在使用此方法之前需要进行几何拓扑构建。

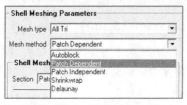

图 5-28　面网格设置面板

（2）Patch Independent。该方法基于八叉树算法，非常适合于"脏"几何，能够忽略几何上的细小特征、孔洞和间隙。

（3）Autoblock。该方法基于 2D 正交块，适合于生成映射网格。

（4）Shrinkwrap。该方法基于快速笛卡儿算法，能够自动忽略细小特征，且能允许忽略大的特征、孔洞和间隙。

（5）Delauney。该方法目前为 beta 选项，允许网格尺寸大的过渡。

分别采用上述 5 种方法生成的网格如同 5-29 所示。

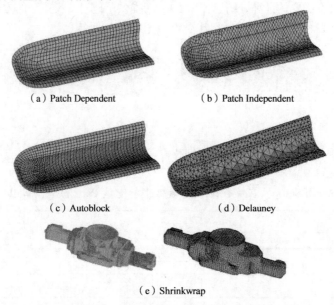

（a）Patch Dependent　　　　（b）Patch Independent

（c）Autoblock　　　　（d）Delauney

（e）Shrinkwrap

图 5-29　采用不同网格生成方法生成的网格

【Q9】 创建多区域非结构网格

当计算涉及多孔介质、多旋转域等情况时，往往需要创建多个计算域。在 ICEM CFD 中创建多计算域是通过 Body 来实现的。

依次单击 Geometry→Create Body ，可打开创建 Body 面板，如图 5-30 所示。

Body 创建参数面板中共包含了如下两种方法。

（1）Material Point 。通过指定点的方式来创建 Body。ICEM CFD 会以所指定的点为中心向外搜索封闭空间，并将此封闭的空间作为 Body。有两种方式指定点：Centroid of 2 points 及 At specified point。第一种方式是在屏幕上选择两个点，ICEM CFD 会将此两点的中点作为材料点；而第二种方式则直接选择屏幕上的点作为材料点。

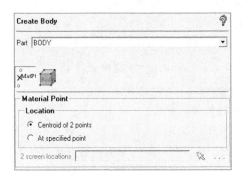

图 5-30　创建 Body 面板

（2）By Topology 。此方式也有两种方法：Entire model 及 Selected surface。第一种方式将整个模型作为 body；第二种方式则通过选择面的方式创建 Body。

💬 提示：

若没有手工指定 Body，ICEM CFD 会自动搜索模型封闭空间创建材料点。对于存在多区域的模型，为防止出错，建议手动创建 Body。

【Q10】　网格生成后创建的 Part

通常利用 ICEM CFD 创建网格的流程为：构建几何拓扑→创建 Part→设置网格参数→生成计算网格→输出网格。但是有时也存在这样的情况：在网格生成完毕后，发现有些边界 Part 设置不对或未设置，此时需要重新创建 Part；随后会发现，虽然重新生成了计算网格，但是导出网格至求解器后，这些边界 Part 仍然无法被识别。那么到底应该怎么做才行呢？

【案例1】3D 外流域非结构网格划分

本案例为一个常规 3D 外流场模型。

Step 1：启动 ICEM CFD
启动 ICEM CFD 进行以下操作。

- 启动 ICEM CFD，利用菜单【File】>【Change Working Dir】将工作路径修改到当前路径下。
- 利用菜单【File】>【Geometry】>【Open Geometry】，在弹出的文件选择对话框中选择文件 Ex5-1.tin。
- 激活模型树节点 Surface 前的选择框，并用鼠标右键单击此节点，在弹出菜单中选择 Transparent。导入的模型如图 5-31 所示。

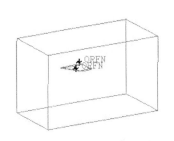

图 5-31　导入的几何模型

Step 2：几何拓扑诊断及重构

采用以下步骤进行几何拓扑诊断及重构。

● 单击 Geometry 标签页下的 Repair Geometry 功能按钮 。

● 在功能面板中单击 Build Diagnostic Topology 功能按钮 。

● 采用默认参数，单击 Apply 按钮确认操作。

几何拓扑诊断可以发现模型中的错误，如面丢失、面干涉等。对于 3D 几何模型，若在拓扑构建后发现有黄色和蓝色线条，则需要仔细检查几何模型。黄色线条通常意味着面的丢失，而蓝色线条则可能为重复面的存在。

💿 提示：

对于非结构网格划分，进行几何拓扑构建是非常有必要的，尤其是在生成贴体网格时。若几何特征线不齐全，则生成的网格可能不会贴体。另外，几何拓扑构建还用于检查几何体的完整性和封闭性。

Step 3：创建 Part

创建 Part，包括外流场进出口边界 Part，以及为划分网格方便而设立的 Part，如图 5-32 和图 5-33 所示。

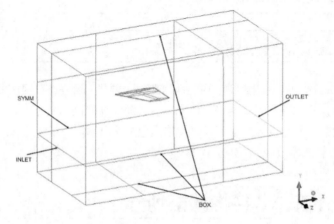

图 5-32　边界 part

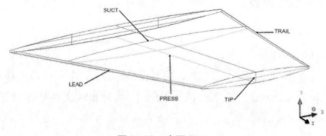

图 5-33　表面 Part

创建 Part 的具体步骤如下。

● 用鼠标右键单击模型树节点 Part，在弹出菜单中选择 Create Part。

● 在设置面板中创建 Part 名称，并在图形窗口中选择相应的面。

● 单击鼠标中键确认操作。

Part 创建完毕后，软件会自动采用不同的颜色对不同的 Part 进行区分。

Step 4：创建 Body

利用 Body 创建外流计算域。依次单击 Geometry→Create Body→Material Point ，在打开的设置面板中进行如下操作。

- 设置 Part 名称为 FLUID。
- 选择 Location 为 Centroid of 2 points。
- 单击 select locations 按钮 ，选择图中的两点。

创建 Body 的过程如图 5-34 所示。

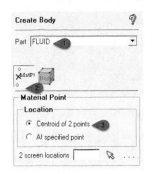

图 5-34 创建 Body

> 📎 注意：
>
> （1）在选择点之前，需要激活模型树节点 Points 前的复选框。（2）Body 的名称在一些 CFD 软件中（如 FLUENT）中会自动识别，修改其名称为 FLUID，则会自动识别为流体域。其他名称的 Body 则有可能会被识别为固体域。（3）对于单计算域模型，创建 Body 的操作并非必须，若不执行此步操作，则在网格划分过程中会自动根据空间封闭情况创建 Body。

Step 5：设置全局网格参数

依次单击 Mesh→Global Mesh Setup →Global Mesh Size ，在打开的设置面板（见图 5-35）中进行如下操作。

- 设置 Max element 值为 32。
- 设置 Scale factor 值为 1。
- 单击 Apply 按钮确认操作。

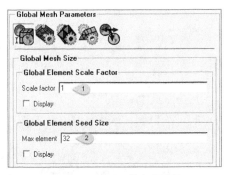

图 5-35 全局网格参数设置

Step 6：面网格设置

依次单击 Mesh→Surface Mesh Setup ，在打开的设置面板中进行如下操作。

- 单击 Select surface 按钮 ，选择构成外流场域的 6 个矩形面（BOX、INLET、OUTLET 及 SYMM）。
- 设置 Maximum size 为 4。
- 单击 Apply 按钮确认操作。
- 再次单击 Select surface 按钮 ，在弹出的 select geometry 工具条中，选择 select item in a part ，选择 LEAD、PRESS、SECT、TIP 以及 TRAIL（见图 5-36），然后单击 Accept 按钮。

- 设置 Maximum size 参数值为 1。
- 单击 Apply 按钮确认操作。

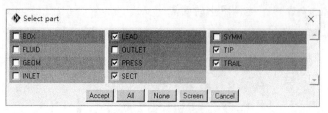

图 5-36　部件选择

Step 7：创建 Mesh Density

利用 Mesh Density 可以对局部尺寸进行控制。

依次单击 Mesh→Create Mesh Density🔍，在打开的参数面板（见图 5-37）中进行如下设置。

- 设置 Size 值为 0.0625。
- 设置 Ratio 为 0。
- 设置 Width 为 4。
- 选择 Density Location 为 Points。
- 单击 Select Locations 按钮🔖，选择面 LEAD 上的两点，如图 5-38 所示。
- 单击 Apply 按钮创建 Density。

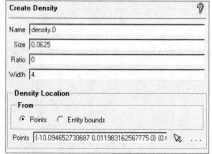

图 5-37　创建 Mesh Density

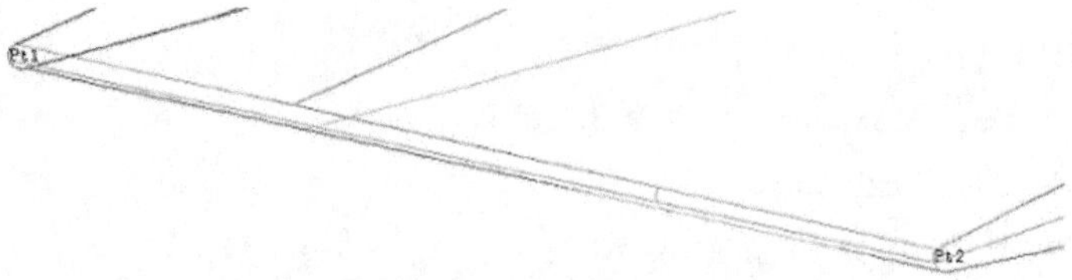

图 5-38　LEAD 上的两点

> **提示：**
> 这两点可以取两个小圆弧的中点。若鼠标选择不方便的话，可以创建辅助点。

- 以同样的方法及参数创建 TRAIL 面上的 Density。

如图 5-39 所示，创建了两个 Density，均以圆柱形虚线显示。此圆柱的半径即参数设置的 Width。

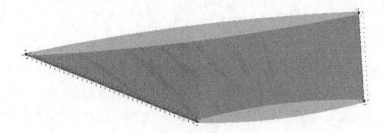

图 5-39　Mesh Density

Step 8：Part Setup

依次单击 Mesh→Part Mesh Setup🔖，在打开的参数面板（见图 5-40）中进行如下设置。

- 激活 LEAD、PRESS、SECT、TIP 及 TRAIL 的 Prism 选项。
- 激活 FLUID 的 Hexa-core 选项。
- 设置 FLUID 的 Maximum size 参数为 4。
- 单击 Apply 按钮。

Part △	Prism	Hexa-core	Maximum size	Height	Height ratio	Num layers
BOX	☐		4	0	0	0
FLUID	☐	☑	4			
GEOM	☐		1	0	0	0
INLET	☐		4	0	0	0
LEAD	☑		1	0	0	0
OUTLET	☐		4	0	0	0
PRESS	☑		1	0	0	0
SECT	☑		1	0	0	0
SYMM	☐		4	0	0	0
TIP	☑		1	0	0	0
TRAIL	☑		1	0	0	0

图 5-40　Part 网格设置

Step 9：生成网格

依次单击 Mesh→Compute Mesh→Volume Mesh，在打开的参数面板（见图 5-41）中进行如下设置。

- 设置 Mesh Type 为 Tetra/Mixed。
- 设置 Mesh Method 为 Robust（Octree）。
- 激活选项 Create Prism Layers。
- 单击 Compute 按钮生成网格

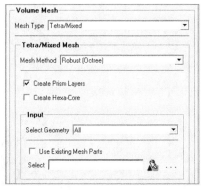

图 5-41　生成网格参数面板

> **提示：**
> 此时没有设置棱柱层网格参数，因此棱柱层按照默认参数进行划分。

此时可以通过切面观察生成的网格。可通过以下操作来实现。

- 用鼠标右键单击模型树节点 Mesh，选择子菜单 Cut Plane→Manage Cut Plane。
- 激活模型树节点 Mesh→Volumes 前的复选框。
- 在参数面板中，设置 Method 参数为 Middle X plane。

网格截面如图 5-42 所示。

Step 10：检查并光顺网格

（1）检查网格。依次单击 Edit Mesh→Check Mesh 打开参数面板，采用默认参数，单击 Apply 按钮，检查信息输出窗口的信息。

（2）光顺网格。依次单击 Edit Mesh→Smooth Mesh Globally，右下角自动出现网格质量统计图，如图 5-43 所示，最差网格质量 0.1 左右，需要进行光顺以提高网格质量。

图 5-42　网格截面

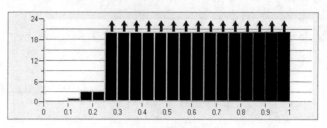

图 5-43　网格质量统计图

参数设置如下。

- 设置 Smoothing Iterations 参数值为 5。
- 设置 Up to Value 值为 0.4。
- 设置 Criterion 为 Quality。
- 设置 TETRA_4、TRI_3 及 QUAD_4 均为 Smooth。
- 设置 PENTA_6 为 Freeze。
- 单击 Apply 按钮进行网格光顺。

参数设置面板如图 5-44 所示。

- 光顺完毕后将 PENTA_6 改为 Smooth，同时设置 Up to Value 值为 0.2。
- 单击 Apply 按钮继续光顺。

光顺结束后，可以看出网格质量提高到 0.3 以上（见图 5-45），可以满足数值计算的需要。

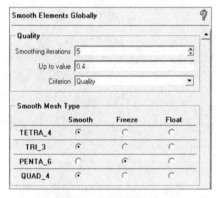

图 5-44　网格光顺

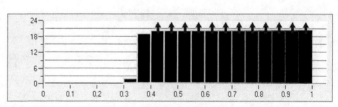

图 5-45　光顺后的网格质量

至此，网格划分完毕，可以保存工程文件并输出网格至求解器。此时也可以在当前网格基础上划分六面体核心计算网格。

【案例 2】3D 内流域非结构网格划分

本案例描述某型阀门内流域非结构网格划分方法。

图 5-46 所示为本案例将要划分的控制阀几何模型，它包含了阀芯与阀体两部分。在划分网格之前，需要准备几何模型，包括几何面的处理及计算域几何的构建。

Step 1：ICEM CFD 软件准备及导入几何模型

需要做的工作包括。

- 启动 ICEM CFD。
- 利用菜单【File】>【Change Working Dir…】设置工作路径。

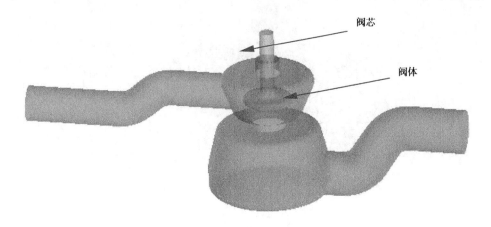

图 5-46 控制阀几何模型

- 利用菜单【File】>【Import Geometry】>【Legacy】>【Parasolid】，在打开的文件选择对话框中选择几何文件 Control_Valve.x_t，单击 OK 按钮确认。
- 在参数选择框中选择几何单位为 Millimeter（见图 5-47），单击 Apply 按钮以导入几何。

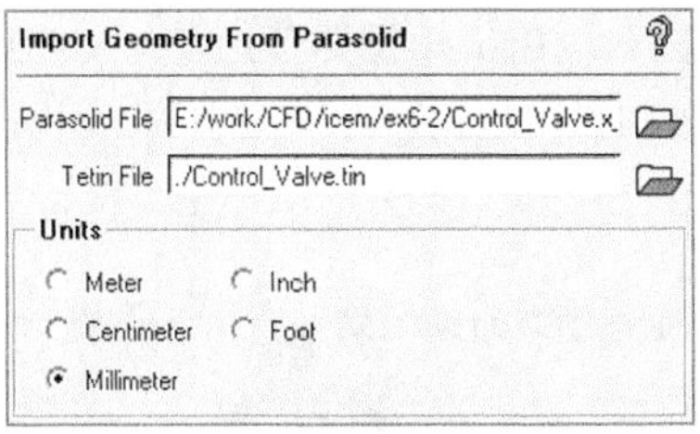

Import Geometry From Parasolid	
Parasolid File	E:/work/CFD/icem/ex6-2/Control_Valve.x
Tetin File	./Control_Valve.tin

Units
- ○ Meter
- ○ Centimeter
- ● Millimeter
- ○ Inch
- ○ Foot

图 5-47 选择模型单位

Step 2：几何拓扑诊断及构建

依次单击 Geometry→Repair Geometry→Build Diagnostic Topology，利用默认参数进行几何拓扑诊断及构建。

此时可以激活模型树节点 Surface 前的复选框，并用鼠标右键单击 Surface 节点，选择子菜单项 Transparent，以半透明实体形式显示几何，如图 5-48 所示。

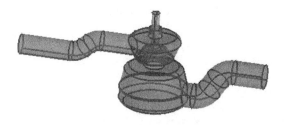

图 5-48 半透明实体形式显示的几何模型

Step 3：创建 Body

依次单击 Geometry→Create Body，在打开的参数面板中进行如下设置。

- 设置 Part 名称为 FLUID。
- 选择 Material Points 方式。
- 选择 Centroid of 2 points。
- 单击 Select location 按钮，在图形窗口中选择图 5-49 所示两点创建 Body。

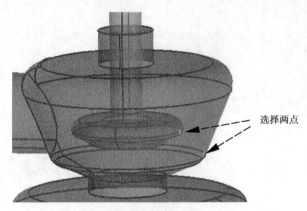

图 5-49　选择两点创建 Body

> **提示：**
>
> 　　选择的点可以是任意的，但是必须要确保选择的两点的中心位于所需的计算域内部，软件会自动以该中心点为起始点搜索封闭的几何空间作为计算域。

Step 4：创建 Part

创建 Part 以方便网格划分。用鼠标右键单击模型树节点 Part，选择子菜单 Create Part。

本案例只需要创建入口边界 Inlet 及出口边界 Outlet 即可。几何模型导入后自动形成的 Part（包括 HOUSING_CONTROL_VALVE 及 VALVE_CONTROL_VALVE）保持默认，如图 5-50 所示。

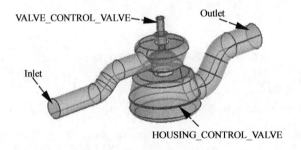

图 5-50　创建 Part

Step 5：设置全局网格参数

依次单击 Mesh→Global Mesh Setup→Global Mesh Size，在打开的参数面板（见图 5-51）中进行如下设置。

- 设置 Scale factor 为 1。
- 设置 Max element 为 5。
- 单击 Apply 按钮确认操作。

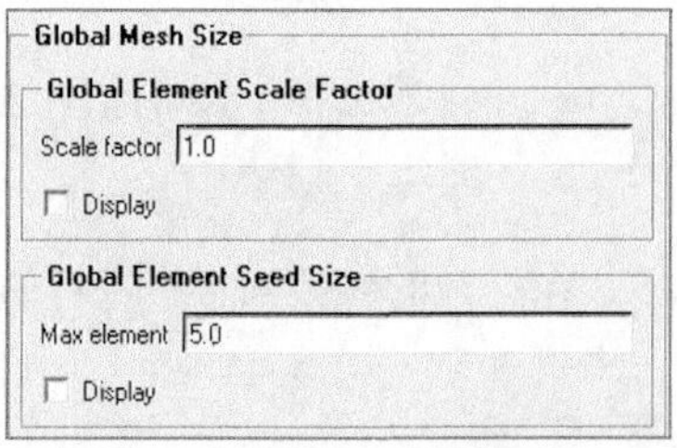

```
Global Mesh Size
  Global Element Scale Factor
    Scale factor  1.0
    ☐ Display
  Global Element Seed Size
    Max element  5.0
    ☐ Display
```

图 5-51　全局网格参数面板

Step 6：设置 Part 网格尺寸

依次单击 Mesh→Part Mesh Setup，在打开的参数面板中进行参数设置，如图 5-52 所示，设置 VALVE_CONTROL_VALVE 的 Maximum size 值为 2.5，其他部件的 Maximum size 参数值为 5，然后单击 Apply 按钮确认操作。

Part Mesh Setup

Part	Prism	Hexa-core	Maximum size	Height	Height ratio
FLUID	☐	☐	5		
HOUSING_CONTROL_VALVE	☐		5	0	0
INLET	☐		5	0	0
OUTLET	☐		5	0	0
VALVE_CONTROL_VALVE	☐		2.5	0	0

☑ Show size params using scale factor
☐ Apply inflation parameters to curves
☐ Remove inflation parameters from curves
Highlighted parts have at least one blank field because not all entities in that part have identical parameters

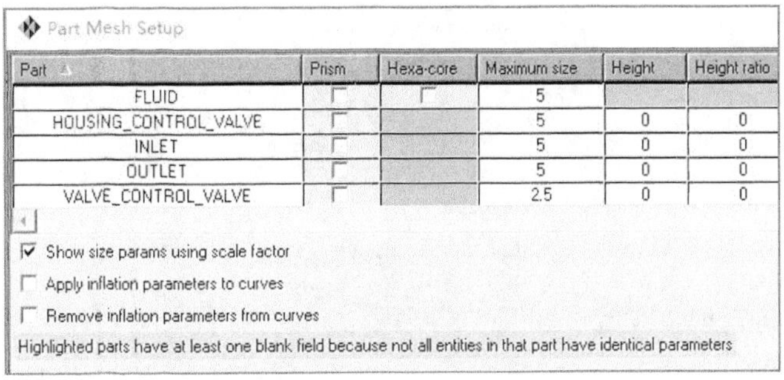

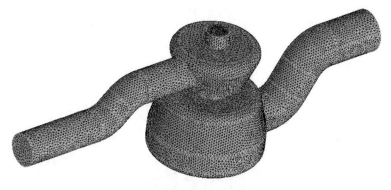

图 5-52　Part 网格参数

Step 7：生成网格

依次单击 Mesh→Compute Mesh，在打开的参数面板中进行如下设置。

- 设置 Mesh Type 为 Tetra/Mixed。
- 设置 Mesh Method 为 Robust(Octree)。
- 单击 Compute 按钮生成网格。

生成的计算网格如图 5-53 所示。

图 5-53　生成的计算网格

Step 8：检查网格

依次单击 Edit Mesh→Check Mesh 打开操作面板，采用默认参数，单击 Apply 按钮开始检查网格。必须确保信息输出窗口没有红色错误信息。

Step 9：检查网格质量

依次单击 Edit Mesh→Display Mesh Quality 打开操作面板，采用默认参数，单击 Apply 按钮以查看网格质量。如图 5-54 所示，最低网格质量超过 0.3，基本满足计算要求。

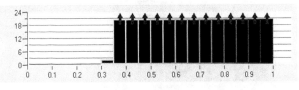

图 5-54　网格质量

Step 10：查看截面网格

用鼠标右键单击模型树节点 Mesh，选择子菜单 Cut Plane…→Manage Cut Plane，如图 5-55 所示。

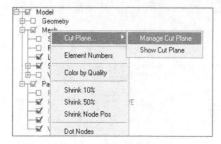

图 5-55　管理切面菜单

在打开的参数面板中进行如下设置，如图 5-56 所示。

- 设置 Method 为 By Coefficients。
- 设置 $Ax=0$，$By=0$，$Bz=1$。
- 设置 $D=0.5$。
- 单击 Apply 按钮确认操作。

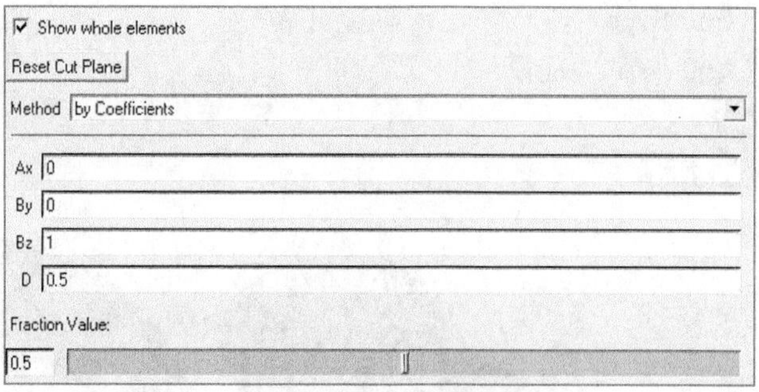

图 5-56　参数设置

- 激活模型树节点 Volumes 及 FLUID 前的复选框，取消 Geometry 前的复选框。

可观察到截面网格如图 5-57 所示。

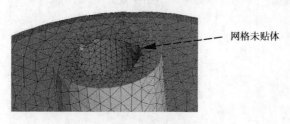

图 5-57　截面网格

仔细观察网格可以发现，图 5-58 所示位置有部分网格不贴体，其原因在于特征线的缺失。

网格未贴体

图 5-58　网格未贴体

Step 11：修复几何

依次单击 Geometry→Create/Modify Surface📓→Segment/Trim Surface📑，打开参数面板（见图 5-59），此处可采用面切割方式切出特征线。

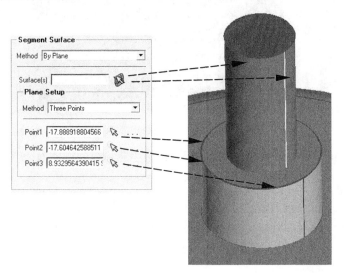

图 5-59　切割表面

Step 12：生成网格

依次单击 Mesh→Compute Mesh❀打开参数面板，采用默认参数，单击 Compute 按钮生成网格。软件弹出图 5-60 所示的对话框，单击 Replace 按钮以重新生成网格。

检查缺陷位置网格（见图 5-61），发现问题已经得到解决，网格严格贴体。

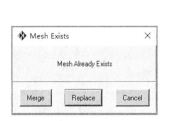

图 5-60　对话框

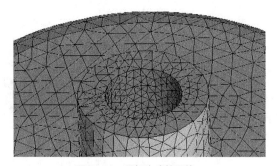

图 5-61　重新生成的网格

Step 13：生成边界层网格

依次单击 Mesh→Part Mesh Setup📇，按图 5-63 所示参数设置 Part 网格参数。

Part △	Prism	Hexa-core	Maximum size	Height	Height ratio	Num layers	Tetr
FLUID	☐	☐	5				
HOUSING_CONTROL_VALVE	☑		5	0.25	1.2	5	
INLET	☐		5	0	0	0	
OUTLET	☐		5	0	0	0	
VALVE_CONTROL_VALVE	☑			0.25	1.2	5	

图 5-62　修改 Part 参数

重复 Step 12 的操作以重新生成网格。在网格生成参数面板中，激活 Create Prism Layers 选项。网格生成完毕后如图 5-63 所示，进出口位置均已生成边界层网格。

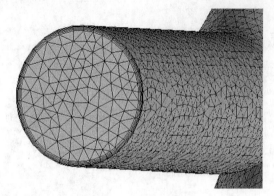

图 5-63　边界层网格

此时可利用 Cut Plane 查看截面网格，检查边界层网格生成是否合理。

Step 14：光顺网格

从图 5-64 可以看出，此时网格质量下降至不足 0.2，因此需要对其进行光顺。
依次单击 Edit Mesh→Smooth Mesh Globally 🐌，打开参数面板进行设置。

- Up to value = 0.5。
- Penta_6 = Freeze。
- 其他参数保持默认，单击 Apply 按钮确认。

光顺参数如图 5-65 所示。

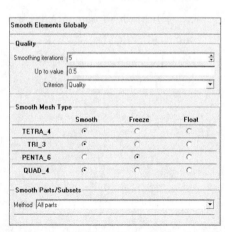

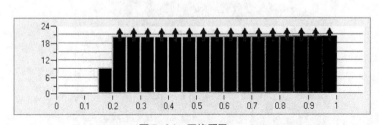

图 5-64　网格质量　　　　　　　　　　图 5-65　光顺参数

- 光顺完毕后，将 Up to value 修改为 0.3，PENTA_6 修改为 Smooth。
- 单击 Apply 按钮继续光顺。

光顺完毕后查看网格质量，如图 5-66 所示，此时网格质量已提高至 0.3。

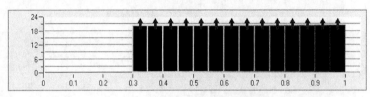

图 5-66　光顺完毕后的网格质量

Step 15：输出网格

保存工程文件，并输出网格。
至此本案例结束。

【案例3】2D 非结构网格案例

本案例演示 2D 计算模型的非结构网格划分方法。案例几何采用第 5 章案例 1 的几何模型。

Step 1：启动 ICEM CFD 并导入几何文件

采用以下步骤。

- 启动 ICEM CFD，利用菜单【File】>【Change Working Dir…】设置工作路径。
- 利用菜单【File】>【Geometry】>【Open Geometry…】打开几何文件 ex5-3.tin。

几何模型如图 5-67 所示。

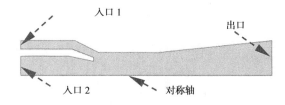

图 5-67 几何模型

Step 2：构建几何拓扑

依次单击 Geometry→Repair Geometry→Build Diagnostic Topology，打开参数面板，采用默认参数，单击 Apply 按钮进行几何拓扑构建。

 注意：
> 为防止几何特征线的丢失，通常需要对几何特征进行诊断并进行拓扑构建。

Step 3：设置全局网格尺寸

依次单击 Mesh→Global Mesh Setup→Global Mesh Setup，在打开的参数面板（见图 5-68）中进行如下设置。

- Scale factor = 1。
- Max element = 0.5。
- 激活 Curvature/Promimity Based Refinement 下的 Enabled 项。
- Min size limit = 0.05。
- 单击 Apply 按钮。

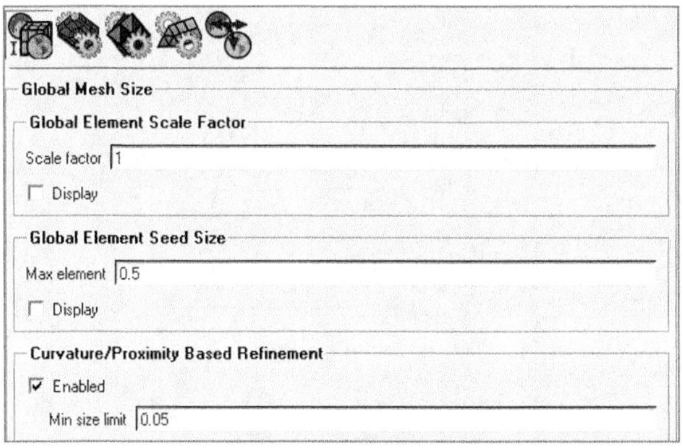

图 5-68 全局网格参数面板

Step 4：生成网格

依次单击 Mesh→Compute Mesh⬡→Surface Mesh Only◆，在打开的参数面板（见图 5-69）中进行如下设置。

- 激活 Overwrite Surface Preset/Default Mesh Type 选项。
- 选择 Mesh type 为 All Tri。
- 激活 Overwrite Surface Preset/Default Mesh Method 选项。
- 设置 Mesh method 为 Patch Dependent。
- 单击 Compute 按钮。

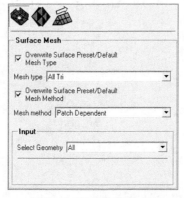

图 5-69　面网格参数设置

生成的网格如图 5-70 所示。

图 5-70　生成的网格

Step 5：输出网格

依次单击 Output Mesh→Select Solver🔧打开参数面板，选择 Output Solver 为 ANSYS FLUENT。

依次单击 Output Mesh→Write Input🔧，保存工程文件后，弹出输出文件设置对话框，如图 5-71 所示，选择 Grid dimension 为 2D，设置文件输出路径，单击 Done 按钮输出文件。

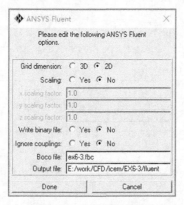

图 5-71　文件输出对话框

输出计算网格。本案例到此结束。

【案例4】棱柱层网格划分

边界层网格在 CFD 计算过程中非常重要,本案例演示利用 ICEM CFD 软件生成边界层网格的一般过程。在 3D 计算模型中,边界层网格通常表现为棱柱层网格。

本案例几何模型如图 5-72 所示。

图5-72 几何模型

Step 1:几何模型准备

采用以下步骤。

- 启动 FLUENT,利用菜单【File】>【Change Working Dir…】设置工作路径。
- 利用菜单【File】>【Geometry】>【Open Geometry】选择几何文件 ex5-4.tin。
- 激活模型树节点 Surface 前的复选框。
- 用鼠标右键单击 Surface,选择子菜单 Solid 及 Transparent。

几何模型显示如图 5-73 所示。

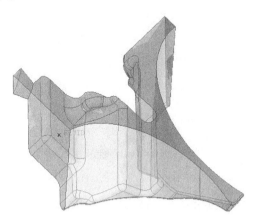

图5-73 几何模型

Step 2:构建拓扑

依次单击 Geometry→Repair Geometry→Build Diagnostic Topology,在打开的参数面板中进行如下设置。

- 激活 Filter Point。
- 激活 Filter Curves。
- 其他参数采用默认,单击 Apply 按钮。

拓扑构建后的几何如图 5-74 所示。利用 Filter 可以去掉不需要的线条。

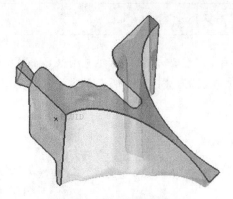

图 5-74　拓扑构建后的几何

Step 3：设置全局网格尺寸

依次单击 Mesh→Global Mesh Setup　→Global Mesh Size　，在打开的参数面板（见图 5-75）中做如下设置。

- Max element = 5。
- 激活 Curvature/Proximity Based Refinement。
- Min Size limit = 0.5。
- Elements in gap = 2。
- 单击 Apply 按钮。

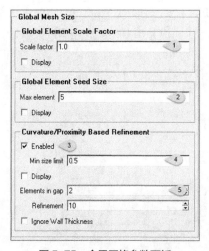

图 5-75　全局网格参数面板

Step 4：体网格参数设置

依次单击 Mesh→Global Mesh Setup　→Volume Meshing　，在打开的参数面板（见图 5-76）中做如下设置。

- Mesh Type = Tetra/Mixed。
- Mesh Method = Robust(Octree)。
- 激活 Smooth mesh 选项。
- Smooth Iterations = 5。
- Min quality = 0.4。
- 单击 Apply 按钮。

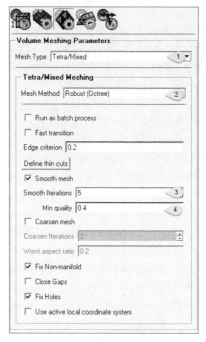

图5-76 体网格参数设置

Step 5：生成网格

依次单击 Mesh→Compute Mesh 🔘→Volume Mesh 🔷，打开参数面板，采用默认参数，单击 Compute 按钮生成网格，如图 5-77 所示。

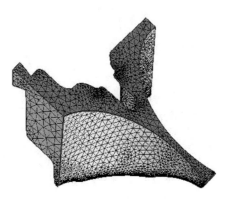

图5-77 生成网格

Step 6：检查网格错误

依次单击 Edit Mesh→Check Mesh 📄打开参数面板，采用默认参数，单击 Apply 按钮。若出现图 5-78 所示的诊断信息框，可单击 Yes 按钮，删除不连接的顶点。

图5-78 诊断信息

Step 7：光顺网格

依次单击 Mesh→Smooth Mesh Globally 打开参数面板，采用默认参数，单击 Apply 按钮。

网格质量提升至 0.3 以上。

Step 8：棱柱层网格参数设置

依次单击 Mesh→Global Mesh Setup 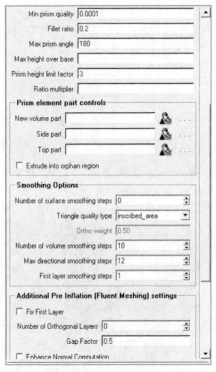→Prism Mesh Parameters，在打开的参数面板（见图 5-79）中做如下设置。

- Min prism quality = 0.0001。
- Fillet ratio = 0.2。
- Prism height limit factor = 3。
- Number of surface smoothing steps = 0。
- 清除 New volume part 中的内容。
- 单击 Apply 按钮。

图 5-79 棱柱层参数面板

Step 9：定义棱柱层部件

依次单击 Mesh→Compute Mesh→Prism Mesh，在打开的参数面板（见图 5-80）中做如下设置。

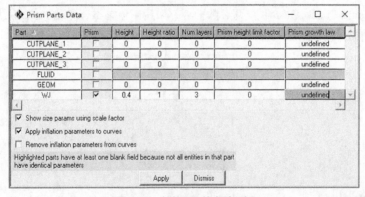

Part	Prism	Height	Height ratio	Num layers	Prism height limit factor	Prism growth law
CUTPLANE_1	☐	0	0	0	0	undefined
CUTPLANE_2	☐	0	0	0	0	undefined
CUTPLANE_3	☐	0	0	0	0	undefined
FLUID	☐					
GEOM	☐	0	0	0	0	undefined
WJ	☑	0.4	1	3	0	undefined

☑ Show size params using scale factor
☑ Apply inflation parameters to curves
☐ Remove inflation parameters from curves

Highlighted parts have at least one blank field because not all entities in that part have identical parameters

Apply   Dismiss

图 5-80 棱柱层网格参数面板

- 单击按钮 Select Parts for Prism Layer，在弹出的对话框中选择 WJ。
- Height = 0.4。
- Height ratio = 1。
- Num layers = 3。
- Apply，Dismiss。
- 单击 Compute 按钮。

生成网格如图 5-81 所示。

图 5-81　生成网格

Step 10：导出网格

至此本案例结束，可以导出计算网格。

 提示：

　　初步划分的计算网格质量较差，可以通过细化面网格参数来提升网格质量。

【案例 5】笛卡儿网格划分

笛卡儿网格是当前比较流行的一种网格形式，以其生成方便、几何适应性好而广泛应用于各类 EFD 软件中。ICEM CFD 能够生成笛卡儿网格，本案例演示 ICEM CFD 利用 Block 生成笛卡儿网格的流程。

Step 1：几何准备

采用以下步骤。

- 启动 ICEM CFD，利用菜单【File】>【Change Working Dir…】修改工作路径。
- 利用菜单【File】>【Import Model】，选择几何文件 EX5-5.agdb。
- 采用默认参数，单击 Apply 按钮。

查看几何模型，如图 5-82 所示。

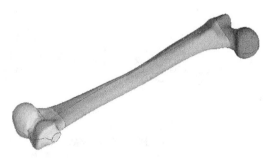

图 5-82　几何模型

Step 2：全局网格设置

依次单击 Mesh→Global Mesh Setup🎇→Global Mesh Size🎇，在打开的参数面板中做如下设置。

- Scale factor = 1.0。
- Max element = 15。
- 单击 Apply 按钮。

Step 3：体网格设置

依次单击 Mesh→Global Mesh Setup🎇→Volume Mesh Parameters🎇，在打开的参数面板（见图 5-83）中做如下设置。

- Mesh Type = Cartesian。
- Mesh Method = Body-Fitted。
- Refinement Type = Uniform。
- 激活选项 Project Inflated Faces。
- 单击 Apply 按钮。

图 5-83　参数设置

Step 4：Part 网格参数设置

依次单击 Mesh→Part Mesh Setup🗾，在弹出的部件网格参数设置对话框中，按图 5-84 所示进行设置。

Part	Prism	Hexa-core	Maximum size	Height
BALLJOINT	☑		5	0
BONESHAFT	☑		15	0
KNEEJOINT	☑		5	0
OUTLEFT_1_1	☐		5	
OUTLEFT_1_1_MATPOINT	☐	☐	5	

图 5-84　Part 网格参数

Step 5：生成网格

依次单击 Mesh→Compute Mesh🎇打开参数面板，采用默认参数，单击 Compute 按钮生成网格。生成的笛卡儿网络如图 5-85 所示。

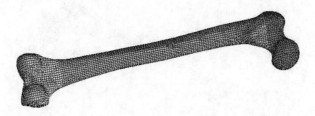

图 5-85　生成的笛卡儿网格

本案例到此可认为结束，之后可导出网格至求解器中。

以下步骤为可选项，采用 Block 控制网格参数进行笛卡儿网格生成。

Step 6：创建 Block

依次单击 Blocking→Create Block⬡→Initialize Blocks⬡，在打开的参数面板中做如下设置。

- Type：3D Bounding Box。
- 单击 Apply 按钮。

创建的初始块如图 5-86 所示。

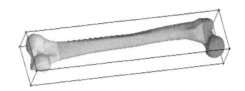

图 5-86　初始块

Step 7：切割块

依次单击 Blocking→Split Block⬡进行切割操作。

块切割位置如图 5-87 所示。

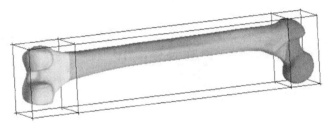

图 5-87　块切割设置

Step 8：Pre-Mesh Params

设置步骤如下。

- 用鼠标右键单击模型树节点 Model | Blocking | Edges，选择子菜单 Bunching。
- 选择 Blocking 标签页下按钮 Blocking→Pre-Mesh Params。
- 选择 Update All 选项。
- 单击 Apply 按钮。

图形窗口中的网格分布显示如图 5-88 所示。

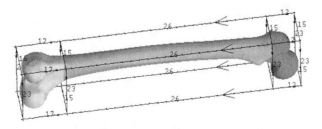

图 5-88　网格分布显示

Step 9：Edge Params

依次单击 Blocking→Pre-Mesh Params⬡→Edge Params⬡，在打开的参数面板（见图 5-89）中做如下设置。

- 单击 Select edge 按钮，选择 4 条最长的 Edge。

- Spacing 1 = 5。
- Ratio 1 = 1.2。
- Spacing 2 = 1.5。
- Ratio 2 = 1.2。
- 激活 Copy Parameters。
- Method = To All Parallel Edges。
- 单击 Apply 按钮。

节点分布如图 5-90 所示。

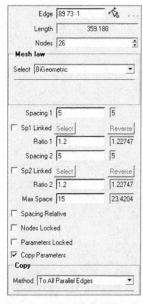

图 5-89　参数设置

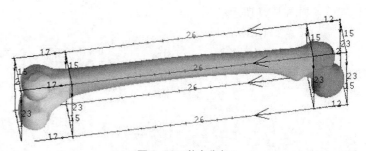

图 5-90　节点分布

Step 10：保存笛卡儿网格

利用菜单【File】>【Blocking】>【Write Cartesian Grid】保留笛卡儿网格。

若未保存工程文件，则 blocking.crt 文件会被输出至工作目录，并以工程文件命名。

Step 11：生成网格

依次单击 Mesh→Compute Mesh⬥→Volume Mesh⬥，在打开的参数面板中做如下设置。

- Mesh Type = Cartesian。
- Mesh Method = Body-fitted。
- Enforce Split Method　= Final。
- Cartesian file = blocking.crt。
- Inflate Pates = Defined。
- 单击 Compute 按钮。

最终生成网格如图 5-91 所示。

图 5-91　最终网格

案例结束。

第 二 篇

FLUENT 常见问题解答

第6章 FLUENT 基础

【Q1】 工具

FLUENT 是工具，具有工具的一切特性。

想象一下我们使用工具的情况：比如说一把剪刀，我们在利用这把剪刀进行裁剪工作的时候，你会去想这把剪刀的制造材质、制造方式吗？一般情况下我们都不会去思考这些问题。首先，在打算利用剪刀来完成工作的时候，我们一定事先进行过调查，确保所选择的剪刀能够胜任我们的裁剪工作，在使用剪刀的过程中，我们确信这工具能够做我们想做的，而不会去怀疑它的能力。其次，在长期使用的过程中，我们也会逐渐发现工具的一些弱点，从而去想办法进行弥补。比如说在使用剪刀的过程中，会发现这玩意儿只适合进行一些剪切工作，而不适合割切的操作。如果要使其具备割切工作，只能对其进行改进，比如说把一侧改造成锯齿状。

FLUENT 和上面所提到的剪刀一样，也是一个解决问题的工具。在应用 FLUENT 解决工程问题的过程中，我们一般不太关注 FLUENT 背后的理论，虽然说了解这些理论有助于我们更好地使用软件，就好比了解剪刀的制造工艺有利于更好地使用剪刀一样。但是不了解 FLUENT 背后的理论对于解决我们的工程问题并不构成障碍，我们只要将 FLUENT 当作一个黑盒子，充分相信其可靠性即可。另外，FLUENT 作为一个通用 CFD 软件，为了满足其通用性，必然在很多地方进行了折中，比如说一些物理模型、计算参数等，因此，为了更好地解决我们的工程问题，势必要在 FLUENT 基础上进行改进，以使其更适用于自己的问题。总的来说，FLUENT 只是个工具，因此在本书关于 FLUENT 的问题中，仅涉及 FLUENT 使用过程中的问题，而不去深入讨论 FLUENT 背后的理论，有兴趣的读者可以参阅计算流体力学及有限体积法的相关资料。

【Q2】 FLUENT 应用领域分类

对于 FLUENT 能够解决的工程问题，可以根据其物理特征简单地分为以下 6 大类。

1. 纯流动问题

包括低速流动、跨音速流动及超音速流动问题。其中，根据流体介质的可压缩性又可分为可压缩问题与不可压缩问题。流动问题中根据雷诺数大小还可以分为层流问题、湍流问题以及转捩问题等。

流动问题主要求解的物理量包括速度场、压力场、各种力（升力、阻力等）、各种力系数（如升力系数、阻力系数、压力系数、力矩系数等）、流动分离位置等。

2. 传热问题

主要包括 3 种传热方式：传导、对流以及辐射的模拟计算。同时还包含了相变计算。

热传导计算中包含了固体域热传导计算。对流模拟中包含了自然对流与强制对流的计算。对于辐射计算，FLUENT 提供了 DO、DTRM、S2S、P1 等 4 种模型。对于相变计算，则包含了冷凝、蒸发、凝固、熔化等模型的相变模拟。

对于传热问题，主要计算内容包括：温度场分布、速度场分布、压力场分布、对流换热效率计算等。

3．运动部件模拟

当计算区域中存在运动部件时，在建立计算模型时需要特别考虑。在 FLUENT 中进行此类运动部件问题模拟时，可以选择的方法包括：SRF（单参考系模型）、MRF（多参考系模型）、MPM（混合平面模型）、SMM（滑移网格模型）和 Dynamic Mesh（动网格模型）。

其中，SRF、MRF 及 MPM 主要用于稳态计算，而 SMM、Dynamic Mesh 主要用于瞬态计算。运动部件模拟主要指的是建模方式。

在 FLUENT 中解决动网格问题时，可以使用 Smoothing、Layering 及 Remeshing 方法解决部件运动后的网格更新问题。FLUENT 还提供了 6DOF 模型用于解决刚体的 6 自由度运动问题。

4．多相流模拟

对于多相流问题，FLUENT 提供了 VOF、Mixture、Eulerian-Eulerian、DPM 模型进行模拟。其中，VOF主要用于相界面的追踪，Mixture 及 Eulerian-Eulerian 模型主要用于相间存在相互渗透现象的模拟（如液体中存在气泡、气体中存在液滴等现象），DPM 模型主要用于稀疏颗粒、液滴、气泡的轨迹追踪。

另外，FLUENT 的插件模型中还提供了 PBM 模型，用于模拟颗粒群问题。

5．多组分流计算

多组分流计算主要包括纯组分扩散问题、慢速化学反应及燃烧现象的模拟。FLUENT 利用组分传输（Species Transport）模型可以模拟某种介质在其他介质中的扩散现象，也可以用于对化学反应的模拟。

对于燃烧模拟，FLUENT 提供了组分传输模型中的层流有限速率（Laminar Finite-Rate）、有限速率/涡耗散（Finite-Rate/Eddy Dissipation）、涡耗散（Eddy Dissipation）及涡耗散概念模型（Eddy-Dissipation Concept）。同时，FLUENT 还提供了非预混燃烧（Non-Premixed Combustion）、预混燃烧（Premixed Combustion）、部分预混燃烧（Partially Premixed Combustion），以及组合 PDF 传输模型（Composition PDF Transport）来对燃烧现象进行模拟。

6．耦合问题

指 FLUENT 与其他软件进行耦合计算，包括与固体应力场、电磁场、声场等的耦合计算。主要内容在于不同求解器间的数据传递问题。

【Q3】 FLUENT 一般流程

利用 FLUENT 求解工程问题时，一般采用以下工作流程。

1．物理问题抽象

这一步主要解决的问题是决定计算的目的。在对物理现象进行充分认识后，确定要计算的物理量，同时决定计算过程中需要关注的细节问题。对于初学者来讲，这一步常常被忽略，但其实这一步工作是至关重要的。

2．计算域确定

在决定了计算内容之后，紧接着要做的工作是确定计算空间。这部分工作主要体现在几何建模上。在几何建模的过程中，若模型中存在一些细小特征，则需要评估这些细小特征在计算时是否需要考虑，是否需要移除这些特征等。

3．划分计算网格

当确定计算域之后，则需要对计算域几何模型进行网格划分。当前有很多的网格生成程序均支持输出为

FLUENT 网格类型，如 ICEM CFD、TGrid、PointWise、ANSA、Hypermesh 等。FLUENT 对网格生成器并不感兴趣，其感兴趣的是网格质量，因此在生成网格之后，需要检查网格的质量。

另一个与网格相关的问题是边界层网格划分。在划分边界层网格时，需要根据外部流动条件估算第一层网格与壁面间距，同时需要确定边界厚度或边界层层数。

4．选择物理模型

对于不同的物理现象，FLUENT 提供了非常多的物理模型进行模拟。在第一步工作中确定了需要模拟的物理现象，在此则需要选择相对于该现象的物理模型。比如说考虑传热的话，需要选择能量模型；考虑湍流的话，需要选择湍流模型；考虑多相流的话，则需要激活多相流模型等。

5．确定边界条件

确定计算域实际上是确定了边界位置。在这一步工作中，需要确定边界位置上物理量的分布，通常需要考虑边界类型、物理量的指定。FLUENT 中存在多种边界类型，不同的边界类型组合对于收敛性有着重要影响。无论采用何种边界组合，都要求边界信息是物理真实的，一般要求试验获取。

6．设置求解参数

在上面的工作均进行完毕后，则需要设定求解参数。包括一些监控物理量设定、收敛标准设定、求解精度控制等。若为瞬态计算，则可能还涉及自动保存、动画设定等。针对不同的物理问题，需要设定的求解参数也存在差异。

7．初始化并迭代计算

在进行迭代计算之前，往往需要进行初始化。FLUENT 提供了两种初始化方式：常规的全域初始化及 hybird 初始化。对于稳态计算，选择合适的初始值有助于加快收敛，初始值的设定不会影响到最终的计算结果。而对于瞬态计算，则需要根据实际情况设定初始值，因为初始值会影响到后续时间点上的计算结果。

8．计算后处理

计算完毕后，通常需要进行数据后处理，将计算结果以图形图表的方式展现出来，从而方便进行问题分析。FLUENT 本身包含后处理功能，但也可以将 FLUENT 结果导入到更专业的后处理软件中，从而获取更加美观的图形。后处理包含的一般内容有：表面或截面上物理量云图显示、线上曲线图显示、计算结果输出、动画生成等。

9．模型的校核与修正

在后处理过程中，往往需要对计算结果进行评估，一般情况下是与试验值进行比较。评估的内容包括：网格独立性、收敛性、计算模型、计算结果有效性与误差等。在评估的过程中通常需要不断地调整模型，最终使模型计算结果贴近于实验值，为后续的研究工作提供方便。

【Q4】 网格独立性验证

数值计算所耗费的时间与网格数量直接相关，网格数量越多，计算所需要的时间越多。理论上讲，数值计算精度与网格数量密切相关，网格数量越多，精度越高。在有限的计算资源条件下，计算结果依赖于网格。

 注意：

"网格数量越多计算精度越高"的说法是不严谨的，它在一定范围内是正确的，但当网格数量增加到一定程度后，由于计算机存储字长的影响，导致舍入误差增大，数值计算误差可能会增大。然而在低密度网格条件下，计算精度的确是随网格密度增加而增加的。

在进行数值计算过程中，为了排除网格密度对计算结果的影响，通常要计算多套疏密程度不同的网格系统，并比较不同网格系统下的计算结果，评价计算结果偏差，此过程即称之为网格独立性验证。

网格独立性验证的一般流程如下。

- 准备 3 套以上数量不同的计算网格。
- 采用相同的计算条件进行计算。
- 比较计算结果，评价不同网格系统计算结果的差异性。
- 若差异性较大，则计算更多的网格（通常是加密）。
- 直至计算结果随网格数量变化可忽略时，取结果相近的最少数量的网格系统。

图 6-1 所示的是独立性验证结果，可以看出自网格数量超过 56 万后，计算结果变化较小，此时可以选择计算网格数量为 56 万的网格系统进行计算。

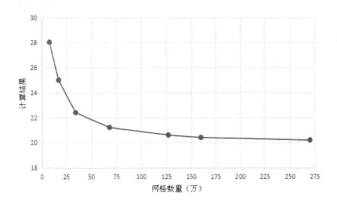

图 6-1　网格独立性验证结果

 提示：
以上是在没有试验数据条件下进行的网格独立性验证，若有试验数据，则选择试验数据作为结果参照值进行误差分析。

【Q5】 时间独立性验证

对于瞬态计算，其结果不仅依赖于计算网格，还依赖于时间步长。在进行瞬态计算过程中，时间步长的选择固然是按照所需的时间分辨率来进行，但是依照 CFL 条件，瞬态计算对于最大时间步长也存在明确的要求。

时间独立性验证方法与网格独立性验证方法类似，取不同大小的时间步长进行瞬态计算，考察相同时间点上的计算结果，分析其误差，最终确定最大时间步长用于计算。

【Q6】 FLUENT 界面

从 17.0 版本之后，FLUENT 的界面发生了一些改变，增加了 Ribbon 工具条。FLUENT 界面（见图 6-2）中包含的元素有。

（1）Ribbon 工具条。按照功能进行分类的工具按钮集合。

（2）模型树。按 CFD 工作流程进行排序。

（3）参数面板。模型树节点对应的参数设置面板。

（4）视图工具栏。控制图形窗口中的图形显示。

（5）图形窗口。显示模型及后处理图形、数据。

（6）TUI 窗口。输出信息及输入 TUI 命令。

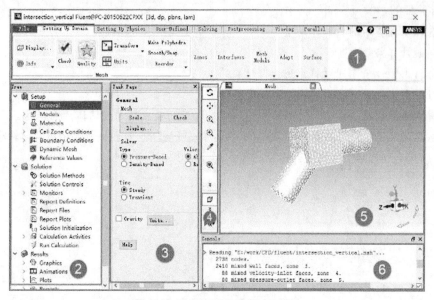

图 6-2　FLUENT 17.0 版工作界面

【Q7】 Fluent 模型树节点

FLUENT 的模型树节点是按照 CFD 求解工程问题的一般步骤进行排列的。随着开启的物理模型不同，其节点可能会存在增减。FLUENT 17.0 以上版本的模型树节点如图 6-3 所示。其节点包括以下几类。

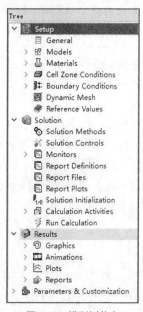

图 6-3　模型树节点

1. Setup：前处理节点

General：通用节点，包括网格缩放、质量检查、显示、稳态或瞬态设置、求解器类型设置等。General 参数面板如图 6-4 所示。

Models：设置物理模型，包括各类物理模型的选择及设置。Models 参数面板如图 6-5 所示。

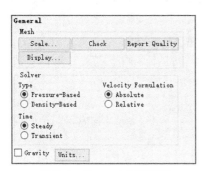

图6-4 General 参数面板

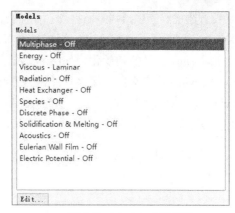

图6-5 Models 参数面板

Materials：材料设置。材料设置面板如图 6-6 所示。

图6-6 材料设置面板

Cell Zone Conditions：设置区域属性。如指定区域介质、区域运动等参数。

Boundary Conditions：设置边界条件。

Dynamic Mesh：指定动网格参数。（可选）

Reference Values：设置参考值，主要用于后处理计算系数。（可选）

2．Solution（求解设置）

Solution Methods：求解方法，用于设置各种离散方法。Solutions Methods 设置面板如图 6-7 所示。

Solution Controls：求解控制参数设置，用于设置提高计算收敛性及稳定性的参数。主要为设置亚松弛因子。求解控制参数设置面板如图 6-8 所示。

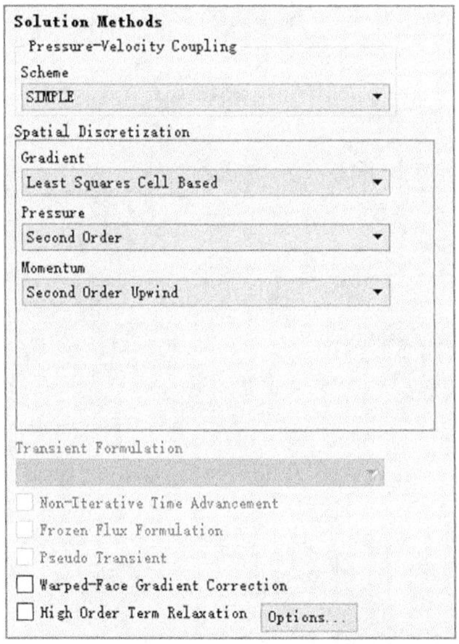

图6-7 Solutions Methods 设置面板

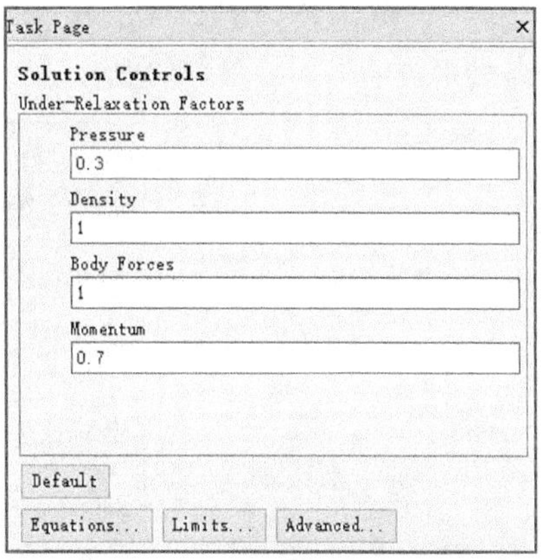

图6-8 求解控制参数设置面板

Monitor：设置监视器，包括残差监视器、面监视器、体监视器和收敛监视器的定义及设置等。（可选）

Report Definitions、Report Files、Report Plots：报告定义及输出。（可选）

Solution Initialization：计算初始化，如图 6-9 所示。

Calculation Activities：定义自动保存、计算中执行操作及动画。（可选）

Run Calculation：执行计算，指定迭代步数（稳态定义）、时间步长（瞬态定义）、时间步数（瞬态定义）、内迭代次数（瞬态定义）等。计算面板如图 6-10 所示。

图 6-9　初始化定义

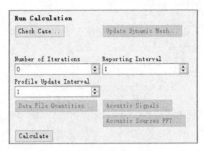

图 6-10　计算面板

3．Result（后处理）

Graphics：图形显示，包括网格、计算云图、矢量图、流线、粒子追踪图等，还包括动画的回放及输出设置。Graphics 面板如图 6-11 所示。

Animations：与 Graphics 相同。

Plots：数据图绘制，如各类曲线图、直方图等，如图 6-12 所示。

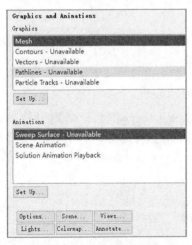

图 6-11　Graphics 面板

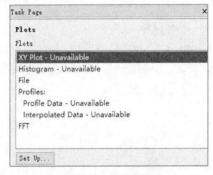

图 6-12　数据图绘制

Report：各类报告输出，如图 6-13 所示。

图 6-13　各类报告定义

【案例】FLUENT 工作流程

以一个简单的案例来描述 FLUENT 工作流程。

案例描述： 本案例来自丹麦海事研究所。流动计算域模型如图 6-14 所示，包含入口、出口及壁面。案例采用 2D 模型计算。计算域流体介质为空气（标准大气压，温度 293K），来流速度 1.17m/s。雷诺数基于障碍物高度（案例为 40mm），本案例雷诺数为 3115，入口位置湍流动能及湍流耗散率分别为 0.024m²/s² 及 0.07m²/s³。流动过程为等温、湍流及不可压缩流动。

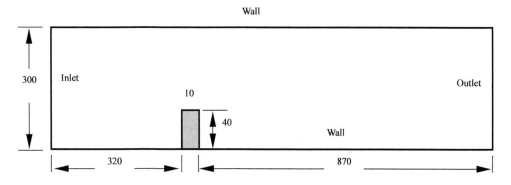

图 6-14　流动计算域模型（长度单位 mm）

建模及网格划分过程这里不再详述，案例从导入网格开始。

Step 1：启动 FLUENT

从开始菜单中选择 FLUENT，在启动面板（见图 6-15）中进行参数设置。

- 设置 Dimension 为 2D。
- 设置 Working Directory。

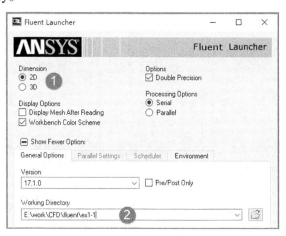

图 6-15　启动面板

Step 2：读取网格

- 利用菜单【File】>【Read】>【Mesh】读取网格文件 EX1-1.msh。
- 单击 Setting Up Domain 标签页下的工具栏按钮 Display 以显示计算网格，如图 6-16 所示。

Step 3：General 设置

单击模型树节点 General，出现 General 面板，如图 6-17 所示。

图 6-16　计算网格

图 6-17　General 面板

对参数面板进行如下设置。

1．Scale…

单击参数面板中的 Scale…按钮，在弹出的 Scale 网格面板（见图 6-18）中进行如下设置。

- 设置 Mesh Was Created In 项为 mm。
- 单击 Scale 按钮。
- 单击 Close 按钮。

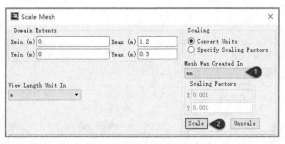

图 6-18　Scale 网格面板

 注意：--
　　确保计算域尺寸与实际要计算的尺寸一致。

2．Check

单击 Check 按钮，输出网格信息如图 6-19 所示。确保网格最小体积为正值。

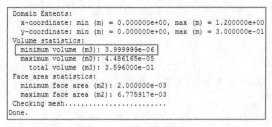

图 6-19　网格检查信息

3．Gravity

激活选项 Gravity，设置重力加速度为 y 方向-9.81m/s^2，其他参数保持默认，如图 6-20 所示。

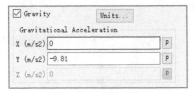

图 6-20　设置重力加速度

Step 4：Models

选择模型树节点 Models，在右侧 Models 列表项中双击 Viscous-Laminar，弹出湍流模型设置面板（见图 6-21）。设置参数如下。

- 选择 Model 为 k-epsilon（2 eqn）。
- 选择 k-epsilon Model 为 Realizable。
- 选择 Near-Wall Treatment 为 Scalable Wall Functions。
- 单击 OK 按钮。

图 6-21　湍流模型设置面板

其他模型保持默认。

Step 5：Materials

采用默认参数即可。

Step 6：Cell Zone Conditions

保持默认即可。

Step 7：Boundary Conditions

单击模型树节点 Boundary Conditions，弹出的设置面板如图 6-22 所示。

图 6-22　边界条件设置面板

1．Inlet 边界设置

双击 inlet 列表项，按图 6-23 所示设置参数如下。

- 设置 Velocity Magnitude 为 1.17m/s。
- 设置 Specification Method 为 K and Epsilon。
- 设置 Turbulent Kinetic Energy 为 0.024。
- 设置 Turbulent Dissipation Rate 为 0.07。
- 单击 OK 按钮。

2．Outlet 设置

双击 outlet 列表项，设置 Type 为 Outflow，其他参数保持默认。

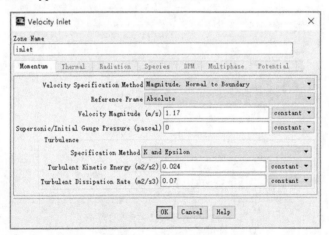

图 6-23　Inlet 边界设置

Step 8：Dynamic Mesh

本案例不涉及动网格，因此无需设置。

Step 9：Reference Values

本案例不涉及系数计算，可不用设置参考值。若要设置的话，可按图 6-24 所示进行设置。

Step 10：Solution Methods

按图 6-25 所示设置参数如下。

- Pressure-Velocity Coupling Scheme：Coupled。

- Turbulent Kinetic Energy：Second Order Upwind。
- Turbulent Dissipation Rate：Second Order Upwind。

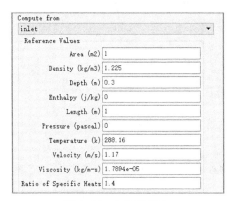

图6-24　参考值设置

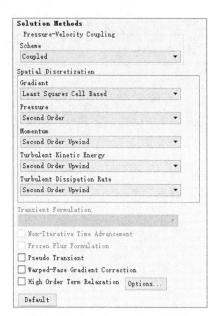

图6-25　Solution Methods 设置

其他参数保持默认。

Step 11：Solution Controls
保持默认参数。

Step 12：Monitors
保持默认参数。

Step 13：Solution Initialization
如图 6-26 所示，采用 Hybrid Initialization 方法进行初始化。单击 Initialize 按钮进行初始化。

Step 14：Calculation Activities
采用默认设置。

Step 15：Run Calculation
按图 6-27 所示设置 Number of Iterations 为 500，单击 Calculate 按钮进行计算。

图6-26　初始化设置

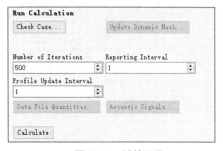

图6-27　计算设置

计算在 198 步时收敛，软件给出收敛提示并自动停止计算。计算信息如图 6-28 所示。
计算残差如图 6-29 所示。

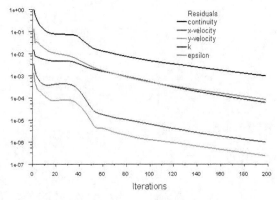

191	1.1007e-03	1.1369e-06	2.8401e-07	7.1583e-05	9.8128e-05	0:00:38	309
192	1.0840e-03	1.1190e-06	2.7926e-07	7.0262e-05	9.6447e-05	0:00:30	308
193	1.0676e-03	1.1013e-06	2.7461e-07	6.8966e-05	9.4797e-05	0:00:24	307
194	1.0514e-03	1.0840e-06	2.6997e-07	6.7696e-05	9.3174e-05	0:00:19	306
195	1.0355e-03	1.0669e-06	2.6539e-07	6.6450e-05	9.1578e-05	0:00:15	305
196	1.0197e-03	1.0501e-06	2.6083e-07	6.5229e-05	9.0008e-05	0:00:12	304
197	1.0043e-03	1.0336e-06	2.5633e-07	6.4031e-05	8.8465e-05	0:01:10	303
! 198 solution is converged							
198	9.8899e-04	1.0174e-06	2.5197e-07	6.2856e-05	8.6947e-05	0:00:56	302

图 6-28　计算信息

图 6-29　计算残差

Step 16：修改残差标准继续计算

设置残差为 $1×10^{-6}$ 继续计算。

- 选择模型树节点 Monitors，双击右侧面板中 Residuals 列表项。
- 在 Residual Monitors 对话框中，设置 Continuity 的 Absolute Criteria 为 $1×10^{-6}$。
- 单击 OK 按钮关闭对话框。

Step 17：继续计算

切换到 Run Calculation 节点下，设置 Number of Iterations 为 500，然后单击 Calculate 按钮进行计算。计算完毕后可进行后处理并查看计算结果。

Step 18：设置图形窗口背景颜色

通常将图形背景设置为白色，方便放入文档中。FLUENT 默认背景颜色为蓝白梯度色，要将其改变为纯白色，需要利用 TUI 命令。

- 单击模型树节点 Graphics，单击右侧面板中的按钮 Options…，弹出图形选项设置面板，如图 6-30 所示。

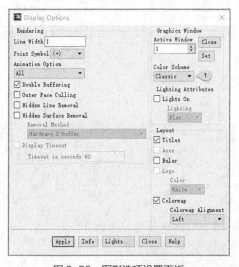

图 6-30　图形选项设置面板

- 设置 Color Scheme 为 Classic。
- 单击 Apply 按钮，此时图形背景变为黑色。
- 在 TUI 窗口中输入命令 `display/set/colors/background`，在颜色输入提示后输入 "`white`"。
- 继续输入命令 `display/set/colors/foreground`，在颜色输入提示后输入 "`black`"。
- 回到图 6-30 所示的图形选项设置面板中，单击 **Apply** 按钮。此时图形背景变为白色。

Step 19：查看速度分布

查看计算域内速度分布的操作步骤如下。

- 选择模型树节点 Graphics，双击右侧面板中的列表项 Contours，弹出云图设置面板，如图 6-31 所示。
- 激活选项 Filled。
- 选择 Contours of 下为 Velocity…及 Velocity Magnitude。
- 单击 Display 按钮。

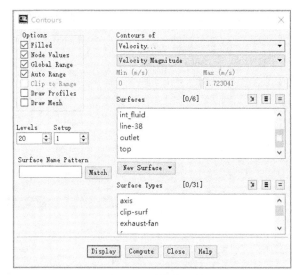

图 6-31　云图设置面板

速度分布如图 6-32 所示。

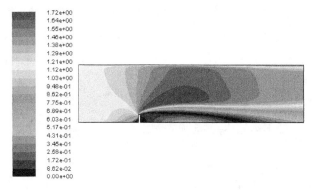

图 6-32　速度分布

Step 20：压力分布查看

查看计算域内压力分布的操作步骤为：在图 6-31 所示的云图设置面板中选择 Contours of 下为 Pressure…及 Static Pressure，单击 **Display** 按钮显示压力分布云图。

压力分布如图 6-33 所示。

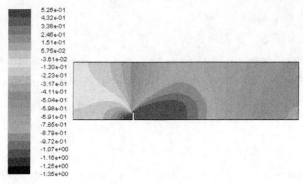

图 6-33　压力分布

Step 21：查看底部面上压力分布

利用 XY Plot 输出底部边界上的压力分布。

- 双击模型树节点 Result | Plots | XY Plot，弹出的设置面板如图 6-34 所示。
- 设置 Plot Direction 为 x 方向。
- 设置 Y Axis Functions 为 Pressure 及 Static Pressure。
- 选择 Surface 列表框中的列表项 bottom。

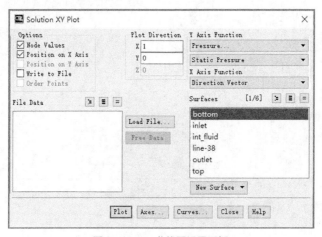

图 6-34　xy 曲线图设置面板

- 单击 Curves…按钮，在弹出的设置面板（见图 6-35）中设置 Line Style 下的 Pattern 为实线，设置 Weight 为 2。
- 设置 Marker Style Symbol 为空。
- 单击 Apply 及 Close 按钮关闭对话框。

图 6-35　Curves 设置面板

单击图 6-34 中的 Plot 按钮显示图形。底部面上压力分布如图 6-36 所示。

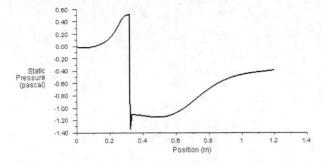

图 6-36　底部面上压力分布

本案例完毕。

7 流动问题计算

【Q1】 流动问题计算中应考虑的一些问题

流体流动问题是 FLUENT 最基本的应用领域，其主要求解流体压力、速度在计算域中的分布。其他一些应用领域均会包含流体流动的计算。

在利用 FLUENT 求解流动问题时，通常需要考虑以下问题：

1．是否需要考虑黏性？如果考虑的话，是层流还是湍流？
2．是否需要考虑流体的可压缩性？
3．流动是稳态还是瞬态？

【Q2】 密度与压缩性

流体力学中按照流体密度是否为常数，可将流体分为可压缩流体与不可压缩流体。按照流体流动过程中其密度是否可变，可将流动问题划分为可压缩流动与不可压缩流动。

在 FLUENT 中，可压缩与不可压缩，只是从流体密度是否与压力相关来进行区分。若流体密度与压力相关，则称为可压缩流体，否则为不可压缩流体。实际上，在一些情况下，流体密度还可能与温度相关。若流体密度与压力无关而与温度相关，此时流体仍然是不可压缩流体。

FLUENT 中对于流体密度的处理有很多种方式，如图 7-1 所示。

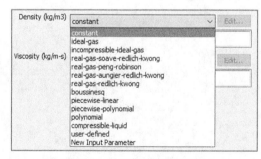

图 7-1　密度处理的多种方式

下面对各种类型的密度分别加以介绍。

Constant：直接设定密度为常数，在流体流动过程中密度始终为定值，不随压力或温度而发生改变。典型的不可压缩。

Ideal-gas：可压缩理想气体。流体密度满足气体状态方程

$$\rho = \frac{p_{op} + p}{\dfrac{R}{M_w} T}$$

式中，p 为当地相对压力，为 FLUENT 计算得到的当地压力；p_{op} 为操作压力；R 为普适气体常量；M_w 为介质分子量；T 为温度。

Incompressible-ideal-gas：不可压缩理想气体。实际上流体的密度在流动过程中仍然是变化的。适用于计算域内压力变化很小，流体密度主要受温度变化影响（如自然对流）的场合。此时流体密度采用下式进行计算

$$\rho = \frac{p_{op}}{\dfrac{R}{M_w} T}$$

Real-gas-soave-redlich-kwong、real gas-peng-robinson、real-gas-aungier-redich-kwong、real-gas-redlich-kwong：流体密度满足真实气体状态模型。真实气体状态方程是指一定量实际气体达到平衡态时其状态参量之间函数关系的数学表示。理想气体完全忽略气体分子间的相互作用，不能解释分子力起重要作用的气液相变和节流等现象。理想气体状态方程只对高温低密度的气体才近似成立，对物质状态的大部分区域都不适用。这 4 种真实气体状态方程的具体表达式可参阅 FLUENT 用户文档。

Boussinesq：与不可压缩理想气体模型一样，Boussinesq 模型也适用于通过温度计算流体密度。在一些自然对流问题中，Boussinesq 模型具有较好的收敛性。该模型在所有的流动控制方程中将密度视为常量，但动量方程的浮力项采用下式进行计算

$$(\rho - \rho_0)g \approx -\rho_0 \beta (T - T_0)g$$

式中，ρ_0 为流体的密度（常量）；T_0 为操作温度；β 为热膨胀系数。温度改变导致的流体密度通过式 $\rho = \rho_0(1 - \beta \Delta T)$ 进行计算。

Piecewise-linear：以分段线性多项式定义密度与温度之间的关系（见图 7-2）。实际上是定义了一个数据表，定义了某温度条件下的流体密度，温度之间的流体密度采用线性插值得到。

$$\rho(T) = \rho_n + \frac{\rho_{n+1} - \rho_n}{T_{n+1} - T_n}(T - T_n)$$

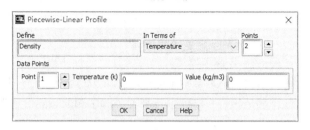

图 7-2　分段线性多项式定义流体密度

Piecewise-polynomial：分段多项式定义流体密度与温度之间的函数关系（见图 7-3）。可以设定多组温度区间，每一个温度区间内采用多项式插值。分段多项式为

$$\begin{cases} T_{\min,1} \leqslant T < T_{\max,1}, \rho(T) = A_1 + A_2 T + A_3 T^2 + \cdots \\ T_{\min,2} \leqslant T < T_{\max,2}, \rho(T) = B_1 + B_2 T + B_3 T^2 + \cdots \\ \vdots \end{cases}$$

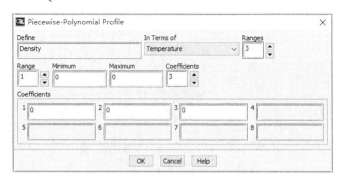

图 7-3　分段多项式定义流体密度

Polynomial：采用多项式形式定义密度与温度间的关系（见图 7-4）。定义式为

$$\rho(T) = A_1 + A_2 T + A_3 T^2 + \cdots$$

Compressible-liquid：可压液体。在 CFD 计算过程中，常常认为液体是不可压缩的，但是在存在运动部件的问题中（如动网格、流固耦合问题等），常数密度的液体往往意味着壁面扰动造成的压力波速度为无穷大，这可能会导致稳定性问题，甚至造成发散，因此采用可压缩液体模型计算流体密度，有助于计算的稳定性。

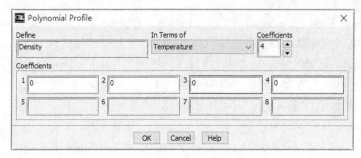

图 7-4　多项式定义流体密度

FLUENT 的可压缩液体模型采用 Tait 状态方程来表述流体压力与密度之间的关系

$$p = a + b\rho^n$$

式中，a 与 b 为系数，通过假定流体的体积模量为压力的线性函数来确定。a 与 b 的取值基于压力、密度以及体积模量的参考状态值。

对于 Tait 方程，可以有简化形式

$$\left(\frac{\rho}{\rho_0}\right)^n = \frac{K}{K_0}$$

$$K = K_0 + n\Delta p$$

$$\Delta p = p - p_0$$

式中，p_0 为参考压力（绝对压力）；ρ_0 为参考密度（在参考压力 p_0 下的密度）；K_0 为参考体积模量（在参考压力 p_0 下的体积模量）；n 为密度指数；p 为压力（绝对压力）；ρ 为在压力 p 下的密度。

在 FLUENT 软件中，可以在 Density 下拉框中选择 Compressible-liquid，即可激活密度设置面板，如图 7-5 所示。该设置面板中包含以下一些设置项：

（1）Reference Pressure：参考压力 p_0。

（2）Reference Density：参考密度 ρ_0。

（3）Reference Bulk Modulus：参考体积弹性模量 K_0。

（4）Density Exponent：密度指数 n。

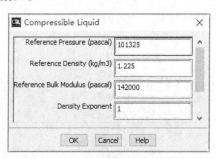

图 7-5　可压液体设置面板

User-defined：利用 UDF 宏 DEFINE_PROPERTY 定义流体的密度，详见 UDF 手册。

【Q3】 牛顿流体与非牛顿流体

牛顿流体与非牛顿流体的区别主要体现在介质的黏度上。FLUENT 包含多种黏性模型。

在 FLUENT 的材料设置面板中，选择 Viscosity 后的下拉列表框，如图 7-6 所示。

Contant：黏度为常量，计算过程中保持不变。

Piecewise-linear：采用分段线性函数定义黏度与温度间的关系。

图7-6 黏度定义

Piecewise-polynomial：采用分段多项式函数定义黏度与温度的函数关系。

Polynomial：采用多项式函数定义黏度与温度的函数关系

Power-law：流体黏度与温度成指数函数关系。FLUENT中有两种模型：

（1）双系数。黏度与温度间的关系可写为

$$\mu = BT^n$$

式中，μ为动力黏度，kg/m-s；T为静温，K；n为指数。对于中等温度和压力下，空气的黏度参数$B = 4.093 \times 10^{-7}$，$n = 2/3$。设置面板如图7-7（a）所示。

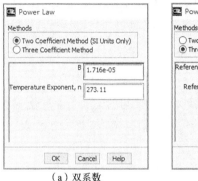

（a）双系数　　　　　　　　（b）三系数

图7-7 Power law 参数设置面板

（2）三系数。黏度和温度的关系可写为

$$\mu = \mu_0 \left(\frac{T}{T_0} \right)^n$$

式中，T_0为参考温度，K；μ_0为温度为T_0下的黏度，kg/m-s；T为当前温度。设置面板如图7-7（b）所示。

Sutherland。此模型也包括双系数和三系数模型，与Power-law类似。

（1）双系数模型。采用下列模型

$$\mu = \frac{C_1 T^{\frac{3}{2}}}{T + C_2}$$

式中，C_1、C_2为模型系数；T为静温，K。对于中等温度及压力条件下的空气，常取$C_1 = 1.458 \times 10^{-6}$kg/m-s-K$^{1/2}$，$C_2 = 110.4$K。设置面板如图7-8（a）所示。

（2）三系数模型。采用下列方程进行计算

$$\mu = \mu_0 \left(\frac{T}{T_0} \right)^{\frac{3}{2}} \frac{T_0 + S}{T + S}$$

式中，μ_0为参考黏度，kg/m-s；T_0为参考温度，K；T为静温，K；S为随温度而变化的常数（Sutherland常数），K。对于中等压力及温度下的空气，$\mu_0 = 1.716 \times 10^{-5}$ kg/m-s，$T_0 = 273.11$K，$S = 110.56$K。设置面板如图7-8（b）所示。

（a）双系数模型　　　　　　　（b）三系数模型

图 7-8　Sutherland 参数设置面板

Kinetic Theory：采用分子运动论来定义黏度。采用下式进行黏度计算

$$\mu = 2.67 \times 10^{-6} \frac{\sqrt{M_w T}}{\sigma^2 \Omega_\mu}$$

在 FLUENT 中，该模型不需要用户输入任何参数。

以上的黏度模型均为牛顿流体黏度模型。对于非牛顿流体，FLUENT 提供了 4 种黏度模型：non-newtonian-power-law、Carreau model、Cross model 及 Herschel-Bulkley model。

> 注意：
> 　在湍流模型下无法直接使用非牛顿流体，若要使用，需采用其他的办法。

non-newtonian-power-law。此模型用于幂律流体，需要与前面的黏度与温度之间的幂率模型相区别。前面的 power-law 是牛顿流体，此处的幂率模型用于非牛顿流体。黏度采用下式进行计算

$$\eta = k \gamma^{n-1} H(T)$$

模型设置面板如图 7-9 所示。当时 $\gamma = 0$ 时，$\eta = \eta_0$；当 $\gamma = \infty$ 时，$\eta = \eta_\infty$。

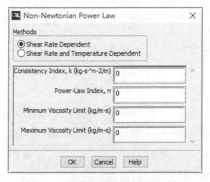

图 7-9　非牛顿幂律模型设置面板

Carreau Model。Carreau Model 适用于伪塑性流体。采用下式计算流体黏度

$$\eta = H(T)\left(\eta_\infty + (\eta_0 - \eta_\infty)[1 + \gamma^2 \lambda^2]^{\frac{n-1}{2}}\right)$$

式中，参数 $n, \lambda, \eta_0, \eta_\infty$ 均与流体相关，λ 为时间常数；n 为幂指数；η_0 与 η_∞ 分别为 Zero Shear Viscosity 与 Infinite Shear Viscosity。此模型设置面板如图 7-10 所示。

Cross Model。Cross Model 主要用于低剪切率黏度。黏度采用下式进行计算

$$\eta = H(T) \frac{\eta_0}{1 + (\lambda \gamma)^{1-n}}$$

式中，η_0 为零剪切率黏度；λ 为流体从牛顿流体转化为幂律流体所需的自然时间；n 为幂率指数。模型设置

面板如图 7-11 所示。

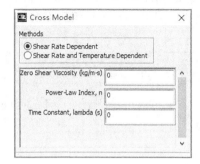

图 7-10　模型设置面板　　　　图 7-11　Cross model 设置面板

Herschel-Bulkley Model。此模型主要用于宾汉流体。其黏度计算方式为

当 $\gamma > \gamma_c$ 时 $\eta = \dfrac{\tau_0}{\gamma} + k\gamma^{n-1}$

当 $\gamma > \gamma_c$ 时 $\eta = \dfrac{\tau_0\left(2 - \dfrac{\gamma}{\gamma_c}\right)}{\gamma_c} + k(\gamma_c)^{n-1}\left[(2-n) + \dfrac{(n-1)\gamma}{\gamma_c}\right]$

式中，τ_0 为 Yield stress threshold，Pa；γ_c 为 Critical Shear Rate，1/s；γ 为剪切率，1/s；n 为幂指数。模型设置面板如图 7-12 所示。

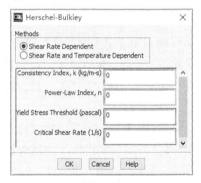

图 7-12　模型设置面板

以上所有的非牛顿流体均可设置与温度相关，此时需要添加一个参考温度 T_α 及活化能与热力学常数的比值 α。除了以上定义黏度的方式之外，还可采用 UDF 宏 DEFINE_PROPERTY 定义黏度。

【Q4】 湍流模型中使用非牛顿黏度模型

FLUENT 直接提供的黏度模型无法直接用于湍流模型中。在用户选择了湍流模型后，FLUENT 会自动屏蔽所有的非牛顿黏度模型，因此若想要在使用湍流模型的同时应用非牛顿流体，则需要进行额外的设置。有两种方式可以解决这一问题。

方法 1：打开隐藏模型

在选用了湍流模型后利用 TUI 命令：

```
Define/models/viscous/turbulence-expert/turb-non-newtonian?
```

在提示信息后输入 yes 即可激活非牛顿模型。

此时打开材料的黏度设置，可以看到被屏蔽的非牛顿黏度模型又回来了。

方法 2：采用 UDF 实现

利用 UDF 宏 DEFINE_PROPERTY 定义黏度行为。这里不赘述，读者可参阅 UDF 手册文档查看相应说明。需要注意的是，利用 UDF 同样需要采用方法 1 的方式激活湍流模型下的非牛顿黏度模型。

【Q5】 瞬态与稳态的选择

稳态流动：空间任意位置的流动变量不随时间发生改变。若用变量 ϕ 表示流动变量（如压力、速度等），则对于稳态流动，有

$$\frac{\partial \phi(x,y,z,t)}{\partial t} = 0$$

这意味着，所有流动变量仅与空间位置有关。

瞬态流动（非稳态流动）：与稳态流动不同，非稳态流动中，各流动变量不仅与空间位置有关，还与时间相关。即

$$\frac{\partial \phi(x,y,z,t)}{\partial t} \neq 0$$

稳态流动计算得到的是流体流动达到稳定后的状态。这里所谓的稳定，指的是计算网格中的所有物理量满足 NS 方程。

瞬态流动计算得到的是每一个时间点上的稳定状态，是一系列的状态，是一个过程。因此在进行瞬态流动计算过程中，需要指定初始时刻系统的状态（初始值），需要进行数据保存设置（为了获取一系列时间点的数据，若不设置保存，则只能获取最后一个时间点的数据），需要设定时间步长和时间步数（时间步长确定了一个个时间点，时间步数与时间步长的乘积决定了瞬态过程持续的时间）。

对于模拟计算应该采用瞬态计算还是稳态计算，这取决于计算的目的。若只是对稳定状态感兴趣，则只需要进行稳态计算；若需要研究流动随时间发展的规律，则需要进行瞬态计算。只需要记住：这世界上并无绝对的稳态。

任何流动问题均可进行瞬态计算，但并非所有的问题均可进行稳态计算。有一些物理问题，永远不可能达到稳定（如涡街流动），此时采用稳态计算，则可能会出现计算残差周期性振荡。

【Q6】 2D 计算的一些问题

FLUENT 可以计算 2D 问题，很多 CFD 软件并不支持计算 2D 问题，实际上 FLUENT 的 2D 问题计算的还是 3D，只不过对另一个维度的尺寸进行了强制约定，通常假定沿 2D 法向的厚度为单位厚度，在 FLUENT 中这个厚度可以在 Reference Value 中通过定义参数 Depth 来指定。

FLUENT 中包含 3 种 2D 模型：Planar、Axisymmetric 及 Axisymmetric Swirl，如图 7-13 所示。

 注意：

FLUENT 中的 2D 模型必须位于 xy 平面。

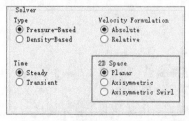

图 7-13　FLUENT 中的 2D 模型

1. 平面模型（Planar）

如图 7-14 所示。3D 的管道流动被简化成了 2D 计算模型。

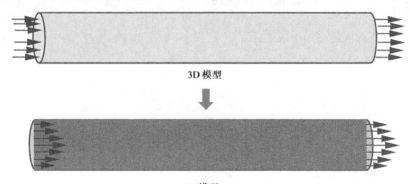

图 7-14 2D 平面模型

2. 轴对称模型（Axisymmetric）

轴对称模型如图 7-15 所示。它与平面模型的区别在于：轴对称模型通常用于回转体，在边界条件中多了一个 Axis 边界。需要注意的是：在 FLUENT 中，Axis 边界必须平行于 x 轴，且位于 x 轴上方。

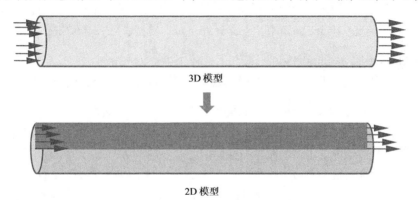

图 7-15 2D 轴对称模型

3. 轴对称旋转模型（Axisymmetric）

轴对称旋转模型建模方式与轴对称模型相同，二者的不同之处在于：轴对称模型无法考虑区域沿轴线的旋转速度，而轴对称旋转模型可以考虑这一因素。

【Q7】 选用湍流还是层流

在计算过程中，采用湍流还是层流计算通常利用雷诺数进行判断

$$Re = \frac{\rho UL}{\mu}$$

式中，ρ 为流体密度，kg/m^3；U 为流动速度，m/s；L 为特征尺寸，m；μ 为流体动力黏度，Pa·s。

对于不同的流动状态，层流还是湍流的 Re 数判断标准存在较大差异。

（1）外部流动。沿壁面流动时，通常 $Re>500000$ 被认为是湍流流动；绕障碍物流动时，认为 $Re>20000$ 是湍流流动。

（2）内部流动。通常 $Re>2300$ 被认为是湍流流动。

【Q8】 FLUENT 中的湍流模型

FLUENT 中包含了众多的模型用于求解计算无黏、层流以及湍流情况，如图 7-16 所示。

图 7-16　FLUENT 中的黏性模型

湍流模型大致可分为以下 3 类。

1．雷诺应力平均 N-S 模型（Reynolds Averaged Navier-Stokes Simulation,RANS）

求解时均 NS 方程，对瞬态湍流脉动项进行时间平均，计算量较小，能模拟所有的湍流运动，拥有众多的子模型，如 k-epsilon 模型、k-omega 模型、Spalart-Allmaras 模型、Reynolds Stress 模型等。

2．大涡模拟（Large Eddy Simulation，LES）

采用过滤函数对湍涡进行过滤，只求解尺度较大的涡。计算量比 RANS 模型大（需要更多的计算网格）。

3．直接数值模拟（Direct Numerical Simulation）

采用数值方法直接对瞬态 NS 方程进行求解，不采用任何湍流假设，可以求解计算所有的湍流特征。计算量巨大，目前只用于实验室内低雷诺数简单模型。

FLUENT 提供了众多 RANS 模型及 LES 模型（除此之外，FLUENT 还提供了 Detached Eddy Simulation 模型，该模型介于 RANS 及 LES 之间）：大涡采用 LES 模型，小涡采用 RANS 模型计算。

【Q9】 湍流模型的选择

在模拟计算湍流问题时，需要选择合适的湍流模型，主要从两方面进行考虑：计算开销及适用领域。

1．计算开销

各种湍流模型的计算开销情况如图 7-17 所示。

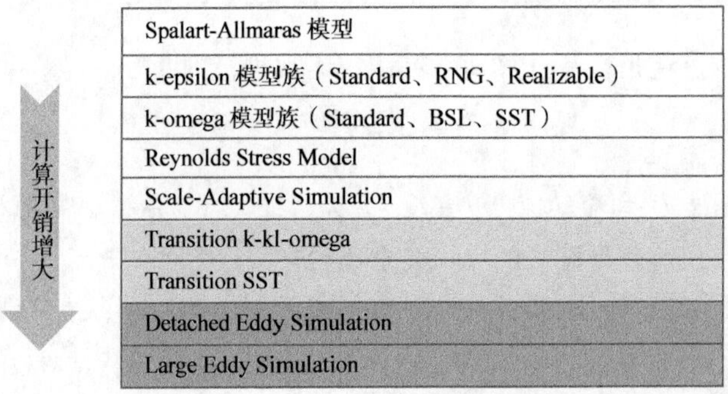

Spalart-Allmaras 模型
k-epsilon 模型族（Standard、RNG、Realizable）
k-omega 模型族（Standard、BSL、SST）
Reynolds Stress Model
Scale-Adaptive Simulation
Transition k-kl-omega
Transition SST
Detached Eddy Simulation
Large Eddy Simulation

计算开销增大

图 7-17　各种湍流模型的计算开销情况

2. 适用条件

不同的湍流模型适合于不同的场合。各种 RANS 模型的优缺点及适用场合见表 7-1。

表 7-1   各种 RANS 模型的优缺点及适用场合

模型	特性及适用场合
Spalart-Allmaras	计算开销小，适用于不是特别复杂的（2D 或准 2D）压力梯度作用下的外部/内部流动及边界层流动（如翼型、飞机机身、导弹、船体等）。对于 3D 流动、自由剪切流动、强分离流动模拟性能不佳
Standard k-epsilon	非常稳健的湍流模型，应用非常广泛。对于涉及严重压力梯度、分离、强流线曲率的复杂流动表现不佳。适合于初始迭代、初步筛选及参数研究
Realizable k-epsilon	适合于涉及快速应变、轻微旋转，漩涡及局部过渡流的复杂剪切流动（如边界层分离、大规模的分离和钝体尾部涡脱落，大角度扩散器失速，室内通风等）
RNG k-epsilon	大部分优势与 Realiazable k-epsilon 模型类似，但比其难收敛。适合于强旋转情况
Standard k-omega	对于壁面限制边界层流动、自由剪切流动以及低雷诺数流动比 k-epsilon 模型更有优势。适合于逆压梯度下复杂边界层流动及分离（外流空气动力学及透平机械）
SST k-omega	与 standard k-omega 模型具有相同的好处，但不像标准模型那样对入口边界条件过度敏感。该模型相比较其他的 RANS 模型，能更加精确地预测流动分离
BSL k-omega	与 SST 模型相同。对于一些 SST 模型过度预测的流动分离可以选用此模型
RSM 模型	物理上最健全的 RANS 模型，去除了各向同性涡黏假设。需要更多的 CPU 时间及计算内存，由于各方程间的紧耦合因此更难收敛。适合于涉及强流线曲率、强旋转的复杂的 3D 流动（如弯曲管道、旋转流动通道、旋转燃烧器、旋风分离器等）

3. 湍流模型选择方式

采用以下原则。

（1）通常情况下建议选择 Realizable k-epsilon 模型及 SST k-omega 模型。

（2）当需要高精度求解边界层，如涉及流动分离或传热细节时，建议使用 SST k-omega 模型。

（3）当仅需要粗略估计湍流时，可以使用 Standard k-epsilon 模型。

【Q10】 压力基求解器与密度基求解器

FLUENT 中提供了两种求解方式：压力基求解器（Pressure-based Solver，PBS）与密度基求解器（Density-based Solver，DBS），如图 7-18 所示。

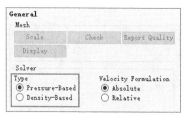

图 7-18   求解器

1. 压力基求解器 PBS

PBS 的求解流程如图 7-19 所示。PBS 又包含两类求解器：分离求解器与耦合求解器。其中，分离求解器的动量方程与连续方程是顺序进行迭代求解的，即在一个迭代步中先通过求解动量方程获得一个估计速度，然后利用连续方程对估计的速度进行修正及更新。而耦合求解器则将连续方程与动量方程耦合在一起构成一个大的方程组进行联合求解，同时获得三方向的速度及压力。

不管是分离求解器还是耦合求解器，能量方程、组分方程、湍流方程等模型均是独立求解的。

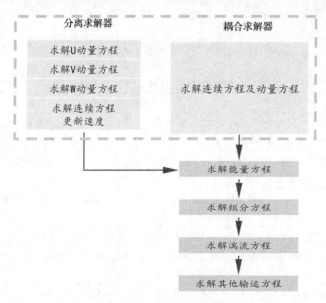

图 7-19　PBS 的求解流程

分离求解器或耦合求解器在 FLUENT 的 Solution Method 节点中进行选择。如图 7-20 所示，SIMPLE、SIMPLEC 及 PISO 均为分离求解器，而 Coupled 为耦合求解器。

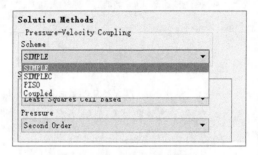

图 7-20　压力基求解器的算法

2. 密度基求解器 DBS

DBS 的求解流程如图 7-21 所示。在 DBS 中，连续方程、动量方程、能量方程以及组分输运方程均同时求解，其他标量方程顺序求解。

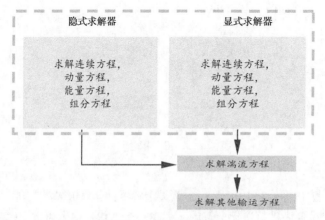

图 7-21　DBS 的求解流程

DBS 中包含了隐式求解器和显式求解器，在 Solution Methods 节点下选择，如图 7-22 所示。

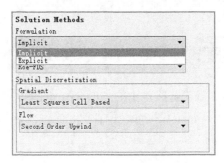

图 7-22　隐式和显式求解器

3. 如何选择求解器

FLUENT 默认采用 PBS，此求解器适用于大多数工程问题，多用于求解 0-3 马赫问题。DBS 通常用于高马赫数场合。

【Q11】 压力基中压力速度耦合算法

当选择了压力基求解器后，在 FLUENT 的 Solution Methods 节点下会出现压力速度耦合算法选项，其中包含了 SIMPLE、SIMPLEC、PISO 及 Coupled 算法。

FLUENT 默认采用 SIMPLE 算法，此算法适用于大多数常规的不可压缩流动问题。SIMPLEC 算法的性能与 SIMPLE 算法相当。在四边形或六面体网格上，SIMPLEC 算法更有优势。

Coupled 算法对于求解可压缩流动问题以及在求解设计浮力或旋转运动的不可压缩流动上具有优势。

PISO 算法通常用于瞬态问题。

【Q12】 亚松弛因子的设定

压力基求解器中的亚松弛因子主要用于控制求解稳定性及收敛过程。对于 CFD 中的迭代过程可表示为

$$\phi_p = \phi_{p,old} + \alpha \Delta \phi_p$$

式中的 α 即为亚松弛因子。很明显，该参数值越大则两次迭代中物理量变化越大。亚松弛因子通常用于 SIMPLE、SIMPLEC 和 PISO 等算法，其设置面板位于 Solution Controls 节点下，如图 7-23 所示。

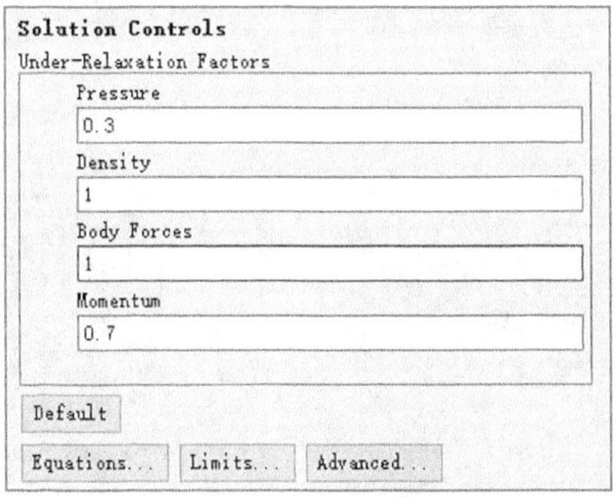

图 7-23　亚松弛因子设置面板

从理论上讲，最终的迭代收敛结果是与亚松弛因子无关的。FLUENT 给出的默认亚松弛因子适用于大多数问题，在迭代计算过程中，若发现计算不稳定，此时可适当减小亚松弛因子；相反，若计算稳定，则可适当增大亚松弛因子以加快收敛过程。

亚松弛因子的设置范围为 0 ~ 1。

【Q13】 Coupled 中的 Courant 数设置

当在 General 节点中设置了压力基求解器，并在 Solution Methods 节点中设置了 Coupled 算法后，在 Solution Controls 节点下会出现 Flow Courant Number 设置项，如图 7-24 所示。

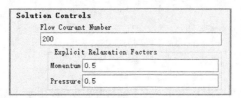

图 7-24　Flow Courant Number 设置项

库朗数也是用于控制计算稳定性或收敛性的参数。FLUENT 默认为 200。在一些收敛困难的问题中（如多相流和燃烧等）可将库朗数减小至 10 ~ 50。一般情况下，降低库朗数有助于计算稳定，提高库朗数可加快收敛过程。库朗数过大可能导致计算发散。

【Q14】 初始值设定

进行迭代求解需要指定初始值，FLUENT 提供了 5 种方式为计算域指定初始值：标准初始化（Standard Initialization）、Hybrid 初始化（Hybrid Initialization）、FMG 初始化（FMG Initialization）、Patch 以及从前面的计算结果中获取初始值。一般情况下，初始值越接近最终结果，计算收敛越快。不同方法的初始化结果如图 7-25 所示。

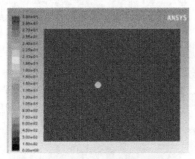

（a）标准初始化：所有网格的值相同

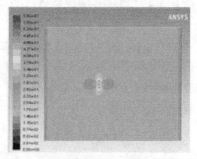

（b）Hybrid 初始化：非均匀的初始化估计

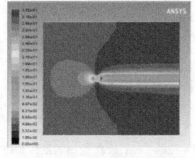

（c）标准初始化：更真实的非均匀初始化估计

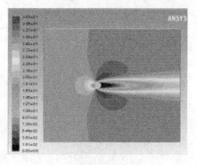

（d）最终收敛结果

图 7-25　不同方法的初始化结果

1．标准初始化（Standard Initialization）

标准初始化是最简单的初始化方法，此方法给整个计算域一个均匀的初始场。选择模型树节点 Solution Initialization 后，即可在右侧面板中选择 Standard Initialization。

在进行初始值设定时，可以通过 Compute from 对话框辅助进行，该下拉框中包含了入口、壁面边界以及 all-zones 的选择。选择了下拉选项后，软件会自动根据边界值对计算域内的物理量进行估计，并将估计值填入下方的 Initial Values 中，如图 7-26 所示。

图 7-26 标准初始化

提示：

Compute from 中的内容只是辅助输入初始值，选择什么都没有影响，最终提交给求解器的是 Initial Value 中的值。

2．Hybrid 初始化（Hybrid Initialization）

Hybrid 初始化是 FLUENT 中的默认初始化方法。该方法能提供非均匀的初始值，如图 7-27 所示。

此方法并不需要设置更多的参数，通常情况下采用默认设置即可很好地完成初始化任务。只有当默认参数初始化无法在 10 个迭代步达到收敛时，才需要单击 More Settings…按钮设置其中的参数，此时可以增大 Number of Iterations 参数值，如图 7-28 所示。

图 7-27 Hybrid 初始化

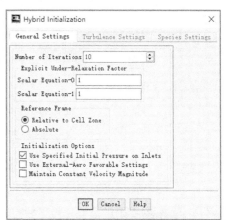

图 7-28 Hybrid 初始化参数

Hybrid 方法是通过求解拉普拉斯方程进行初始化的。关于 Hybrid 初始化的理论细节，可以参阅 FLUENT 的理论文档 21.8 小节。

3. FMG 初始化

Full Multigrid（FMG）初始化方法常用于一些复杂流动问题，如旋转机械、扩张或螺旋流道中的流动等。此初始化方法的计算量要比 Hybrid 方法大，但能提供更好的初始值。

FMG 初始化方法需要通过 TUI 命令 Solve/initialize/set-fmg-initialization 来启用。

注意：--

在启用 FMG 初始化之前，需要采用标准初始化或 Hybrid 初始化，否则 TUI 命令中找不到 FMG 初始化命令。

启动命令后，需要输入一系列参数，如图 7-29 所示。

Set the number of multigrid levels：设置 FMG 迭代数量，默认值为 5。对于小规模的问题（如网格数量少于 100000），可将该参数减小到 3 或 4。

Residual reduction on level：设置每一步的迭代残差，默认值为 0.001。该参数通常不需要修改。

Number of cycles on level：设置每一步的迭代数量，默认情况下从第一层到第五层分别为 1、10、50、100、500。通常情况下，设置粗层级（级别数越高）设置更多的迭代数量。

FMG courant-number：默认值为 0.75。当收敛慢时增大该值，当计算不稳定时减小该参数值。

Enable FMG verbose：当激活该选项时，可以观察每一步的收敛情况。

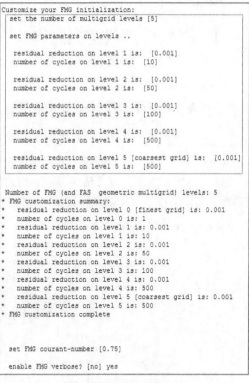

图 7-29　FMG 参数设置

参数设定完毕后，可以通过命令 Solve/initialize/fmg-initialization 进行初始化。

4. Patch

Patch 是对初始化后的结果进行补充的一种初始化方法。在使用 Patch 之前，通常需要标记 Patch 的区域。在 2D 模型中，区域可以是矩形或圆形；而在 3D 模型中，区域可以是六面体、球体或圆柱体。

通过选择 Setting Up Domain > Mark/Adapt Cells > Regions，可激活区域定义对话框，如图 7-30 所示。输入几何坐标定义几何后，可单击按钮 Mark 标记区域。

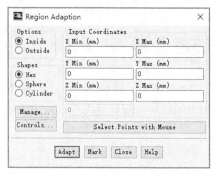

图 7-30 区域定义对话框

区域标记完毕后即可利用 Solution Initialization 节点下的 Patch 按钮设定初始值，如图 7-31 所示。

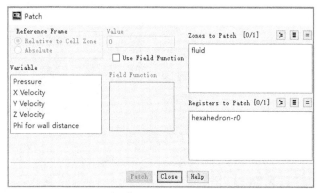

图 7-31 设定初始值

5. 计算结果作为初始值

采用合理的初始值有助于收敛，因此在计算过程中可以采用计算结果作为初始值。一些边界条件苛刻或模型复杂的问题，也可以先采用简单条件进行粗算，然后利用粗算结果作为初始值。

方法一：不初始化改变条件继续计算

当网格固定，仅计算条件改变时，此时可以先用简单条件进行计算，计算完毕后不重新初始化而直接改变计算条件继续计算。

方法二：采用插值

利用菜单【File】>【Interpolate…】，可打开数据插值对话框，如图 7-32 所示。粗算完毕后可以利用插值对话框将计算结果写出到文件，当网格或计算条件发生改变后，可以利用插值对话框将保存的计算数据赋予计算域。

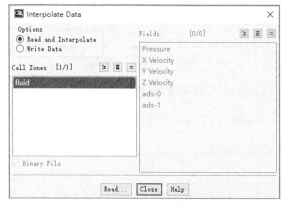

图 7-32 数据插值对话框

【Q15】 稳态计算收敛性判断

只有收敛的计算结果才可用。FLUENT 主要利用以下 3 种方式判断收敛。

（1）利用残差进行判断。只有当所有的离散方程残差均小于设定的残差标准时，才能判断计算达到收敛，如图 7-33 所示。

（2）系统平衡。计算域内质量、动量、能量以及标量达到平衡。

（3）监测物理量不再发生变化，如图 7-34 所示。

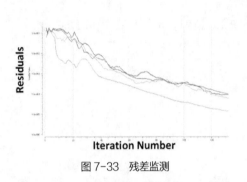

图 7-33　残差监测

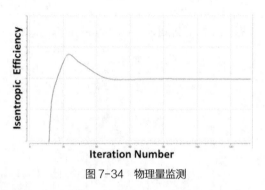

图 7-34　物理量监测

【Q16】 瞬态时间步长的确定

瞬态计算与稳态计算的最大区别在于：瞬态计算结果中的时间是具有真实物理意义的。瞬态计算得到的是每一个时间点上的物理量分布。

瞬态计算一个很重要的概念是时间步长。该参数确定了计算的时间分辨率，以及计算稳定性。对于动网格问题，时间步长过大还会导致负网格错误。因此合理选择瞬态时间步长非常重要。图 7-35 所示为不同时间步长的计算结果。

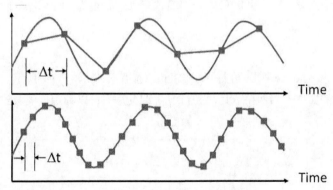

图 7-35　不同时间步长的计算结果

时间步长通常采用库朗数（Courant Number）进行估计

$$\text{Courant Number} = \frac{\text{特征流动速度} \times \Delta t}{\text{局部网格尺寸}}$$

库朗数确定了流体在一个时间步内穿越的网格数，通常取值 1～10，但是在一些特殊的问题中也可以取更大的值。

以下是一些时间步长选择经验。

（1）一般问题时，取

$$\nabla t = \frac{1}{3} \cdot \frac{L}{V}$$

式中，L 为特征长度；V 为特征速度。

（2）旋转机械时，取

$$\Delta t = \frac{1}{10} \cdot \frac{叶片数量}{旋转速度}$$

（3）自然对流时，取

$$\Delta t = \frac{L}{(g\beta\Delta T \cdot L)^{1/2}}$$

（4）热传导，取

$$\Delta t = \frac{L^2}{\left(\dfrac{\lambda}{\rho \cdot C_p}\right)}$$

提示：
> 一般情况下，小的时间步长有助于计算收敛，但是会增大计算量。

在 General 节点下设置 Transient 后，可以在 Run Calculation 节点下设置时间步长，如图 7-36 所示。

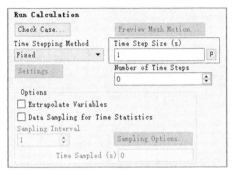

图 7-36　设置时间步长

【Q17】 瞬态计算的收敛性判断

瞬态计算的收敛性与稳态计算略有不同，主要体现在残差监测上。瞬态计算要求在每一个时间步长内计算收敛。

有时因为初值设置不好，在计算的前几个时间步内无法达到收敛，这种情况也是允许的。若存在非常多的时间步计算不收敛，此时应该考虑减小时间步长或适当增大内迭代次数，但内迭代次数不宜超过 50，否则会极大地增加计算开销。图 7-37 所示为典型瞬态计算残差。

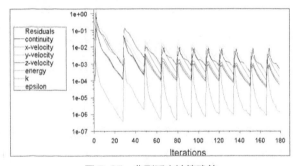

图 7-37　典型瞬态计算残差

【案例 1】不可压缩流动：Tesla 阀内流场计算

本案例利用 FLUENT 计算 Tesla 阀的内部流程特征。Tesla 阀是一种没有运动部件的微型阀门，通常用于微机电系统，其操作原理基于流体流动的方向。在相同的压力降下，正向流动的流量大于逆向流动的流量。换句话说，在相同流量情况下，正向压降要远小于逆向压降。本案例的研究正是基于此原理，研究的阀门型式如图 7-38 所示，给定正向或反向流动速度为 10m/s，考察在此速度条件下，正向流动与逆向流动的压力降。

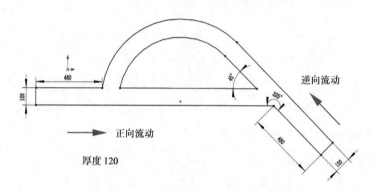

图 7-38　阀门几何模型（单位：μm）

案例采用的模型几何尺寸如图 7-38 所示，采用 3D 模型进行计算，流动介质为水，其密度为 1000kg/m³，黏度为 0.001Pa.s。

流动雷诺数为

$$Re = \frac{\rho v L}{\mu} = \frac{1000 \times 10 \times 120 \times 10^{-6}}{0.001} = 1200$$

计算采用层流模型。其 3D 模型如图 7-39 所示。

案例网格模型如图 7-40 所示。总网格数量为 93482。

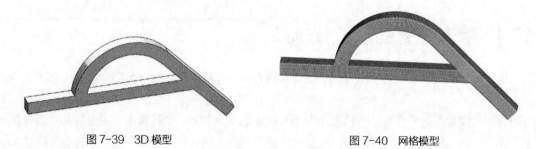

图 7-39　3D 模型　　　　　　　　　图 7-40　网格模型

Step 1：启动 FLUENT

启动 FLUENT。

利用菜单【File】>【Read】>【Mesh…】，选择网格文件 Ex2-1.msh。

Step 2：缩放网格

按以下步骤操作。

● 单击模型操作树节点 General 右侧面板中的 Scale…按钮，如图 7-41 所示。

弹出的 Scale Mesh 对话框显示的模型尺寸范围如图 7-42 所示。可以看到模型尺寸与实际几何尺寸存在偏差。实际几何 z 方向厚度为 120μm，而对话框显示尺寸为 0.12m，相差了 1000 倍，在 x，y 方向同样如此，因此需要对模型的 x，y，z 三方向同时缩小 1000 倍。

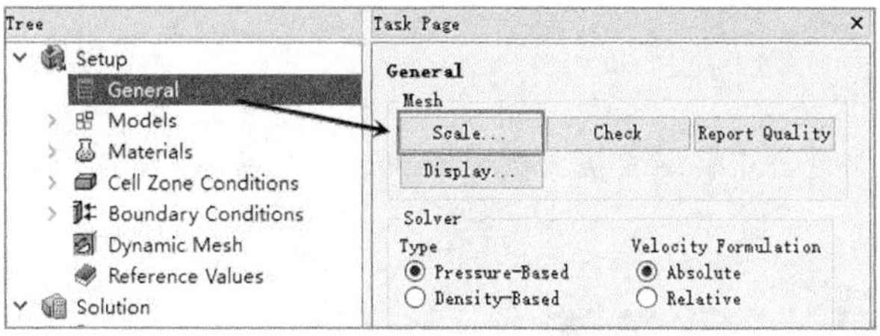

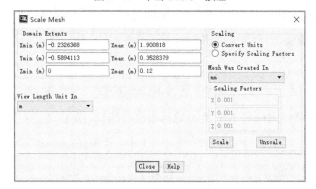

图 7-41　单击 Scale… 按钮

图 7-42　模型尺寸范围

- 选择 Mesh Was Created In 下拉框为 mm，单击 Scale 按钮，如图 7-43 所示进行缩放操作。

图 7-43　进行缩放操作

小提示：

对于用于 CFD 计算的几何建模，在建模的时候根本不需要关注模型尺寸及单位，只需要按照几何比例创建模型即可，在求解器导入模型后通常需要确认导入的模型是否与实际几何尺寸一致。

缩放后的几何尺寸如图 7-44 所示。可以更改 View Length Unit In 下拉框中的选项为 mm，这样看起来更顺眼一些，当然也可以不选，此选项只是方便查看而已，并不会影响几何的尺寸。

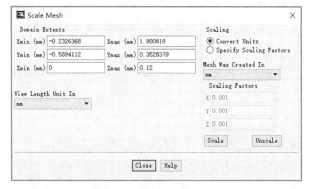

图 7-44　缩放后的几何尺寸

Step 3: 检查网格

按以下步骤操作:

- 单击模型操作树节点 General 右侧面板中的 Check 按钮, 如图 7-45 所示。

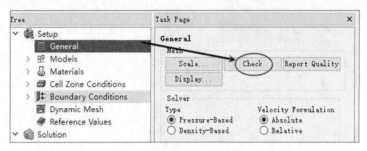

图 7-45 单击 Check 按钮

单击此按钮后, 在 TUI 窗口出现图 7-46 所示的网络检查信息。重点关注 minimum volume 的值, 确保该值为正。

```
Domain Extents:
   x-coordinate: min (m) = -2.326368e-04, max (m) = 1.900818e-03
   y-coordinate: min (m) = -5.894113e-04, max (m) = 3.528379e-04
   z-coordinate: min (m) = 0.000000e+00, max (m) = 1.200000e-04
Volume statistics:
   minimum volume (m3): 9.987176e-16
   maximum volume (m3): 1.464484e-15
      total volume (m3): 5.496032e-11
Face area statistics:
   minimum face area (m2): 9.943689e-11
   maximum face area (m2): 1.464484e-10
Checking mesh........................
Done.
```

图 7-46 网格检查信息

Step 4: General 面板其他设置

其他采用默认设置。

Step 5: Models 设置

本案例湍流计算采用默认的层流模型, 不考虑温度变化, 没有其他的额外模型需要选择, 因此该模型节点无需进行额外设置。

Step 6: Material 设置

案例采用的流动介质为液态水, 密度为 $1000kg/m^3$, 黏度为 0.001Pa.s。

- 单击模型树节点 Materials, 然后单击右侧面板中的 Create/Edit···按钮, 如图 7-47 所示。

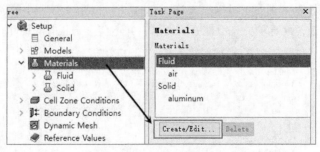

图 7-47 创建材料

- 在弹出的 Create/Edit Materials 对话框中单击按钮 FLUENT Database···。
- 在弹出的 FLUENT Database Materials 对话框中选择材料 water-liquid(h2o<l>), 单击 Copy 按钮将材料添加到当前工程中, 如图 7-48 所示。然后, 单击 Close 按钮关闭此对话框。

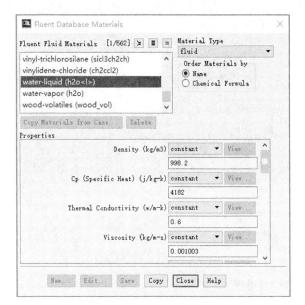

图 7-48 添加材料

- 在 Create/Edit Materials 对话框中修改材料密度为 1000，黏度为 0.001，然后单击 Change/Createa 按钮确认修改。最后，单击 Close 按钮关闭对话框，如图 7-49 所示。

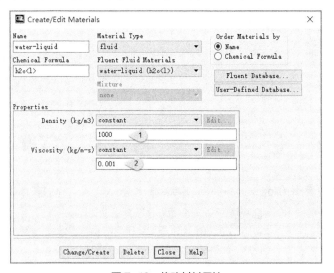

图 7-49 修改材料属性

Step 7：Cell Zone Conditions 设置

设置计算域中介质属性。

- 双击模型树节点 Cell Zone Conditions | fluid(fluid)，如图 7-50 所示。

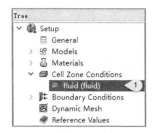

图 7-50 双击模型树节点 fluid(fluid)

- 在弹出的流体域介质属性设置对话框中，设置 Material Name 为 water-liquid，如图 7-51 所示。

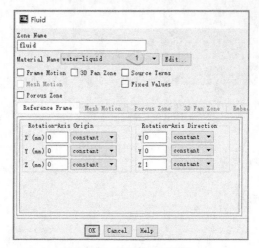

图 7-51　设置流体域材料

Step 8：Boundary Conditions 设置

边界条件的设置步骤如下。

- 单击模型树节点 Boundary Conditions。
- 双击右侧设置面板中 Zone 列表框下的 inflow 项。
- 设置 Velocity Magnitude 为 10m/s，如图 7-52 所示。

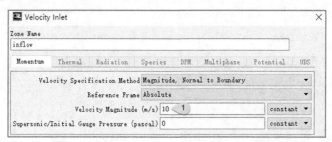

图 7-52　设置 inflow 边界速度

- 设置 outflow 边界的类型为 pressure-outlet，其他采用默认设置，如图 7-53 所示。

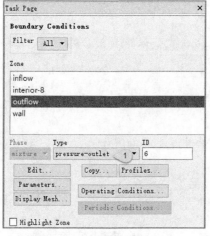

图 7-53　设置 outflow 边界类型

Step 9：Solution Methods

求解方法的设置步骤如下。

- 单击模型树节点 Solution Methods，按图 7-54 所示设置右侧面板。

图7-54 求解方法设置

Step 10：Monitors 设置

设置残差精度标准，如图7-55所示。

- 单击模型树节点 Monitors。
- 单击右侧面板中 Residuals 下方的 Edit···按钮。
- 在弹出的 Residual Monitors 对话框中设置所有方程的 Absolute Criteria 为 $1×10^{-5}$。

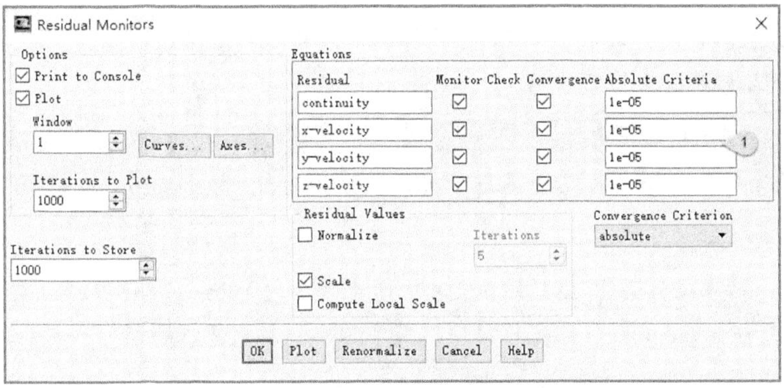

图7-55 设置残差精度

Step 11：Solution Initialization

单击模型树节点 Solution Initialization，采用默认的 Hybrid Initialization 进行初始化，单击右侧设置面板中的 Initialize 按钮进行初始化，如图7-56所示。

图7-56 初始化

Step 12：Run Calculation 及文件保存

单击模型树节点 Run Calculation，设置右侧面板中的 Number of Iterations 为500，单击按钮 Calculate 进行计算。

计算完毕后，利用菜单【File】>【Write】>【Case & data···】保存工程文件为 Tesla_forward.cas 及 Tesla_forward.dat。

Step 13：修改边界条件

利用逆流边界进行计算设置。设置 inflow 为压力出口，outflow 为速度入口。

- 单击模型树节点 Boundary Conditions。
- 鼠标选择列表框中边界 inflow，设置其 Type 为 pressure-outle。在弹出的边界值设置对话框中采用默认的边界值，即静压为 0，单击 OK 按钮关闭对话框。
- 鼠标选择列表框边界 outflow，设置其 Type 为 velocity-inlet。在弹出的边界值设置对话框中设置其速度值为 10m/s，单击 OK 按钮关闭对话框。

Step 14：Run Calculations 及文件保存

单击模型树节点 Run Calculation，设置右侧面板中 Number of Iterations 为 500，单击 Calculate 按钮进行计算。

计算完毕后，利用菜单【File】>【Write】>【Case & data…】保存工程文件为 Tesla_backward.cas 及 Tesla_backward.dat。

Step 15：启动 CFD-POST 并导入数据

本案例涉及两个 case 的比较，因此在 CFD-POST 中进行。

> 🌏 小技巧：
>
> CFD-POST 是专业的后处理软件，所有的 FLUENT 计算结果建议在 CFD-POST 中进行后处理，能够获得比 FLUENT 自身后处理更好的效果。

- 启动 CFD-POST，选择菜单【File】>【Load Results…】，在打开的文件选择对话框中，按住 CTRL 键的同时选择前面计算后保存的文件 tesla_forward.cas 及 tesla_backward.cas，单击 Open 按钮打开文件。

> 🌏 小技巧：
>
> 在同时导入多个结果文件到 CFD-POST 中时，通常导入的是 cas 文件，而 dat 文件软件会自动读取。不过需要保证 cas 文件与 dat 文件在同一路径下，且文件名一致。导入瞬态序列数据时，情况与此类似，在后续的瞬态结果后处理时再介绍瞬态序列数据的导入方法。

结果文件导入过程如图 7-57 所示。文件导入后，CFD-POST 会自动将两个 case 并排放置在图形窗口中，在进行多案例比较时非常方便。

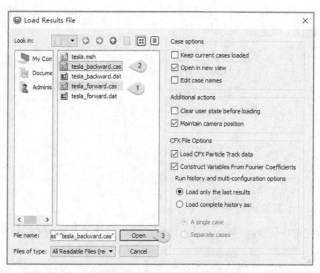

图 7-57　导入结果文件

Step 16：创建截面

创建平面，观察比较两个 case 的流场分布。该平面为 Z=0.06mm。

- 利用菜单【Insert】>【Location】>【Plane】创建平面，在弹出的平面创建对话框中输入平面名称 Z006mm，单击 OK 按钮创建平面，如图 7-58 所示。

图 7-58　创建平面

- 在左下方的平面细节设置面板（见图 7-59）中，在 Geometry 选项卡下设置 Method 为 XY Plane，设置 Z 为 0.06[mm]。
- 切换到 Color 选项卡，设置 Mode 为 Variable，设置 Variable 为 Velocity，设置 Range 为 Local，单击 Apply 按钮确认操作，如图 7-60 所示。

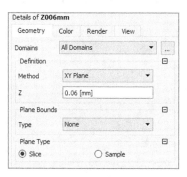

图 7-59　平面细节设置面板

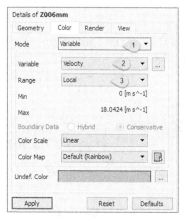

图 7-60　平面显示设置

图 7-61 所示窗口显示了两种不同流动方向条件下的速度分布。图 7-61（a）所示为正向流动条件下的流动速度分布，图 7-61（b）所示为逆向流动条件下的速度分布。

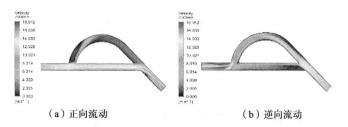

（a）正向流动　　　　　　　　　　（b）逆向流动

图 7-61　两种不同流动状态下的速度分布

Step 17：压降分析

分析两种不同流动条件下各自的压降。

- 选择菜单【Insert】>【Expression】，在弹出的对话框中输入名称 PressureDrop，单击 OK 按钮确认，如图 7-62 所示。

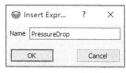

图 7-62　输入名称

- 在左下角的表达式定义面板中输入 areaAve(Pressure)@outflow–areaAve(Pressure)@inflow，如图 7-63 所示。

此表达式意义为：出口压力与入口压力的差值。

- 选择菜单【Insert】>【Table】插入表格，在 A1 单元格输入文本 PressureDrop，激活 B1 单元格，在上方文本框中输入 "=PressureDrop"，此 PressureDrop 即定义的表达式。

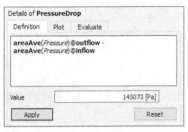

图 7-63　定义表达式

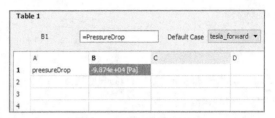

图 7-64　正向流动系统压降

- 选择 Default Case 为 tesla_forward，此时 B1 单元格内容为–9.87e4Pa（见图 7-64），表示正向流动系统压降为 $9.87×10^4$Pa。

- 选择 Default Case 为 tesla_backward，此时 B1 单元格显示内容为 1.43e5Pa（见图 7-65），此为逆向流动系统压降。

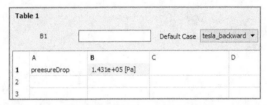

图 7-65　逆向流动系统压降

两种不同流动方式的系统压降相差较大，约为 $1.43×10^5–9.87×10^4=44300$（Pa）。

【案例 2】可压流动：RAE2822 翼型外流场计算

本案例演示 2D、湍流、可压缩、跨音速流动问题。计算数据来自文献[①]。案例模型如图 7-66 所示。

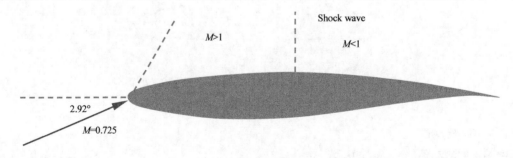

图 7-66　案例模型

自由来流马赫数为 0.725，攻角 2.92°，雷诺数为 $6.5×10^6$。案例中，自由来流为跨音速，翼型表面局部达到超音速，通过激波面后回到亚音速。计算过程中监测升力系数及阻力系数，计算结束后对翼型表面的压

---

① Cook, P.H., M.A. McDonald, M.C.P. Firmin "Aerofoil RAE 2822 - Pressure Distributions,and Boundary Layer and Wake Measurements Experimental Data Base for ComputerProgram Assessment", AGARD Report AR 138, 1979.

力系数与实验数据进行比较。

Step 1：启动 FLUENT

以 2D 模式启动 FLUENT，如图 7-67 所示。

图 7-67　启动 FLUENT

Step 2：导入网格

本案例导入外部网格文件。

- 选择菜单【File】>【Import】>【Ensight…】，在打开的文件对话框中选择 Aerofoil.case 文件

打开的网格模型如图 7-68 所示。

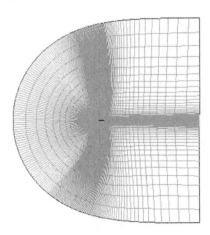

图 7-68　网格模型

Step 3：检查网格

主要为计算域尺寸的核查。

- 选择模型树节点 General，单击右侧面板中的 Scale…按钮。

弹出的 Scale Mesh 对话框显示出了整个计算域的尺寸，如图 7-69 所示，模型的 x 方向尺寸约为 37.2m，y 方向尺寸约为 40m，符合实际几何要求，因此不需要进行模型缩放。

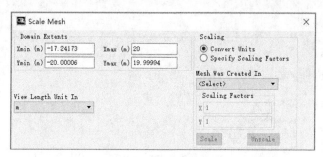

图 7-69　查看计算域尺寸

Step 4：Models 设置

本案例涉及可压缩流动，因此需要打开能量方程。湍流模型选择 Spalart-Allmaras，此湍流模型对于翼型计算具有非常好的精度。

- 选择模型树节点 Models。
- 双击右侧模型列表框中的 Energy 列表项，弹出 Energy 对话框，激活 Energy Equation，如图 7-70 所示，然后单击 OK 按钮关闭对话框。

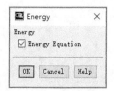

图 7-70　激活能量方程

- 双击模型列表框中的 Viscous 列表项，在弹出的 Viscous Model 对话框中激活 Model 选项 Spalart-Allmaras，其他采用默认，单击 OK 按钮关闭对话框，如图 7-71 所示。

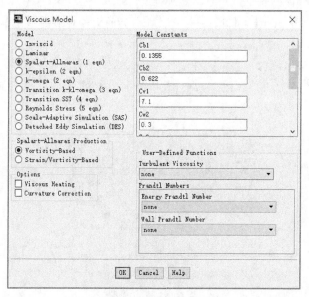

图 7-71　选择湍流模型

Step 5：Materials 设置

设置空气的密度符合理想气体状态方程。按图 7-72 所示修改材料属性。

- 单击模型树节点 Materials，然后双击右侧设置面板中的材料列表项 air。
- 在弹出的 Create/Edit Materials 对话框中选择 Density 为 ideal-gas。
- 设置 Viscosity 为 4.58×10^{-5}，其他参数保持默认，单击 Change/Create 按钮确认。

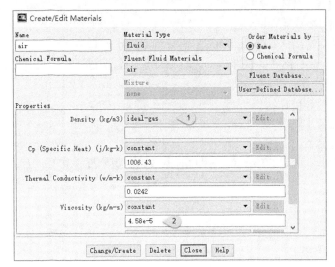

图 7-72　修改材料属性

Step 6：Cell Zone Conditions
采用默认设置即可。

 建议：
　　软件默认流体材料为空气，若计算域全为空气，则无需对计算域进行材料指定，软件会自动指定。

Step 7：Boundary Conditions 设置
本案例只有两个边界 freestream 及 wall。
- 选择模型树节点 Boundary Conditions。
- 选择右侧设置面板中 Zone 列表框下的 freestream 列表项，设置其边界类型为 pressure-far-field。
- 单击 Edit… 按钮，按图 7-73 所示进行设置。

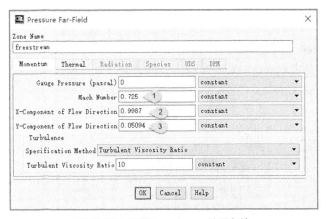

图 7-73　设置 freestream 边界条件

 提示：
　　由于存在攻角 2.92°，因此流动方向 x 分量为 cos(2.92°)=0.9987，而 y 方向分量为 sin(2.92°)=0.05094。

壁面边界采用默认设置。

Step 8：Reference Values
后面要计算升力系数和阻力系数，因此设置参考值非常重要。

- 选择模型树节点 Reference Values。
- 在右侧设置面板中，选择 Compute from 下拉框为 freestream。

选择从 freestream 进行初始化后，软件自动进行参数设定，不过还是需要仔细检查一些选项，如密度、速度、黏度、压力等。

密度根据理想气体状态方程计算

$$\rho = \frac{P}{RT}$$

其中，压力 P=101325Pa，R=287J/kg-K，T=300K，计算可得密度 1.177kg/m³，与软件给出的值相符。而速度

$$u = M\sqrt{\gamma RT}$$

其中，M=0.725，γ=1.4，可计算得到速度 u=252m/s。

参考值放置如图 7-74 所示。

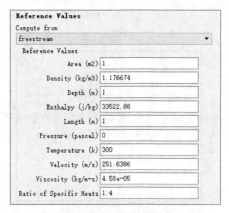

图 7-74　参考值设置

Step 9：Solution Methods

设置求解方法，如图 7-75 所示。

- 选择模型树节点 Solution Methods。
- 设置 Pressure-Velocity Coupling Scheme 为 Coupled，其他采用默认设置。
- 激活选项 Warped-Face Gradient Correction。

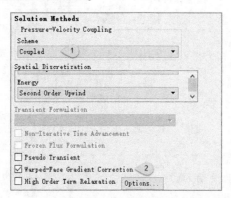

图 7-75　设置求解方法

Step 10：Monitors 设置

监测升阻力系数。

- 选择模型树节点 Monitors。

- 单击右侧设置面板中 Residuals,Statistic and Force Monitors 下方的 Create 按钮。
- 选择 Drag…项，如图 7-76 所示。在弹出的对话框中按图 7-77 所示进行设置，单击 OK 按钮关闭设置面板。

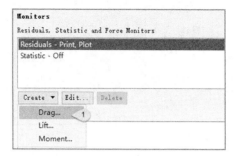

图 7-76　创建阻力系数监测

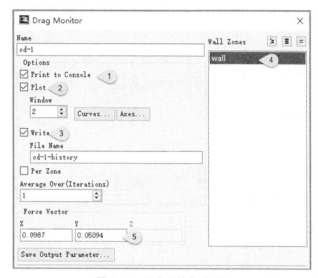

图 7-77　阻力系数监测设置

- 相同的步骤创建 Lift Monitor。按图 7-78 所示对升力监视器进行定义。

与 Drag Monitor 类似，不同的是 Force Vector 有区别。

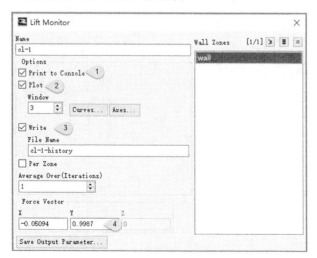

图 7-78　升力监视器定义

升阻力示意图如图 7-79 所示。

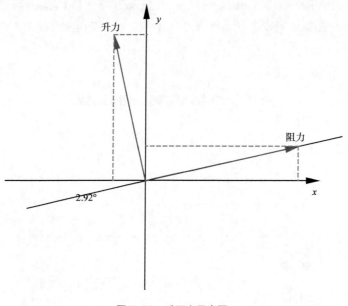

图 7-79　升阻力示意图

Step 11：Solution Initialization

采用 Hybird 初始化方法进行计算初始化。

- 单击模型树节点 Solution Initialization。
- 在右侧设置面板中单击 Initialize 按钮。

也可以采用标准初始化方法进行初始化。

Step 12：Run Calculation

接下来可以设置迭代步数进行计算。

- 单击模型树节点 Run Calculation。
- 右侧设置面板中设置 Number of Iterations 为 1000。
- 单击 Calculate 按钮进行计算。

计算在 70 步达到收敛，此时可以修改残差限继续计算。

Step 13：查看升力系数和阻力系数监测曲线

升力系数及阻力系数监测曲线分别如图 7-80 及图 7-81 所示。从两图可以看出，经过约 100 次迭代后，升力系数与阻力系数基本达到稳定。从 TUI 窗口可以看出计算得到的升力系数为 0.7937，阻力系数为 0.01691。

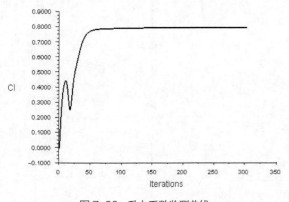

图 7-80　升力系数监测曲线

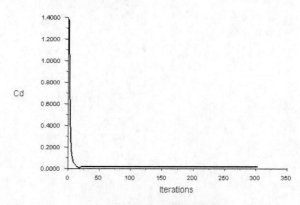

图 7-81　阻力系数监测曲线

Step 14：翼身周围马赫数分布

马赫数分布如图 7-82 所示。

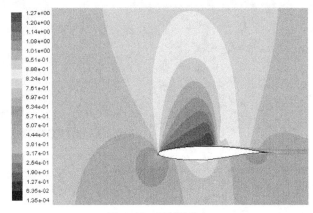

图 7-82 马赫数分布

Step 15：查看压力分布

可以查看沿翼身压力系数分布，并将计算得到的压力系数与实验值进行比较。

- 选择模型树节点 Plot，并双击右侧面板中的 Plot 列表框中的 XY Plot 列表项。
- 按图 7-83 所示进行设置。

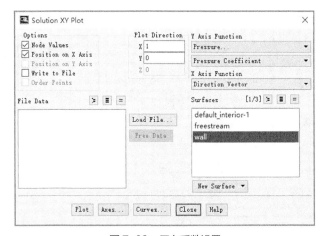

图 7-83 压力系数设置

显示的压力系数分布曲线如图 7-84 所示。

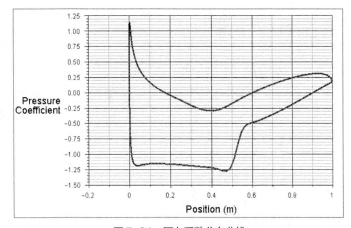

图 7-84 压力系数分布曲线

为将计算值与实验值进行比较，可将数据导出到文本文件中，之后用专业的图形绘制软件进行比较。在图 7-85 所示的对话框中，激活选项 Write to File 后，单击 Write…按钮就可输出数据。

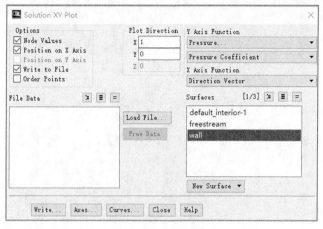

图 7-85　导出数据

比较 FLUENT 计算结果与实验值，如图 7-86 所示。

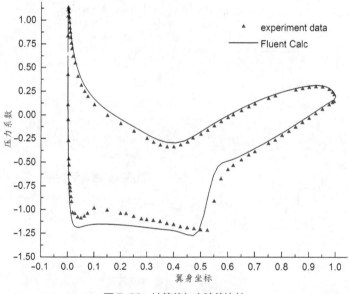

图 7-86　计算值与实验值比较

【案例 3】多孔介质流动计算

现实生活中常会碰到多孔介质的问题，如水处理中常会碰到的筛网、过滤器，环境工程中的土壤等，此类问题的特点在于几何孔隙非常多，建立真实几何非常麻烦。在流体计算中通常对此类问题进行简化，将多孔区域简化为增加了阻力源的流体区域，从而省去建立多孔几何的麻烦。简化方式一般为在多孔区域提供一个与速度相关的动量汇，其表达形式为

$$S_i = -\left(\sum_{j=1}^{3} D_{ij} \mu v_j + \sum_{j=1}^{3} C_{ij} \frac{1}{2} \rho |v| v_j \right)$$

式中，S_i 为第 $i(x,y,z)$ 方向的动量方程源项；$|v|$ 为速度值；D 与 C 为指定的矩阵。

式中右侧第一项为黏性损失项，第二项为惯性损失项。

对于均匀多孔介质，则可改写为

$$S_i = -\left(\frac{\mu}{\alpha}v_i + C_2\frac{1}{2}|v|v_i\right)$$

式中，α 为渗透率；C_2 为惯性阻力系数。此时矩阵 $\boldsymbol{D}$ 为 $1/\alpha$。

动量汇作用于流体产生压力梯度，$\nabla p = S_i$，即有 $\Delta p = -S_i\Delta n$，而 Δn 为多孔介质区域的厚度。

本案例演示如何利用 FLUENT 模拟计算多孔介质流动问题。案例模型如图 7-87 所示。

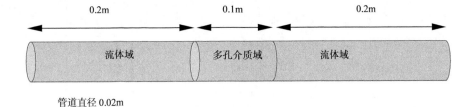

图 7-87　案例模型

流体介质为空气，其密度为 1.225kg/m^3，动力黏度 $1.7854\times10^{-5}\text{Pa}\cdot\text{s}$，实验测定气体通过多孔介质区域后的速度与压力降如表 7-2 所示。

表 7-2　速度与压降之间关系

速度/(m/s)	压力降/Pa
20	197.8
50	948.1
80	2102.5
110	3832.9

将表中的数据拟合为 $\Delta p = a\cdot v^2 + b\cdot v$ 的形式。

数据拟合后的函数表达式为

$$\Delta p = 0.27194v^2 + 4.85211v$$

因此

$$0.27194 = C_2\frac{1}{2}\rho\Delta n$$

已知密度 $\rho = 1.225\text{ kg/m}^3$，$\Delta n = 0.1\text{m}$，可算出惯性阻力系数 $C_2 = 4.439$。而

$$4.85211 = \frac{\mu}{\alpha}\Delta n$$

已知动力黏度 $\mu = 1.7854\times10^{-5}\text{ Pa}\cdot\text{s}$，换算得黏性阻力系数 $D = \frac{1}{\alpha} = 2.7177\times10^6$。所得拟合曲线如图 7-88 所示。

Step 1：启动 FLUENT

启动 FLUENT，并加载网格。

- 以 3D 模式启动 FLUENT。
- 选择菜单【File】>【Read】>【Mesh…】，选择网格文件 EX2-3.msh。

软件导入计算网格并显示在图形窗口中。

Step 2：检查网格

包括计算域尺寸检查及负体积检查。

- 选择模型树节点 General。
- 单击右侧设置面板中的 Scale…按钮。

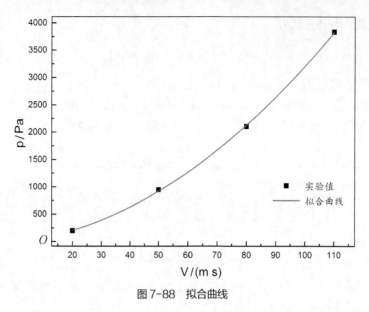

图 7-88　拟合曲线

如图 7-89 所示，查看 Domain Extents 下的计算域尺寸，确保计算域模型尺寸与实际要求一致，否则需要对计算域进行缩放。本案例尺寸保持一致，无需进行额外操作。单击 Close 按钮关闭对话框。

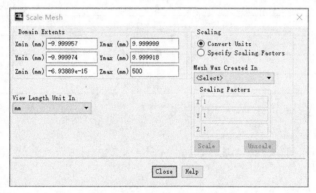

图 7-89　检查计算域尺寸

- 单击 General 设置面板中的 Check 按钮，查看 TUI 窗口中的文本信息。

如图 7-90 所示，确保 minimum volume 的值为正值。

```
Domain Extents:
   x-coordinate: min (m) = -9.999958e-03, max (m) = 1.000000e-02
   y-coordinate: min (m) = -9.999975e-03, max (m) = 9.999919e-03
   z-coordinate: min (m) = -6.938894e-18, max (m) = 5.000000e-01
Volume statistics:
   minimum volume (m3): 1.437011e-11
   maximum volume (m3): 1.409358e-09
   total volume (m3): 1.562759e-04
Face area statistics:
   minimum face area (m2): 5.273246e-08
   maximum face area (m2): 3.415215e-06
Checking mesh.......................
Done.
```

图 7-90　检查网格

Step 3：Models

设置物理模型。本案例主要设置湍流模型。采用 Realizable k-epsilon 湍流模型。

- 选择模型树节点 Models。
- 双击右侧设置面板 Models 列表框中的 Viscous 列表项。
- 在弹出的 Viscous Models 设置对话框中，选择 Model 为 k-epsilon，选择 k-epsilon Model 为 Realizable，采用默认的 Standard Wall Functions，如图 7-91 所示。

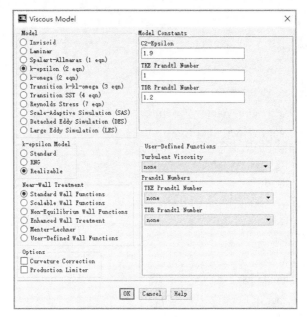

图 7-91 设置湍流模型

Step 4：Materials

采用默认材料 air，密度 1.225kg/m³，动力黏度为 1.7894×10⁻⁵Pa·s。

Step 5：Cell Zone Conditions

本案例计算多孔介质区域，为了对比效果，先计算全为流体域情况。因此 Cell Zone Conditions 保持默认。

Step 6：Boundary Conditons

首先将重合面边界类型改为内部面边界，然后设置进出口条件。

- 选择模型树节点 Boundary Conditions。
- 选择右侧面板中 Zone 列表框下的 left_interface_mid 列表项，设置其 Type 为 Interior。设置完毕后影子面自动消失。
- 选择 right_interface_mid 列表项，设置其 Type 为 Interior。
- 选择 Velocityinlet 列表项，设置其 Type 为 Velocity-inlet，设置 Velocity Magnitude 为 10m/s，设置 Specification Method 为 Intensity and Hydraulic Diameter，设置 Turbulent Intensity 为 5%，Hydraulic Diameter 为 20mm，如图 7-92 所示。

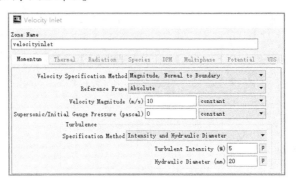

图 7-92 设置入口边界

单击 OK 按钮关闭对话框。

- 选择 Pressureoutlet 列表项，设置其 Type 为 Pressure-outlet，设置 Specification Method 为 Intensity and Hydraulic Diameter，设置 Turbulent Intensity 为 5%，Hydraulic Diameter 为 20mm，其他参数保持默认。

单击 OK 按钮关闭对话框。

Step 7：Solution Methods

设置求解方法。

- 单击模型树节点 Solution Methods。
- 在右侧设置面板中设置 Pressure-Velocity Coupling Scheme 为 Coupled。
- 激活 Wraped-Face Gradient Correction 选项。
- 其他参数保持默认设置。

Step 8：Solution Initialization

采用默认设置，利用 Hybird Initialization 方法进行初始化。

Step 9：Run Calculation

进行迭代计算。

- 选择模型树节点 Run Calculation。
- 在右侧面板中设置 Number of Iterations 为 300。
- 单击 Calculate 按钮进行计算。

计算完毕后，利用菜单【File】>【Write】>【Case & Data…】保存工程文件 pipe_noPorous.cas 及 pipe_noPorous.dat。

Step 10：Cell Zone Conditions

设置多孔介质属性。

- 选择模型树节点 Cell Zone Conditons。
- 双击操作面板中 Zone 列表框中的 mid_domain 列表项。
- 在弹出的对话框中激活选项 Porous Zone，并在 Posous Zone 标签页下设置黏性阻力系数为 2717700、惯性阻力为 4.439，其他参数为默认，如图 7-93 所示。

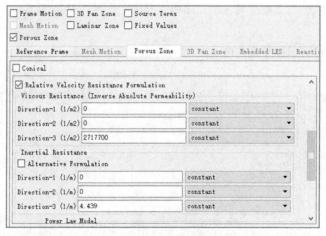

图 7-93　设置多孔介质

Step 11：Run Calculation

重新计算 300 步。

计算完毕后保存工程文件 pipe_porous.cas 及 pipe_porous.dat。

Step 12：启动 CFD-POST

采用 CFD-POST 进行后处理，比较轴心线上的速度变化。

- 启动 CFD-POST。
- 选择菜单【File】>【Load Results…】加载 pipe_noPorous.cas 及 pipe_porous.cas。
文件加载后，软件自动将几何显示在图形窗口中。

Step 13：创建 Line

创建轴心线，以观察速度沿轴心线的变化。

- 选择菜单【Insert】>【Location】>【Line】以创建线，按图 7-94 所示进行设置。

Step 14：创建 Chart

利用 Chart 显示速度沿轴心线的变化曲线。

- 选择菜单【Insert】>【Chart】，采用默认的 Chart 名称。
- 在右下角设置面板的 Data Series 标签页下，选择 Data Source 下的 Location 为 Line 1，如图 7-95 所示。

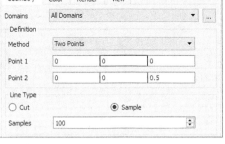

图 7-94　创建线

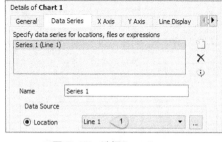

图 7-95　选择 Location

- 切换至 X Axis 标签页，设置 Variable 为 Z，如图 7-96 所示。
- 切换至 Y Axis 标签页，设置 Variable 为 Velocity，如图 7-97 所示。

图 7-96　设置 x 轴变量

图 7-97　设置 y 轴变量

图 7-98 所示为速度沿轴心线的分布，从图中可以看出，在 0~0.2m 范围内，两条曲线保持重合，在 0.2~0.3m 区域内速度有较大下降，这一区域正好是多孔介质区域。

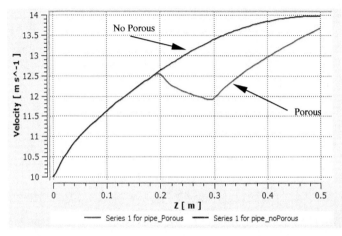

图 7-98　速度沿轴线的分布

【案例 4】非牛顿流体流动计算

本案例演示如何利用 FLUENT 求解非牛顿流体流动问题。案例中流动介质黏度采用 Carreau 模型，该黏度模型表征了流体黏度与剪切率之间的关系，可表示为

$$\mu = \mu_\infty + (\mu_0 - \mu_\infty)\left[1 + (\lambda\dot{\gamma})^2\right]^{\frac{n-1}{2}}$$

式中，μ_∞ 为无穷大剪切率黏度；μ_0 为零剪切率黏度；λ 为单位时间参数；n 为无量纲参数；$\dot{\gamma}$ 为剪切率，圆柱坐标系下剪切率可写为

$$\dot{\gamma} = \sqrt{\frac{1}{2}\left((2u_r)^2 + 2(u_z + u_r)^2 + (2v_r)^2 + 4\left(\frac{u}{r}\right)^2\right)}$$

案例中 Carreau 模型各参数如表 7-3 所示。

表 7-3　模型参数

参数	参数值
μ_∞	0
μ_0	166 Pa · s
λ	1.73×10^{-2} s
n	0.538
ρ	450 kg/m³

本案例的计算几何可简化为 2D 轴对称几何，如图 7-99 所示。

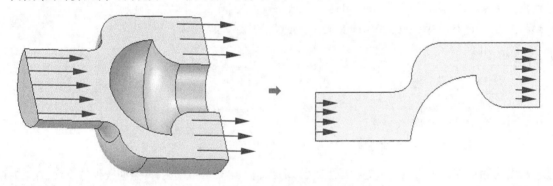

图 7-99　计算几何简化

Step 1：启动 FLUENT

以 2D 方式启动 FLUENT。

- 利用菜单【File】>【Read】>【Mesh…】读入网格文件 ex2-4.msh。

网格读入后自动显示在图形窗口。

Step 2：检查网格

主要检查计算域尺寸，并根据尺寸缩放网格。

- 选择模型树节点 General。
- 单击右侧操作面板中的 Scale…按钮，弹出 Scale Mesh 对话框。

如图 7-100 所示，从图中看出计算域尺寸不满足真实几何要求，需要进行缩放。

- 选择 Mesh Was Created In 下拉框内容为 mm，单击 Scale 按钮进行缩放，缩放后单击 Close 按钮关闭对话框。

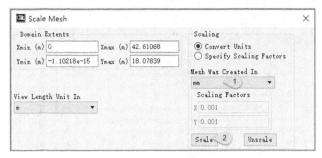

图 7-100　缩放网格

- 单击操作面板上的 Check 按钮，检查 TUI 信息，如图 7-101 所示。

```
Domain Extents:
  x-coordinate: min (m) = 0.000000e+00, max (m) = 4.261068e-02
  y-coordinate: min (m) = -1.102182e-18, max (m) = 1.807839e-02
Volume statistics:
  minimum volume (m3): 4.949248e-11
  maximum volume (m3): 5.916518e-09
    total volume (m3): 2.347255e-05
  minimum 2d volume (m3): 1.556140e-08
  maximum 2d volume (m3): 7.177068e-08
Face area statistics:
  minimum face area (m2): 1.075750e-04
  maximum face area (m2): 2.775504e-04
Checking mesh.........
WARNING: left-handed faces detected on zone 12:    53 right-handed,    18 left-handed.
Info: Used modified centroid in 53 cell(s) to prevent left-handed faces.....
WARNING: Invalid axisymmetric mesh with nodes lying below the x-axis.....
WARNING: The mesh contains high aspect ratio quadrilateral,
         hexahedral, or polyhedral cells.
         The default algorithm used to compute the wall
         distance required by the turbulence models might
         produce wrong results in these cells.
         Please inspect the wall distance by displaying the
         contours of the 'Cell Wall Distance' at the
         boundaries. If you observe any irregularities we
         recommend the use of an alternative algorithm to
         correct the wall distance.
         Please select /solve/initialize/repair-wall-distance
         using the text user interface to switch to the
         alternative algorithm.
.........
Done.
```

图 7-101　网格 check 信息

发现警告信息，出现此类警告信息的原因在于：案例网格采用 2D 轴对称网格，而 FLUENT 对于 2D 轴对称的要求是对称轴必须为 x 轴，且网格位于 x 轴上方。从图 7-101 可看出 y 轴最小值 -1.10218×10^{-18}，位于 x 轴下方（此微小的值为建模误差所致），因此需将网格向上平移，平移量无限制，但要确保 y 轴最小值大于零。此处将网格向上平移 1mm。

- 单击 Setting Up Domain 标签页下的 Transform 按钮，选择其中的 Rotate 项，弹出 Translate Mesh 对话框，设置 Traslation Offsets 下的 Y 为 1mm，如图 7-102 所示。

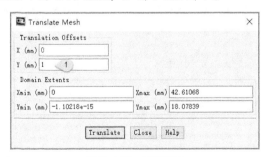

图 7-102　平移网格

如图 7-102 所示，单击 Translate 按钮平移网格，单击 Close 按钮关闭对话框。

- 再次单击 Check 按钮。

此时 TUI 窗口显示的网格信息如图 7-103 所示。没有出现任何警告或错误，问题得到解决。

```
Domain Extents:
  x-coordinate: min (m) = 0.000000e+00, max (m) = 4.261068e-02
  y-coordinate: min (m) = 1.000000e-03, max (m) = 1.907839e-02
Volume statistics:
  minimum volume (m3): 2.470457e-10
  maximum volume (m3): 6.253760e-09
    total volume (m3): 2.599380e-05
  minimum 2d volume (m3): 1.556140e-08
  maximum 2d volume (m3): 7.177068e-08
Face area statistics:
  minimum face area (m2): 1.075750e-04
  maximum face area (m2): 2.775504e-04
Checking mesh.........................
Done.
```

图 7-103　网格信息

Step 3：General 设置

设置一些常用项。

- 选择模型树节点 General。
- 设置 2D Space 选项为 Axisymmetric，如图 7-104 所示。

本案例采用轴对称模型，其他参数保持默认。

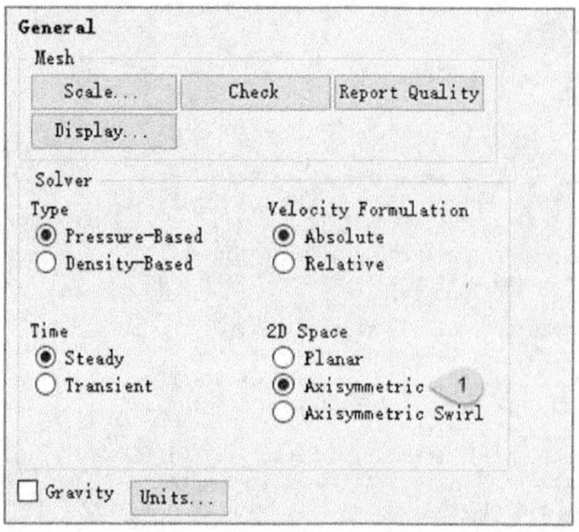

图 7-104　General 设置

Step 4：Models 设置

本案例的 Models 保持默认设置。

Step 5：Material 设置

修改材料属性。

- 选择模型树节点 Materials，双击右侧面板中 Materials 列表项 air。
- 在弹出的 Create/Edit Materials 对话框中，设置 Name 为 polystyrene。
- 选择 Viscosity 下拉列表项 Carreau Model，弹出 Carreau Model 设置对话框，按图 7-105 所示进行设置。

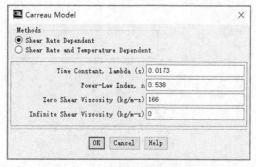

图 7-105　设置 Carreau 模型

单击 OK 按钮关闭设置框，软件弹出图 7-106 所示确认对话框，单击 No 按钮。

图 7-106 确认对话框

Step 6：Cell Zone Conditions

设置计算域材料介质。

- 选择模型树节点 Cell Zone Conditions。
- 双击右侧设置面板中 Zone 列表框下的 fluid 列表项，弹出 Fluid 设置框。
- 设置 Material Name 为 polystyrene（见图 7-107），单击 OK 按钮关闭对话框。

图 7-107 设置计算域材料

Step 7：Boundary Conditions

设置边界条件。

- 选择模型树节点 Boundary Conditions。
- 选择右侧设置面板中 Zone 列表框中的 inlet 列表项，设置其 Type 为 Pressure-inlet，设置 Gauge Total Pressure 为 210000，单击 OK 按钮关闭对话框，如图 7-108 所示。

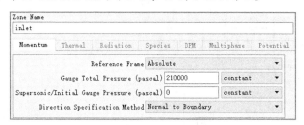

图 7-108 设置入口条件

- 选择 Zone 列表框中的 outlet 列表项，设置其 Type 为 Pressure-outlet，弹出的对话框中保持参数值为默认，单击 OK 按钮关闭对话框。

其他边界保持默认设置。

Step 8：Solution Methods

设置一些求解算法。

- 选择模型树节点 Solution Methods。
- 设置右侧面板中的 Pressure-Velocity Coupling Scheme 为 Coupled。
- 激活选项 Wraped-Face Gradient Correction。

其他参数保持默认设置。

Step 9：Solution Initialization

进行初始化。

- 选择模型树节点 Solution Initialization。

- 选择右侧面板中初始化方法为 Standard Initialization, 选择 Compute form 下拉项为 inlet, 单击 Initialize 按钮进行初始化。

也可以使用 Hybird 方法进行初始化。

Steo 10：Run Calculation

开始设置迭代计算。

- 选择模型树节点 Run Calculation。
- 设置面板中 Number of Iterations 为 500。
- 单击 Calculate 按钮进行迭代计算。

迭代计算完毕后，保存 Case 及 Data 文件。

Step 11：计算后处理

查看速度分布。

- 选择模型树节点 Graphics。
- 双击右侧面板中 Graphics 列表框中的 Contours 列表项, 在弹出的对话框中设置 Contours of 为 Velocity, 单击 Display 按钮显示速度分布。

速度分布如图 7-109 所示。

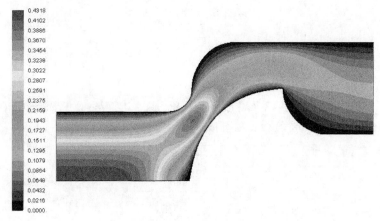

图 7-109　速度分布

同样的方法可以观察动力黏度分布，如图 7-110 所示。

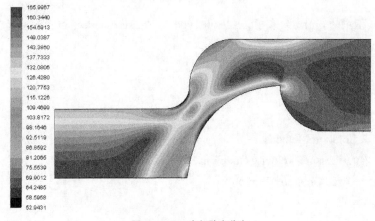

图 7-110　动力黏度分布

第 8 章 传热计算

【Q1】 传热模型

CFD 传热模拟通常可归结为 3 类模型：**热传导**、**对流**以及**辐射**。传热计算可能被包含在一些物理过程中，如相间传热（相变）、流固共轭传热、黏性耗散、组分扩散等。

1．传导（Conduction）

热传导遵循傅里叶定律

$$q = -k\nabla T$$

式中，k 为热传导系数。

热传导模型是最简单的传热模型，在 CFD 中固体和流体中均可考虑热传导。

2．对流（Convection）

对流一般与流体流动耦合在一起。其换热量采用以下公式进行计算

$$q = \bar{h}(T_{body} - T_\infty) = \bar{h}\Delta T$$

式中，$\bar{h}$ 为平均对流换热系数。

3．辐射（Radiation）

通过电磁波传递的能量可以利用辐射模型进行考虑。辐射的能量用下式进行计算

$$q = \sigma\varepsilon(T_{max}^4 - T_{min}^4)$$

式中，σ 为波尔兹曼常量，$\sigma = 5.6704 \times 10^{-8}\,W/(m^2 \cdot K^4)$。

当辐射的能量与传导或对流能量相当时，需要考虑热辐射。

【Q2】 壁面热边界

FLUENT 提供了 5 类壁面热边界：Heat Flux、Temperature、Convection、Radiation、Mixed，如图 8-1 所示。

1．Heat Flux

使用 Heat Flux 边界类型直接指定壁面上的热通量。FLUENT 利用指定的热通量计算壁面上的温度

$$T_w = \frac{q - q_{rad}}{h_f} + T_f$$

式中，h_f 为流体侧的局部换热系数；q 为输入的热通量；q_{rad} 为辐射热通量；T_f 为与壁面相邻的流体温度。

若壁面为固体壁面，则壁面温度通过下式进行计算

$$T_w = \frac{(q - q_{rad})\Delta n}{k_s} + T_s$$

式中，k_s 为固体的热传导系数；Δn 为壁面到第一层单元中心的距离；T_s 为固体壁面的温度。

2. Temperature

利用 Temperature 条件直接指定壁面的温度。FLUENT 利用指定的壁面温度计算热通量

$$q = h_f(T_w - T_f) + q_{rad}$$

若为固体区域，则热通量计算方式为

$$q = \frac{k_s}{\Delta n}(T_w - T_s) + q_{rad}$$

3. Convectivon

当指定壁面的对流条件时，FLUENT 使用以下方式计算壁面热通量

$$q = h_f(T_w - T_f) + q_{rad}$$
$$= h_{ext}(T_{ext} - T_w)$$

式中，h_{ext} 为指定的外部对流换热系数；T_{ext} 为指定的外部温度。

4. Radiation

当指定辐射条件时，利用下式计算热通量

$$q = h_f(T_w - T_f) + q_{rad}$$
$$= \varepsilon_{ext}\sigma(T_\infty^4 - T_w^4)$$

式中，ε_{ext} 为指定的外部壁面发射率；σ 为波尔兹曼常数；T_w 为壁面温度；T_∞ 指定的辐射源温度；q_{rad} 为辐射到壁面的热通量。

5. Mixed

此条件混合了 Convection 条件与 Radiation 条件，热通量计算方式为

$$q = h_f(T_w - T_f) + q_{rad}$$
$$= h_{ext}(T_{ext} - T_w) + \varepsilon_{ext}\sigma(T_\infty^4 - T_w^4)$$

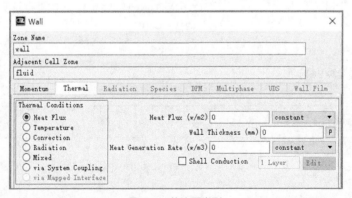

图 8-1　热边界类型

【Q3】 FLUENT 中的辐射模型

FLUENT 提供了众多的辐射模型，如图 8-2 所示。FLUENT 中的辐射模型主要包括：Rosseland、P1、Discrete Transfer（DTRM）、Surface to Surface（S2S）、Discrete Ordinates（DO）以及太阳辐射模型。

1. S2S 模型

S2S 模型是一种无介质参与的辐射模型，其光学厚度为零。

S2S 模型的优势在于：（1）一旦 view-factor 计算完毕后，每一次迭代的计算开销都很小；（2）view-factor 计算可以利用并行求解器提高计算效率；（3）局部热源的计算精度要优于 DO 或其他射线追踪算法；（4）内存或硬盘占用较少。

S2S 模型也存在一些劣势：（1）模型假设所有的面均为漫反射；（2）基于灰体辐射假设；（3）内存和硬盘需求随着辐射面的增加而急剧增加；（4）无法用于模拟有中间介质参与的辐射问题（散射、发射、吸收等）；（5）不支持悬挂网格或网格自适应；（6）不严格守恒。

图 8-2 辐射模型

2. DO 模型

优势：（1）适用于所有光学厚度的场合；（2）可以考虑半透明介质中的辐射（折射和反射）；（3）可以考虑漫反射和镜面反射；（4）可进行非灰带辐射模拟。

劣势：（1）计算量很大；（2）有限数量的辐射方向可能导致数值模糊。

3. DTRM 模型

优势：简单的定向模型（可以考虑阴影效应）。

劣势：（1）无法考虑散射；（2）无颗粒/辐射交互作用；（3）当射线数量增加时，计算开销会急剧增大；（4）仅能考虑漫反射，不能考虑镜面反射；（5）不能使用悬挂网格；（6）不能用于并行计算；（7）模型不守恒；（8）一般用于光学薄介质。

4. P1 模型

优势：（1）模型简单，只有一个扩散方程；（2）计算成本低；（3）对于光学厚度大于 1 的场合计算精度较高；（4）可以考虑介质散射；（5）模型守恒；（6）允许使用灰带模型模拟非灰体辐射。

劣势：（1）只适用于光学厚度大于 1 的场合；（2）对于吸收系数约为 $1m^{-1}$ 的碳氢化合物燃烧问题，需要燃烧器尺度大于 1m（满足光学厚度大于 1）；（3）对于局部热源/汇的计算精度较低；（4）灰色气体假设；（5）仅能考虑漫反射壁面，无法考虑镜面反射。

5. Rosseland Model

优势：（1）计算开销小；（2）无传输方程。

劣势：（1）适用于光学厚度非常大的场合；（2）无法用于密度基求解器。

【Q4】 辐射模型的选择

通常利用光学厚度来选择辐射模型。

光学厚度定义为

$$Optical\ thickness = (\alpha + \sigma_s)L$$

式中，α 为吸收系数（absorption cofficient）；σ_s 为散射系数（scattering coefficient）；L 为平均辐射尺度，通常为两个相对的壁面的距离。

对于不同的光学厚度应采用不同的辐射模型，如表 8-1 所示。

除了利用光学厚度进行辐射模型选择外，还需要考虑如下一些模型的使用限制。

（1）使用 S2S 及 DTRM 模型无法使用网格自适应。

（2）DTRM 模型无法使用并行计算。

对于辐射模型的工业应用选择，如表 8-2 所示。

表 8-1　辐射模型选择

辐射模型	光学厚度
Surface to Surface（S2S）	0
Rosseland	>3
P1	>1
Discrete Ordinates（DO）	ALL
Discrete Transfer Radiation Model（DTRM）	ALL

表 8-2　辐射模型的工业应用选择

应用场景	辐射模型
发动机舱	S2S，DO
前灯	DO（non-gray）
大型锅炉中的燃烧	DO，P1（WSGGM）
燃烧	DO，DTRM（WSGGM）
玻璃行业	Rosseland，P1，DO（non-gray）
温室效应	DO
紫外线消毒（水处理）	DO，P1（UDF）
HVAC	DO，S2S

【Q5】 自然对流模拟的一些问题

自然对流中，流体的运动主要是由于温度梯度造成的密度差异（浮力）所导致的。在此类问题中，流体流动与能量模型耦合非常紧密。在进行数值模拟时，有一些问题需要特别注意。

1．层流或湍流的选择

在自然对流中，控制流动特征的不再是雷诺数，而是瑞利数。

$$Ra = G_r P_r = \frac{\beta g L^3 \Delta T}{\gamma \alpha}$$

式中，Gr 为格鲁晓夫数（Grashof Number），其定义为浮力与黏性力的比值

$$Gr = \frac{g \beta L^3 \Delta T}{\gamma^2}$$

Pr 为普朗特数（prandtl number），其定义为动量扩散与温度扩散的比值

$$P_r = \frac{\gamma}{\alpha}$$

式中，γ 为流体的运动黏度；α 为流体的热扩散系数；β 为热膨胀系数。实验表明临界瑞利数约为 10^9（大于 10^9 可认为流动状态为湍流）。

2．一些使用建议

（1）为求解动量及温度黏性子层，建议构建网格满足 $Y^+ < 1$。

（2）需要激活重力加速度。

（3）使用 k-epsilon 湍流模型时，建议激活 Full Buoyancy Effects（浮力效应），如图 8-3 所示。

（4）压力插值项建议使用 Body Force Weighted 或 PRESTO!，如图 8-4 所示。

（5）瞬态时间步长估计。利用公式估计时间常数

$$\tau = \frac{L}{U} \approx \frac{L^2}{\alpha \sqrt{RaPr}} = \frac{L}{\sqrt{\beta g L \Delta T}}$$

使用时间步长

$$\Delta t = \tau/4$$

图 8-3　激活浮力效应　　　　　　　　　图 8-4　压力插值项选择 Body Force Weighted

（6）介质密度模型。自然对流模拟通常要考虑流体介质的密度随温度的变化。FLUENT 提供了众多的密度模型（见图 8-5）用于自然对流模拟。

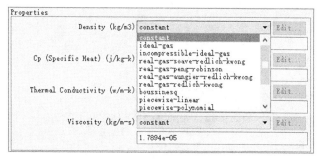

图 8-5　密度模型

自然对流可用的密度模型包括：ideal gas、incompressible ideal gas、boussinesq、piecewise linear、piecewise polynomial、polynomial 以及 UDF 自定义模型。

【案例 1】自然对流模拟：同心圆柱

本案例描述如何利用 FLUENT 求解自然对流问题。要求解的案例模型如图 8-6 所示，两无限长同轴圆柱体，小圆柱体半径为 1.78cm、表面温度为 306.3K，大圆柱体半径为 4.628cm、表面温度为 293.7K，两圆柱体间介质为空气，其属性如表 8-3 所示。鉴于本案例模型对称性，采用 2D 对称模型进行计算。

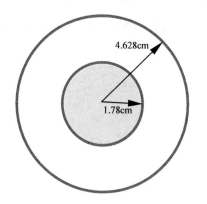
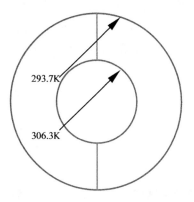

图 8-6　案例模型

表 8-3　介质属性

参数名称	参数值
密度（kg/m³）	1.1614
动力黏度（Pa·s）	1.846×10⁻⁵
运动黏度（m²/s）	1.589×10⁻⁵
比热（J/kg·K）	1007
热膨胀系数（1/K）	0.00333
热传导系数（W/m·K）	0.0263
热扩散系数（m²/s）	2.249×10⁻⁵

Step 1：启动 FLUENT 并加载网格

利用 2D 模式启动 FLUENT。

- 启动 FLUENT。
- 利用菜单【File】>【Read】>【Mesh…】读取网格文件 ex3-1.msh。

网格读取后自动显示在图形窗口。

Step 2：检查网格

查看计算域尺寸。

- 单击模型树节点 General。
- 单击右侧面板中的 Scale… 按钮，弹出 Scale Mesh 对话框。

如图 8-7 所示，计算域尺寸并不符合实际要求，需要进行缩放。

- 选择 Mesh Was Created In 下拉项为 mm，单击 Scale 按钮进行缩放。

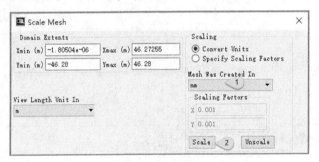

图 8-7　网格检查

Step 3：Models 设置

本案例需要开启能量模型。

- 选择模型树节点 Models。
- 双击右侧面板中 Model 列表框中的 Energy 列表项，在弹出的对话框中激活 Energy Equation 选项，其他选项保持默认，如图 8-8 所示。

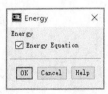

图 8-8　激活能量方程

Step 4：Materials 设置

本案例介质为空气，密度采用 Boussinesq 模型，其他材料参数按表 8-3 所示进行设置。

- 选择模型树节点 Materials。
- 双击右侧面板中 Materials 列表框中的 air 列表项，弹出 Create/Edit Materials 对话框，按图 8-9 所示设置材料属性。

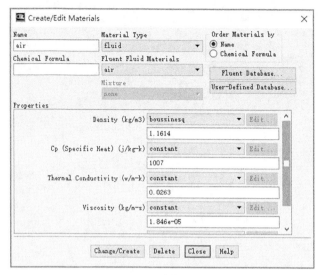

图 8-9 材料设置

- 单击 Change/Create 按钮确认修改，单击 Close 按钮按钮关闭对话框。

Step 5：Boundary Conditons 设置

边界条件主要是指内外壁面的温度。

- 选择模型树节点 Boundary Conditions。
- 双击右侧设置面板中 Zone 列表框下的 wall_inner 列表项，在弹出的对话框中切换至 Thermal 标签页，选择 Thermal Conditions 选项为 Temperature，设置 Temperature 为 306.3K（见图 8-10），单击 OK 按钮关闭对话框。

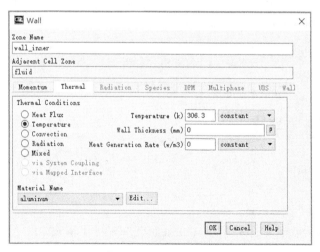

图 8-10 设置壁面温度

- 双击列表项 wall-outer，在弹出的对话框中设置其温度为 293.7K。
其他边界保持默认设置。

Step 6：Operating Conditions 设置
设置操作条件。

- 选择模型树节点 Boundary Conditions。
- 单击右侧面板中的 Operating Conditions…按钮，弹出 Operating Conditions 对话框，按图 8-11 所示进行操作条件设置。

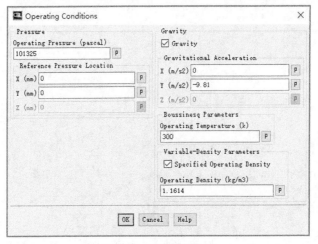

图 8-11　设置操作条件

Step 7：Solution Methods 设置

设置求解方法。

- 选择模型树节点 Solution Methods。
- 设置右侧面板中 Pressure-Velocity Coupling Scheme 为 Coupled，激活选项 Wraped Face Gradient Correction，其他参数保持默认。

Step 8：Monitor 设置

修改计算残差限。

- 选择模型树节点 Monitors。
- 双击右侧面板中 Residual-Print,Plot 列表项，设置 Continuity 的 Absolute Criteria 为 1×10^{-6}，其他参数保持默认，单击 OK 按钮关闭对话框。

Step 9：Solution Initialization

采用 Hybird 方法进行初始化。

- 选择模型树节点 Solution Initialization。
- 选择 Initialization Method 为 Hybird Initialization，单击 Initialize 按钮初始化。

也可以使用标准初始化。

Step 10：Run Calculation

设置迭代步进行计算。

- 选择模型树节点 Run Calculation。
- 设置 Number of Interations 为 300，单击 Calculate 按钮进行计算。

大约 100 步后计算收敛。

Step 11：温度场查看

查看温度场分布。

- 选择模型树节点 Graphics，双击右侧面板中 Graphics 列表框内的 Contours 列表项，弹出 Contours 对话框。

- 选择 Contours of 下拉项为 Temperature，选择 Static Temperature，如图 8-12 所示。单击 Display 按钮。

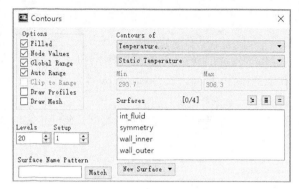

图 8-12 温度场显示设置

温度场分布如图 8-13 所示。

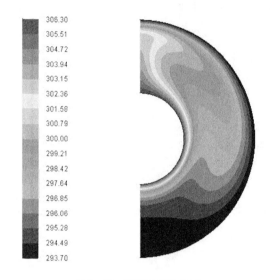

图 8-13 温度场分布（K）

Step 12：速度场查看

以相同的方式查看速度分布。速度场分布如图 8-14 所示。

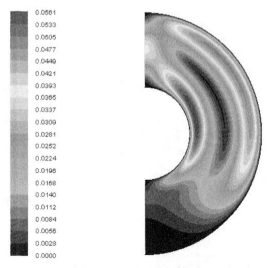

图 8-14 速度场分布（m/s）

Step 13：查看传热率

查看传热率并与实验值比较。

- 选择模型树节点 Reports。
- 双击右侧面板中 Reports 列表框内的 Fluxes 列表项，弹出 Flux Report 对话框。
- 设置 Options 为 Total Heat Transfer Rate，在 Boundaries 列表框中选择 wall_inner 及 wall_outer，单击 Compute 按钮。

如图 8-15 所示，总传热率 2.777W，由于计算的是 2D 半模型，默认 deepth 为 1m，因此整圆柱的传热率为 5.554W/m。

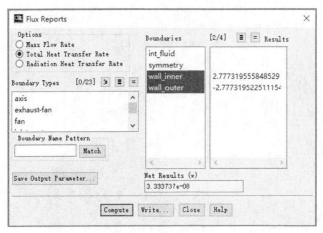

图 8-15　查看总传热率

Step 14：计算结果验证

本案例计算所用的数据来自 Kuehn 及 Goldstein 的实验条件[①]，文献中定义等效热传导率为实际换热量与单纯热传导的换热量的比值，可表示为

$$k_{eq} = \frac{q_{act}}{q_{cond}}$$

对于同轴圆柱体，q_{cond} 可定义为

$$q_{cond} = \frac{2\pi k \Delta T}{\ln(R_0/R_i)}$$

文献获得的等效热传导率 k_{eq} 为 2.58。

本例计算得到

$$q_{cond} = \frac{2\pi \times 0.0263 \times (306.3 - 293.7)}{ln(4.628/1.78)} = 2.178\text{W/m}$$

而计算得到的 $q_{act} = 5.554\text{W/m}$，则可得到 $k_{eq} = 5.554/2.178 = 2.55$，与实验值 2.58 相比的误差为 1.1%。

【案例 2】S2S 辐射传热：自然对流

本案例演示如何利用 FLUENT 求解由于辐射传热引起的自然对流问题。

案例模型如图 8-16 所示。边长为 0.25m 的立方体，有一个材质为金属铝的高温壁面，其温度为 473.15K，

---

① Kuehn, T. H and Goldstein, R. J. An experimental study of natural convection heat transfer in concentric and eccentric horizontal cylindrical annuli. J. Heat Trans. (100) pp. 635-640, 1978.

其他壁面为保温材料构成，与周围环境之间存在热辐射及对流，环境温度为293.15K。重力方向向下，箱体内的介质假设为不发射、吸收或散射辐射能量，所有的壁面均为灰体。

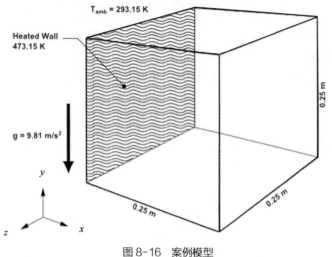

图8-16 案例模型

仿真的目的是计算箱体内部的流场及温度场分布，以及壁面的热通量。本案例采用FLUENT的S2S模型模拟热辐射。

流动Prandtl数约为0.71，Rayleigh数为1×10^8，这意味着流动为层流。

Step 1：启动FLUENT

以3D模式启动FLUENT，并读取网格。

- 启动FLUENT，选择Dimension为3D。
- 选择菜单【File】>【Read】>【Mesh…】读入网格文件ex3-2.msh。

软件自动读取网格文件并将其显示在图形窗口，此时可以单击Scale…按钮检查计算域模型尺寸。

Step 2：General面板

设置General面板。

- 选择模型树节点General。
- 在右侧面板中激活Gravity项，设置y方向重力加速度为-9.81 m/s^2，如图8-17所示。

图8-17 General面板设置

Step 3：Models 设置

本案例涉及温度计算和辐射计算，因此需要激活能量方程与辐射模型。

1. 激活能量模型

- 选择模型树节点 Models。
- 双击右侧面板 Models 列表框中的 Energy 列表项。
- 在弹出的对话框中激活选项 Energy Equation，如图 8-18 所示。

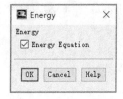

图 8-18　激活能量方程

2. 激活辐射模型

- 选择模型树节点 Models。
- 双击右侧面板 Models 列表框中的 Radiation 列表项，弹出辐射模型对话框。
- 选择 Model 为 Surface to Surface（S2S），如图 8-19 所示。

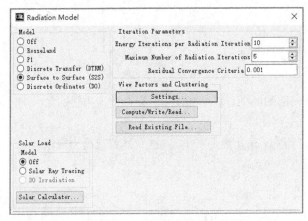

图 8-19　辐射模型设置

- 单击 Settings⋯按钮，在弹出的设置面板中单击 Apply to All Walls 按钮，其他参数保持默认，如图 8-20 所示。

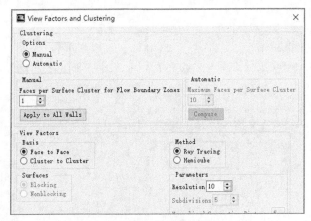

图 8-20　S2S 模型设置

单击 OK 按钮关闭图 8-20 所示对话框，返回图 8-19 所示对话框。

- 单击 Compute/Write/Read⋯按钮计算并保存文件。

计算完毕后单击 OK 按钮关闭对话框。

Step 4：Materials 设置

需要修改 air 的材料属性，同时还需要定义壁面材料。

1. 修改 air 属性

- 选择模型树节点 Materials。
- 双击右侧面板列表项 air，弹出材料设置对话框，按图 8-21 所示进行修改。
- 设置 Density 为 incompressible-ideal-gas。
- 设置 Cp 为 1021 J/kg·K。
- 设置 Thermal Conductivity 为 0.0371 W/m·K。
- 设置 Viscosity 为 2.485×10^{-5} kg/m·s。
- 其他参数保持默认，单击 Change/Create 按钮并关闭对话框。

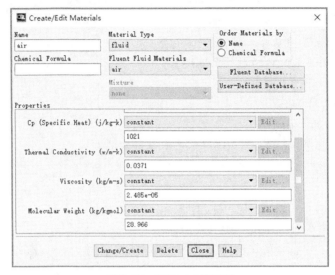

图 8-21　修改 air 材料属性

2. 创建壁面材料

- 创建新材料 insulation，按图 8-22 所示进行设置。
- 设置其密度 Density 为 50。
- 设置 Cp 为 800。
- 设置 Thermal Conductivity 为 0.09。
- 单击 Change/Create 按钮并关闭对话框。

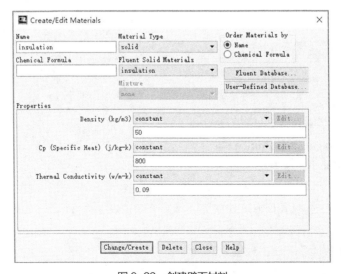

图 8-22　创建壁面材料

Step 5：Boundary Conditions 设置

计算域没有进出口，只有 6 个壁面。需要设置这 6 个壁面条件。

1．设置 w-high-x 面

- 选择模型树节点 Boundary Conditions。
- 双击右侧面板中 Zone 列表框内的 w-high-x 列表项，弹出壁面设置对话框。
- 切换至 Thermal 标签页。
- 设置 Thermal Conditions 为 Mixed。
- 设置 Heat Transfer Coefficient 为 5 w/(m²-k)。
- 设置 Free Stream Temperature 为 293.15K。
- 设置 External Emissivity 为 0.75。
- 设置 External Radiation Temperature 为 293.15 K。
- 设置 Internal Emissivity 为 0.95。
- 设置 Wall Thickness 为 0.05。
- 设置 Material Name 为 insulation。

如图 8-23 所示，其他参数保持默认，单击 OK 按钮关闭对话框。

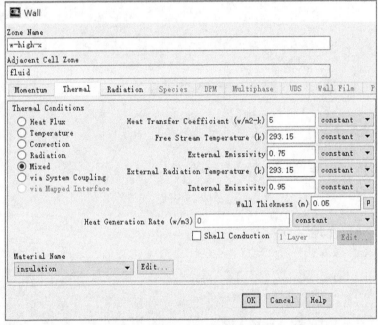

图 8-23　壁面设置

2．w-high-z 及 w-low-z

将 w-high-x 边界条件复制到 w-high-z 及 w-low-z。

- 选择模型树节点 Boundary Conditions。
- 选择右侧设置面板中的列表项 w-high-x。
- 单击按钮 Copy…，弹出 Copy Conditions 对话框。
- 在 From Boundary Zone 列表框内选择 w-high-x 列表项，在 To Boundary Zones 列表框内选择 w-high-z 及 w-low-z 列表项。
- 单击 Copy 按钮复制边界条件，如图 8-24 所示。

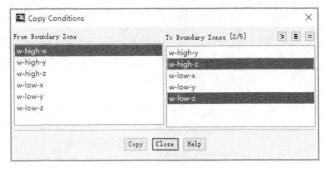

图 8-24 复制边界条件

3. w-low-x

按图 8-25 所示设置高温面 w-low-x 边界条件。

- 选择模型树节点 Boundary Conditions。
- 双击右侧设置面板中的列表项 w-low-x，弹出壁面设置对话框。
- 切换至 Thermal 标签页，设置 Thermal Conditions 为 Temperature。
- 设置 Temperature 为 473.15 K。
- 设置 Interanal Emissivity 为 0.95。
- 其他参数保持默认，单击 OK 按钮关闭对话框。

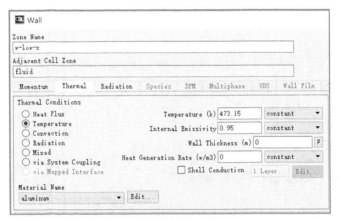

图 8-25 设置 w-low-x 壁面边界条件

4. w-high-y

按图 8-26 所示设置 w-high-y 壁面边界条件。

- 选择模型树节点 Boundary Conditions。
- 双击右侧设置面板中的列表项 w-high-y，弹出壁面设置对话框。
- 切换至 Thermal 标签页，设置 Thermal Conditions 为 Mixed。
- 设置 Heat Transfer Coefficient 为 3。
- 设置 Free Stream Temperature 为 293.15K。
- 设置 External Emissivity 为 0.75。
- 设置 External Radiation Temperature 为 293.15 K。
- 设置 Internal Emissivity 为 0.95。
- 设置 Wall Thickness 为 0.05。
- 设置 Material Name 为 insulation。
- 单击 OK 按钮关闭对话框。

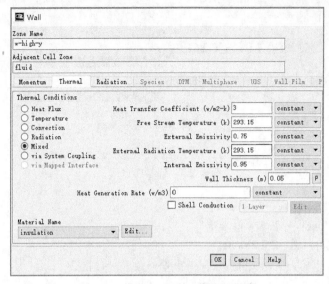

图 8-26　设置 w-high-y 壁面边界条件

5．w-low-y

将 w-high-y 边界条件复制到 w-low-y。

- 选择模型树节点 Boundary Conditions。
- 选择右侧设置面板中的列表项 w-high-y。
- 单击按钮 Copy…，弹出 Copy Conditions 对话框。
- 在 From Boundary Zone 列表框中选择 w-high-y 列表项，在 To Boundary Zones 列表框中选择 w-low-y，如图 8-27 所示。
- 单击 Copy 按钮复制边界条件。

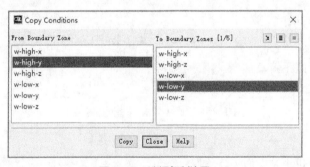

图 8-27　选择复制边界

Step 6：Solution Methods 设置

设置求解参数。

- 选择模型树节点 Solution Methods，设置 Pressure-Velocity Coupling Scheme 为 Coupled，激活选项 Pseudo Transient 及 Warped-Face Gradient Correction，如图 8-28 所示。

Step 7：Solution Initialization

采用 Hybird 方法进行初始化。

- 选择模型树节点 Solution Initializaiton。
- 选择 Hybird Initialization 选项，单击按钮 Initialize 进行初始化，如图 8-29 所示。

Step 8：创建等值面

创建 Z=0 面，并对该面上平均温度进行监控，以判断计算是否收敛。

- 选择 Setting Up Domain 标签页下 Create 按钮下的 Iso-Surface 项，弹出 Iso-surface 对话框。
- 选择 Surface of Constant 为 Mesh> Z Coordinate，设置 Iso-Values 为 0，设置 New Surface Name 为 z-0，单击 Create 按钮创建平面，如图 8-30 所示。

图 8-28 设置 Solution Methods

图 8-29 初始化

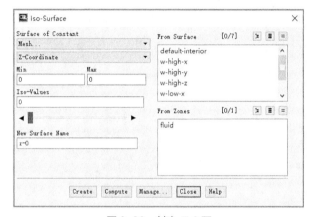

图 8-30 创建 Z=0 面

Step 9：创建面监控

创建面监控以检测 Z=0 面上平均温度变化。

- 选择模型树节点 Monitors。
- 单击 Surface Monitors 下方的 Create…按钮，弹出 Surface Monitor 对话框。按图 8-31 所示进行设置。

图 8-31 监控面上温度分布

Step 10：Run Calculation

设置迭代并进行计算。

- 选择模型树节点 Run Calculation。
- 在右侧面板中设置 Time Step Method 为 User Specified。
- 保持 Pseudo Time Step 为默认值 1。
- 设置 Number of Iterations 为 300。
- 单击按钮 Calculate 进行计算。

计算在 280 步时收敛至 0.001。Z=0 面的温度监控曲线如图 8-32 所示，可以看出温度基本已经达到稳定。

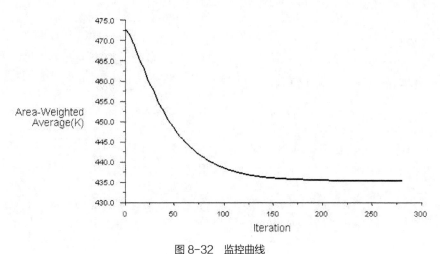

图 8-32　监控曲线

Step 11：查看壁面温度

查看计算域各壁面温度分布。

- 双击模型树节点 Result | Graphics | Contours。
- 如图 8-33 所示，在弹出的对话框中选择 Contours of 为 Temperature 及 Static Temperature，选择 Surface 列表框中的所有壁面边界，单击 Display 按钮以显示温度分布。

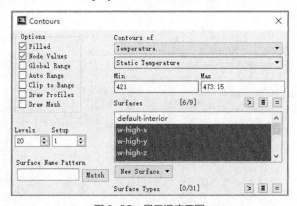

图 8-33　显示温度云图

温度分布如图 8-34 所示。

Step 12：计算各边界的总传热率

输出各边界面的总传热率。

- 双击模型树节点 Result | Reports | Fluxes。
- 选择 Option 为 Total Heat Transfer Rate，选择 6 个边界面，如图 8-35 所示，单击 Compute 按钮。

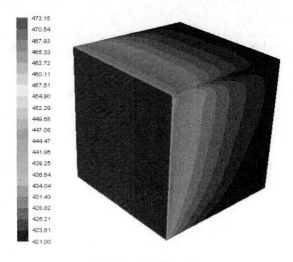

图8-34　温度分布（K）

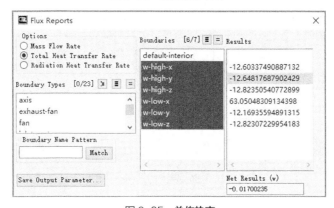

图8-35　总传热率

从图8-35中可以看出，系统热功率约为63.05W。

Step 13：计算辐射传热率

输出各边界面的辐射传热率。

- 双击模型树节点 Result | Reports | Fluxes。
- 选择 Option 为 Radiation Heat Transfer Rate，选择6个边界面，如图8-36所示，单击 Compute 按钮。

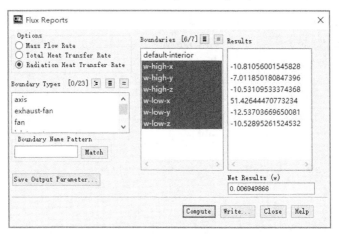

图8-36　计算辐射传热

从图8-36中可以看出，计算得到的辐射传热约为51.426W。

【案例 3】DO 辐射换热：汽车前灯

本案例演示如何利用 FLUENT 中的 DO 辐射模型模拟计算汽车前灯中的热辐射问题。

前灯系统由灯泡、反光镜、透镜以及外壳组成。模型包含两个区域：透镜与外壳所围成的流体域以及透镜所在的固体域。环境温度为 20℃，考虑重力加速度的影响。案例模型及各壁面边界条件如图 8-37 所示。

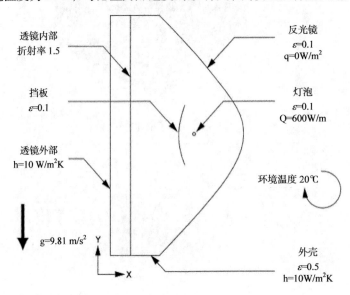

图 8-37　案例模型及各壁面边界条件

Step 1：启动 FLUENT

启动 FLUENT 并导入网格。

- 以 2D 方式启动 FLUENT。
- 利用菜单【File】>【Read】>【Mesh…】读入网格文件 Ex3-3.msh。

软件自动读取网格并将网格显示在图形窗口内。

Step 2：缩放网格

检查计算域尺寸，并缩放模型。

- 选择模型树节点 General。
- 单击右侧面板中的 Scale… 按钮，弹出的 Scale Mesh 对话框如图 8-38 所示。可以看出，计算域尺寸与实际尺寸不符，需要进行缩放。

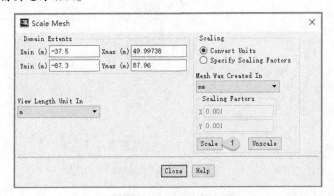

图 8-38　Scale Mesh 对话框

- 选择 Mesh Was Created In 下拉框为 mm。
- 单击 Scale 按钮对模型进行缩放。
- 单击 Close 按钮关闭对话框。

Step 3：检查网格

在导入网格并对网格进行缩放之后，进行网格检查是非常有必要的。

- 选择模型树节点 General。
- 单击右侧面板中的 Check 按钮进行网格检查。

网格信息会出现在 TUI 窗口，如图 8-39 所示。要确保没有错误信息，同时保证 minimum volume 为正值。

```
Preparing mesh for display...
Done.
Slitting wall zone 24 into a coupled wall.
Domain Extents:
   x-coordinate: min (m) = -3.750000e-02, max (m) = 4.999738e-02
   y-coordinate: min (m) = -8.730000e-02, max (m) = 8.796000e-02
Volume statistics:
   minimum volume (m3): 4.229425e-09
   maximum volume (m3): 1.164316e-06
     total volume (m3): 1.168239e-02
Face area statistics:
   minimum face area (m2): 6.120931e-05
   maximum face area (m2): 1.327806e-03
Checking mesh......................
Done.
```

图 8-39 网格信息

Step 4：设置单位

设置温度的单位为℃。系统默认的单位为 K。

- 选择模型树节点 General。
- 单击右侧面板中的按钮 Units…，弹出单位设置对话框。
- 如图 8-40 所示，选择 Temperature，并选择其单位为℃。
- 单击 Close 按钮关闭对话框。

Step 5：General 设置

在 General 中设置重力加速度。

- 选择模型树节点 General。
- 激活右侧面板中的 Gravity，并设置 y 方向为 -9.81，其他参数保持默认，如图 8-41 所示。

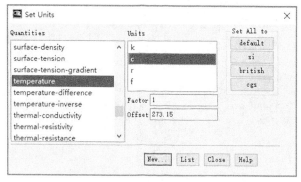

图 8-40 设置单位

图 8-41 General 设置

Step 6：Models 设置

本案例需要激活能量模型及辐射模型。采用层流计算。

1. 激活 Energy 模型

- 选择模型树节点 Models。

- 双击右侧面板中的列表项 Energy。
- 如图 8-42 所示，激活选项 Energy Equation，单击 OK 按钮关闭对话框。

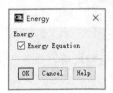

图 8-42　激活能量方程

2. 辐射模型设置

- 选择模型树节点 Models。
- 双击右侧面板中的列表项 Radiation，弹出辐射模型设置对话框。
- 如图 8-43 所示，选择 Model 为 Discrete Ordinates（DO）。
- 设置参数 Energy Iterations per Radiation Iteration 为 1。
- 其他参数保持默认，单击 OK 按钮关闭对话框。

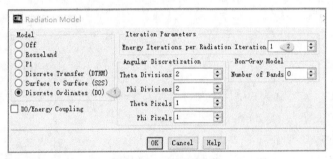

图 8-43　辐射模型设置

Step 7：Materials 设置

本案例涉及 3 种材料：空气、铝以及透镜材料。铝参数采用默认设置，空气和透镜材料需要定义。

1. 定义 air 属性

- 选择模型树节点 Materials。
- 双击右侧面板中的列表项 air，弹出材料属性定义对话框。
- 如图 8-44 所示，设置 Density 为 incompressible-ideal-gas，其他参数保持默认。
- 单击 Change/Create 按钮，然后单击 Close 按钮关闭对话框。

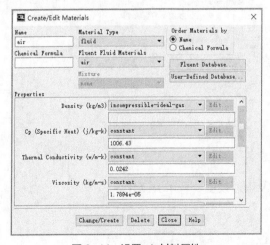

图 8-44　设置 air 材料属性

提示:

> 通常意义上的理想气体状态方程,指的是密度与压力、温度之间的关系。不可压缩理想气体,则指的是密度只与温度有关,与压力无关,在自然对流情况中,由于压力变化量很小,对于流体密度的改变与温度所起的作用相比可忽略不计,此时可使用不可压缩理想气体。

2. 定义透镜材料

为透镜定义新固体材料。

- 选择模型树节点 Materials。
- 双击右侧面板中的 aluminum 列表项,弹出材料编辑对话框。
- 如图 8-45 所示,设置 Name 为 lens,删除掉 Chemical Formula 文本框中的内容。
- 设置 Density 为 2200。
- 设置 Cp 为 830。
- 设置 Thermal conductivity 为 1.5。
- 设置 Absorption Coefficient 为 200。
- 设置 Refractive Index 为 1.5。

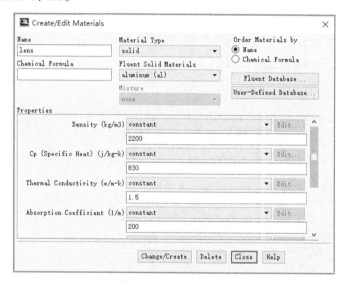

图 8-45 设置材料属性

- 单击 Change/Create 按钮,弹出询问是否覆盖原材料的对话框(见图 8-46),选择 No 不覆盖。

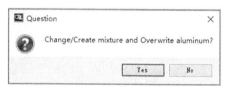

图 8-46 询问对话框

Step 8:Cell Zone Conditions 设置

设置计算域属性。本案例包含两个区域:流体域及固体域。

1. 流体域设置

- 选择模型树节点 Cell Zone Conditions。
- 双击右侧面板中的 fluid 列表项,保持弹出的对话框中各参数不变。

2. 固体域设置

- 选择模型树节点 Cell Zone Conditions。
- 双击右侧面板中的 lens 列表项，弹出区域设置对话框。
- 如图 8-47 所示，设置 Material Name 为 lens。
- 激活选项 Participates In Radiation。
- 单击 OK 按钮关闭对话框。

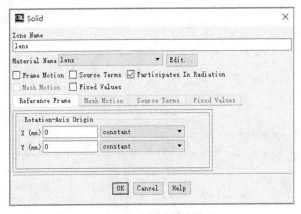

图 8-47 固体域设置

Step 9：Boundary Conditions 设置

1. baffle 面设置

- 选择模型树节点 Boundary Conditions。
- 双击右侧 Zone 列表框中的 baffle 列表项，弹出边界设置对话框。
- 如图 8-48 所示，切换至对话框的 Thermal 标签页，保持 Thermal Conditions 为 Coupled，设置 Internal Emissivity 为 0.1。
- 切换至 Radiation 标签页，设置 Diffuse Fraction 参数为 0。
- 其他参数保持默认，单击 OK 按钮关闭对话框。

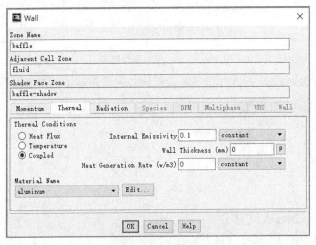

图 8-48 设置 baffle 边界条件

2. baffle-shadow 设置

baffle-shadow 条件与 baffle 相同，采用复制方式进行设置。

- 选择模型树节点 Boundary Conditions。

- 单击右侧面板中的 Copy··· 按钮，弹出 Copy Conditions 对话框。
- 如图 8-49 所示，在 From Boundary Zone 列表框中选择 baffle，在 To Boundary Zones 列表框中选择 baffle-shadow，然后单击 Copy 按钮。

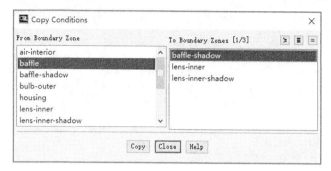

图 8-49　边界复制

3. bulb-outer 设置

- 选择模型树节点 Boundary Conditions。
- 双击右侧面板中的 bulb-outer 列表项。
- 如图 8-50 所示，设置 Heat Flux 为 150000 w/m^2
- 其他参数保持默认，单击 OK 按钮。

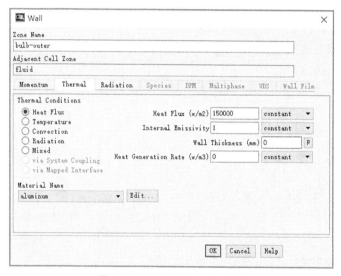

图 8-50　设置 bulb-outer 边界

4. housing 设置

- 选择模型树节点 Boundary Conditions。
- 双击右侧面板中的列表项 housing，弹出边界设置对话框。
- 切换至 Thermal 标签页，按图 8-51 所示进行设置。
- 设置 Thermal Conditions 为 Mixed。
- 设置 Heat Transfer Coefficient 为 10。
- 设置 Free Stream Temperature 为 20。
- 设置 External Radiation Temperature 为 20。
- 设置 Internal Emissivity 为 0.5。
- 其他参数保持默认，单击 OK 按钮关闭对话框。

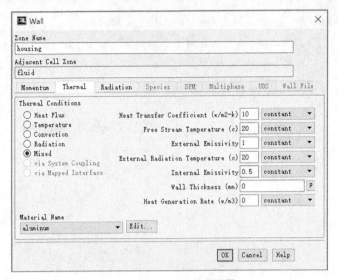

图 8-51　housing 边界设置

5. lens-inner 设置

案例中的透镜内外表面均设置为半透明条件，此条件允许辐射穿透此界面，同时还可以计算界面上的反射及折射。

- 选择模型树节点 Boundary Conditions。
- 双击列表项 lens-inner，弹出边界设置对话框。
- 切换至 Radiation 标签页，设置 BC Type 为 semi-transparent，设置 Diffuse Fraction 为 0，如图 8-52 所示。

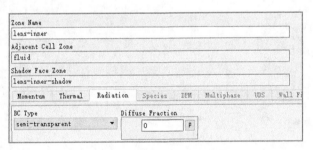

图 8-52　设置 lens-inner 边界

6. lens-inner-shadows 设置

与 lens-inner 边界设置相同。

- 选择模型树节点 Boundary Conditions。
- 双击列表项 lens-inner-shadow，弹出边界设置对话框。
- 切换至 Radiation 标签页，设置 BC Type 为 semi-transparent，设置 Diffuse Fraction 为 0。

7. lens-outer 设置

- 选择模型树节点 Boundary Conditions。
- 双击列表项 lens-outer，弹出边界设置对话框。
- 如图 8-53 所示，切换至 Thermal 标签页，选择 Thermal Conditions 为 Mixed，设置 Heat Transfer Coefficient 为 10，设置 Free Stream Temperature 为 20，设置 Exteranl Radiation Temperature 为 20，其他参数保持默认。

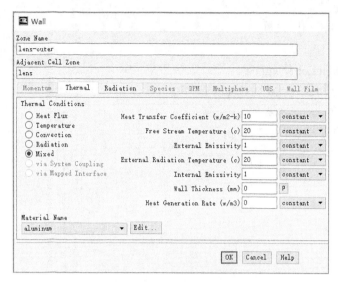

图 8-53 Thermal 条件

● 如图 8-54 所示，切换至 Radiation 标签页，设置 BC Type 为 semi-transparent，设置 Diffuse Fraction 为 0。

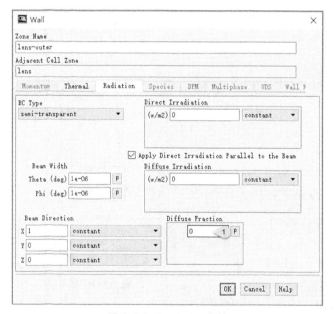

图 8-54 Radiation 条件

8. Reflector 设置

与 baffle 类似，Reflector 材质也为抛光铝材，拥有很高的反射率，案例设置其反射 90%、吸收 10% 的入射能量。根据基尔霍夫定律，可以假设发射率与吸收率相等。因此，设置该面的 internal emissivity 为 0.1，同时假定该面为镜面反射（漫反射 diffuse fraction =0）。

● 选择模型树节点 Boundary Conditions。
● 双击右侧面板中的 reflector 列表项，弹出边界条件设置对话框。
● 切换至 Thermal 标签页，设置 Internal Emissivity 为 0.1。
● 切换至 Radiation 标签页，设置 Diffuse Fraction 为 0。
● 单击 OK 按钮关闭对话框。
其他边界采用默认条件。

Step 10：Solution Methods 设置

设置求解算法。

- 选择模型树节点 Solution Methods。
- 设置右侧面板中的 Pressure 为 Body Force Weighted。
- 激活选项 Warped-Face Gradient Correction。

其他参数保持默认设置，如图 8-55 所示。

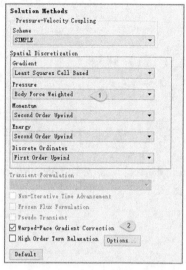

图 8-55　设置求解算法

Step 11：Monitors

修改残差标准。

- 选择模型树节点 Monitors。
- 在右侧面板中双击 Residuals-Print,Plot，弹出残差设置对话框。
- 修改 continuity 的 Absolute Criteria 为 0.0001，其他参数保持默认。

Step 12：Solution Initialization

进行初始化设置。

- 选择模型树节点 Solution Initialization。
- 选择右侧面板中的 Hybrid Initialization 选项，单击 Initialize 按钮。

本案例也可以采用标准方式进行初始化。

Step 13：Run Calculation

设置迭代计算。

- 选择模型树节点 Run Calculation。
- 如图 8-56 所示，设置右侧面板中的 Number of Iterations 为 1500，单击 Calculate 按钮进行计算.

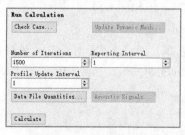

图 8-56　设置迭代计算

计算在 1250 步时收敛。

Step 14：查看温度分布

查看系统内温度分布。

- 选择模型树节点 Results | Graphics。
- 双击右侧面板中 Graphics 列表框内的 Contours 列表项。
- 如图 8-57 所示，激活 Filled 选项，选择 Contours of 下拉选项为 Temperature 及 Static Temperature，取消选择 Surfaces 列表框中的列表项。
- 单击 Display 按钮以显示温度分布。

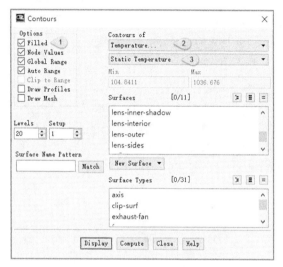

图 8-57　温度显示设置

温度分布如图 8-58 所示。

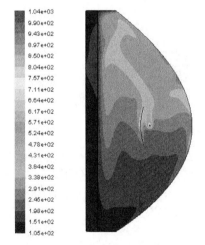

图 8-58　温度分布（单位：℃）

Step 15：显示透镜中的温度

先要根据区域创建面，然后显示面上的温度。

- 选择按钮 Create>Zone…，弹出 Zone Surface 对话框。
- 选择 Zone 列表框中的 lens 项，如图 8-59 所示。
- 单击 Create 按钮。
- 单击 Close 按钮关闭对话框。

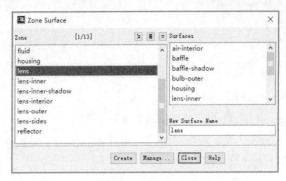

图 8-59　创建 Surface 表面

- 选择模型树节点 Results | Graphics。
- 双击右侧面板中 Graphics 列表框内的 Contours 列表项。
- 激活 Filled 选项。
- 取消激活 Global Range 选项。
- 选择 Contours of 下拉选项为 Temperature 及 Static Temperature。
- 选择 Surface 列表框中的 lens 列表项。
- 单击 Display 按钮以显示透镜中的温度分布。

透镜中的温度分布如图 8-60 所示。

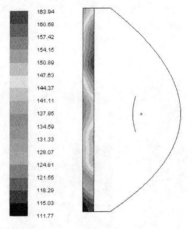

图 8-60　透镜中的温度分布

Step 16：显示 lens-inner 上温度分布

利用曲线图显示 lens-inner 上的温度分布。

- 选择模型树节点 Result | Plots，双击右侧面板列表框中 XY Plot 选项，在弹出的对话框中，按图 8-61 所示进行设置。

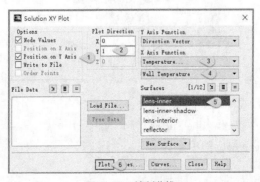

图 8-61　绘制曲线

- 单击 Plot 按钮显示图形。

温度分布如图 8-62 所示。

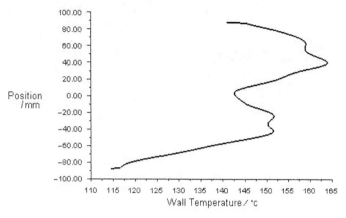

图 8-62　lens-inner 上温度分布

- 激活图 8-61 中的 Write to File 选项，单击下方的 Write…按钮输出数据到文件 do_2x2_1x1.xy。
输出文件方便后面进行比较。

Step 17：修改 DO 模型参数

修改 DO 模型中的参数，比较参数对计算的影响。

- 选择模型树节点 Models，双击右侧面板中的列表项 Radiation。
- 设置 Theta Pixels 及 Phi Pixels 均为 2，如图 8-63 所示。
- 单击 OK 按钮关闭对话框。

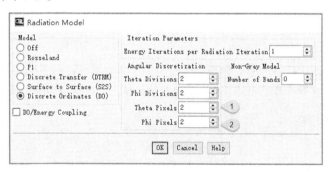

图 8-63　设置 DO 模型

Step 18：Run Calculation

设置迭代步数为 1500，继续计算。

- 选择模型树节点 Run Calculation。
- 设置右侧面板中的 Number of Iterations 为 1500，单击 Calculate 按钮进行计算。

计算大约 600 步后收敛。

Step 19：比较 lens-inner 上温度分布

与前面的计算值比较，分析 DO 模型参数改变对计算结果的影响。

- 选择模型树节点 Result | Plots，双击右侧面板列表框中的 XY Plot 选项，弹出 XY 曲线绘制对话框。
- 如图 8-64 所示，取消 Position on X Axis，激活 Position on Y Axis 选项，设置 Plot Direction 的 X 为 0、Y 为 1，设置 X Axis Function 为 Temperature…及 Wall Temperature，选择 Surfaces 为 lens-inner。
- 单击 Load File…按钮，读取前面保存的 do_2x2_1x1.xy 文件。

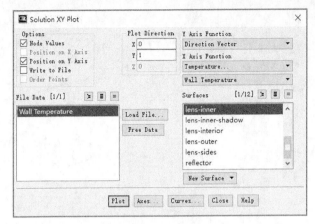

图 8-64　绘制图形

● 单击 Plot 按钮显示图形。

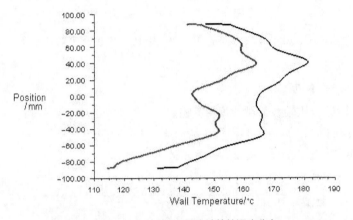

图 8-65　lens-inner 上两次计算的温度分布

从图 8-65 可以看出，两次计算的温度分布存在较大的差异。读者可以尝试着继续增加 DO 模型的 Theta Divisions 及 Phi Divisions，查看计算结果的变化。这两参数值越大，计算结果越精确，相应的计算量也会增大。

Step 20：计算总的传热率

计算总传热率的步骤如下。

● 选择模型树节点 Reports，双击右侧面板中的 Fluxes 列表项，按图 8-66 所示对弹出的对话框中的参数进行设置。

● 单击 Compute 按钮进行计算。

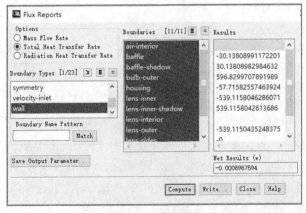

图 8-66　参数设置

Step 21：计算辐射传热率

计算辐射传热率的步骤如下。

- 选择模型树节点 Reports，双击右侧面板中的 Fluxes 列表项，弹出通量报告对话框。
- 如图 8-67 所示，选择选项 Radiation Heat Transfer Rate，同时选择所有的 Boundaries 列表项。
- 单击 Compute 按钮计算热辐射率。

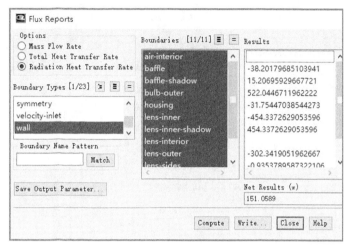

图 8-67　计算热辐射率

从图 8-67 可以看到，净热辐射率为 151.0589W。

本案例到此结束。

【案例4】太阳辐射换热：建筑物室内热计算

本案例演示如何利用 FLUENT 的 solar load model 构建及求解建筑物室内热计算。

案例模型为位于英格兰谢菲尔德的 FLUENT 欧洲办事处接待前台，如图 8-68 所示。建筑物一楼的前墙从地面到天花板可认为全部是玻璃幕墙，二楼楼顶也有小范围的玻璃结构，案例利用 FLUENT 软件计算建筑物在夏季中的热负荷。隔壁房间开启空调，温度保持在 20℃，因此热量通过建筑物内部墙壁传递到此房间。房间地板为混凝土结构，假定其温度固定。室外温度假设为 25℃，外壁面与室外换热系数为 4W/m²·K，在前台桌子的后面安装有一个空气冷却装置。

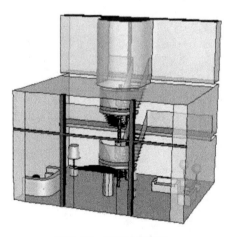

图 8-68　案例几何模型

Step 1：启动 FLUENT

案例模型为 3D 模型，因此以 3D 模式启动 FLUENT。

- 启动 FLUENT，选择 Dimension 为 3D。
- 利用菜单【File】>【Read】>【Mesh…】读取网格文件 ex3-4.msh。

网格读取后软件将模型显示在图像窗口。

Step 2：检查模型

检查计算域尺寸是否满足要求。

- 选择模型树节点 General，单击右侧面板中的 Check 按钮。TUI 窗口出现图 8-69 所示的信息。检查 Domain Extents 的尺寸是否与实际尺寸一致，同时检查 minimum volume 的值，确保该值为正。

```
Domain Extents:
  x-coordinate: min (m) = -1.500000e+00, max (m) = 8.500000e+00
  y-coordinate: min (m) = 0.000000e+00, max (m) = 1.000000e+01
  z-coordinate: min (m) = 0.000000e+00, max (m) = 8.000000e+00
Volume statistics:
  minimum volume (m3): 3.463332e-06
  maximum volume (m3): 2.958776e-02
    total volume (m3): 5.690695e+02
Face area statistics:
  minimum face area (m2): 3.858204e-04
  maximum face area (m2): 2.253792e-01
Checking mesh........................
Done.
```

图 8-69　计算域模型信息

Step 3：General 设置

设置温度单位以及重力加速度。

- 选择模型树节点 General，单击右侧面板中的 Units…按钮，弹出 Set Units 对话框。
- 如图 8-70 所示，选择 Quantities 为 temperature，设置 Units 为℃。
- 单击 Close 按钮关闭对话框。

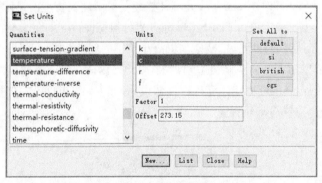

图 8-70　设置温度单位

- 激活选项 Gravity，设置重力加速度为 y 方向-9.81，如图 8-71 所示。

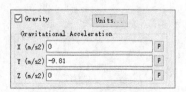

图 8-71　重力加速度

Step 4：Models 设置

本案例需要激活能量方程、湍流方程以及辐射模型。

- 选择模型树节点 Models。
- 双击右侧面板中的 Energy 列表项，在弹出的对话框中激活 Energy Equation 项，如图 8-72 所示。
- 单击 OK 按钮关闭对话框。
- 双击列表项 Viscous，弹出湍流模型设置对话框。
- 如图 8-73 所示，选择 RNG k-epsilon 模型，激活选项 Full Buoyancy Effects，然后单击 OK 按钮。

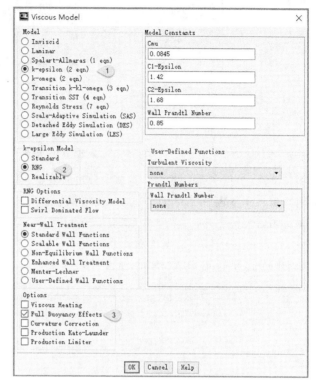

图 8-72 激活能量方程

图 8-73 湍流模型设置

- 双击列表项 Radiation，弹出辐射模型设置对话框。
- 如图 8-74 所示，激活选项 Solar Ray Tracing，激活选项 Use Direction Computed from Solar Caclulator，设置 Direct Solar Irradiation 及 Diffuse Solar Irradiation 选项均为 solar-calculator，保持 Spectral Fraction 参数值为默认的 0.5。

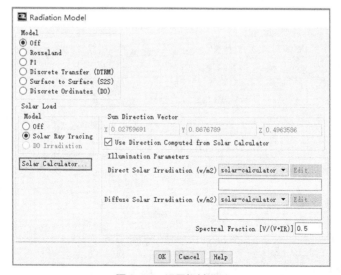

图 8-74 设置辐射模型

- 单击按钮 Solar Calculator…，弹出太阳辐射计算器。
- 如图 8-75 所示，设置 Longitude 为 -1.28、Latitude 为 53.23，设置 Timezone 为 1，设置 North 为（0，0，-1）、East 为（1，0，0），其他参数保持默认。
- 单击 Apply 按钮及 Close 按钮确认并关闭对话框。

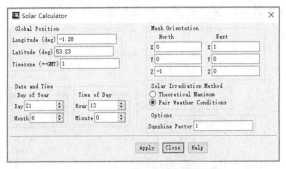

图 8-75　太阳辐射计算器

下面利用 TUI 设置一些太阳辐射参数，这些参数目前只能通过 TUI 命令（见图 8-76）来实现。

- 在 TUI 窗口输入命令 define/models/radiation/solar-parameters。
- 输入命令 ground-reflectivity，保持其为默认值 0.2。
- 输入命令 scattering-fraction，设置其值为 0.75。
- 输入命令 sol-adjacent-fluidcells，输入 yes 激活此项。

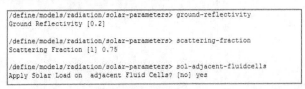

图 8-76　TUI 命令

Step 5：Materials 设置

修改 air 属性，并创建 3 种固体材料。

1. 修改 air 材料属性

- 选择模型树节点 Materials，双击右侧面板列表框中的列表项 air，弹出材料编辑对话框。
- 设置 Density 为 Boussinesq，密度值为 1.18 kg/m^3，如图 8-77 所示。

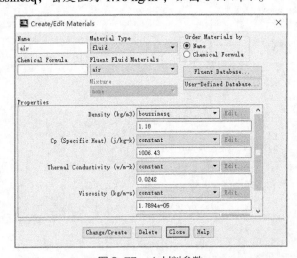

图 8-77　air 材料参数

提示:
> Boussinesq 适用于温度变化较小的自然对流问题，该模型比较稳定。然而当温度变化很大时（变化范围超出绝对温度的 10%~20%），则不能使用此模型。

- 设置 Thermal Expansion Coefficient 为 0.00335 K^{-1}。
- 单击 Change/Create 按钮确认修改。
- 单击 Close 按钮关闭对话框。

2. 创建材料 steel

- 选择模型树节点 Materials，单击右侧面板中的 Create/Edit…按钮，弹出材料创建对话框。
- 单击对话框中的 FLUENT Database…按钮，弹出 FLUENT Database Materials 对话框。
- 选择 Material Type 下拉项为 Solid。
- 选择材料 steel。
- 单击 Copy 按钮并关闭对话框，返回至 Create/Edit Materials 对话框。
- 单击 Close 按钮关闭对话框。

3. 创建材料 glass

- 选择模型树节点 Materials。
- 双击列表项 steel，弹出材料编辑对话框。
- 如图 8-78 所示，修改 Name 为 glass，修改 Density 为 2200。修改 Cp 为 830，修改 Thermal Conductivity 为 1.15。

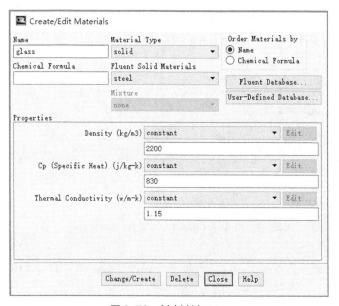

图 8-78 创建材料 glass

- 单击 Change/Create 按钮，弹出图 8-79 所示的询问对话框，单击 No 按钮不覆盖材料。

图 8-79 询问对话框

4．创建材料 building-insulation

- 在图 8-78 所示对话框中，修改 Name 为 building-insulation。
- 设置 Density 为 10 kg/m^3。
- 设置 Cp 为 830 J/kg·K。
- 设置 Thermal Conductivity 为 0.1 W/m·K。
- 单击 Change/Create 按钮，弹出询问对话框，单击 No 按钮不覆盖材料。

材料创建完毕后的材料列表框如图 8-80 所示。

图 8-80　材料列表框

Step 6：Cell Zone Conditions 设置

设置 solid-steel-frame 的材料为 steel。

- 选择模型树节点 Cell Zone Conditions。
- 双击右侧面板中列表项 solid-steel-frame。
- 在弹出的 Solid 对话框中选择 Material Name 为 steel。
- 单击 OK 按钮关闭对话框。

fluid 区域保持默认设置，其默认介质为 air。

Step 7：Boundary Conditions 设置

设置边界条件。

1．设置边界 w-floor

- 选择模型树节点 Boundary Conditions。
- 双击右侧面板中的列表项 w_floor，弹出 Wall 设置对话框。
- 切换至 Thermal 标签页，设置 Thermal Conditions 为 Temperature。
- 设置 Temperature 为 25℃。
- 切换至 Radiation 标签页，设置 Direct Visible 参数值为 0.81，设置 Direct IR 参数值为 0.92。
- 其他参数保持默认，单击 OK 按钮关闭对话框。

2．设置边界 w-south-glass

- 单击模型树节点 Boundary Condtions，双击右侧面板中的列表项 w-south-glass，弹出 wall 设置对话框。
- 如图 8-81 所示，切换至 Thermal 标签页，设置 Thermal Condtions 为 Mixed，设置 Heat Transfer Coefficient 为 4，设置 Free Stream Temperature 为 22，设置 External Emissivity 为 0.49，设置 External Radiation Temperature 为-273，设置 Wall Thickness 为 0.01，设置 Material Name 下拉框为 glass。

> 说明：
> 这里设置外部辐射温度为-273℃，指的是外部背景温度通过太阳辐射提供。

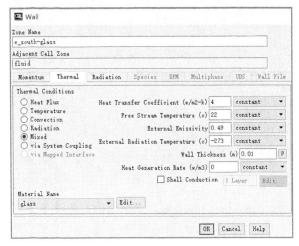

图 8-81　设置壁面热条件

- 如图 8-82 所示，切换至 Raidation 标签页，设置 BC Type 为 semi-transparent，设置 Absorptivity 下的 Direct Visible、Direct IR 及 Diffuse Hemispherical 参数值均为 0.49，设置 Transmissivity 下的 Direct Visible、Direct IR 参数值均为 0.3，设置 Diffuse Hemispherical 参数值为 0.32。
- 单击 OK 按钮关闭对话框。

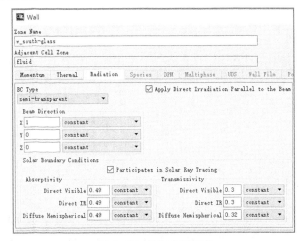

图 8-82　辐射参数设置

3．设置 w_door-glass 及 w_roof-glass

这两个边界条件与 w-south-glass 相同，采用复制的方式进行边界设置。

- 选择模型树节点 Boundary Conditions。
- 单击右侧面板中的 Copy… 按钮，弹出边界复制对话框。
- 设置 From Boundary Zone 为 w_south-glass，设置 To Boundary Zones 为 w_door_glass 及 w_roof-glass，如图 8-83 所示。

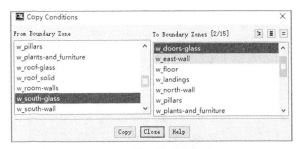

图 8-83　边界复制

- 单击 Copy 按钮后，单击 Close 按钮关闭对话框。

4．设置 w-roof-solid

- 单击模型树节点 Boundary Condtions，双击右侧面板中的列表项 w-roof-solid，弹出 wall 设置对话框。
- 切换至 Radiation 标签页。
- 设置 Direct Visible 为 0.26。
- 设置 Direct IR 为 0.9。
- 单击 OK 按钮关闭对话框。

5．设置 w_steel-frame-out

- 单击模型树节点 Boundary Condtions，双击右侧面板中的列表项 w_steel-frame-out，弹出 wall 设置对话框。
- 切换至 Thermal 标签页，设置 Thermal Condtions 为 Mixed。
- 设置 Heat Transfer Coefficient 为 4。
- 设置 Free Stream Temperature 为 25。
- 设置 External Emissivity 为 0.91。
- 设置 External Radiation Temperature 为 53.5，其他参数保持默认。
- 单击 OK 按钮关闭对话框。

6．设置 w_steel-frame-in

- 单击模型树节点 Boundary Condtions，双击右侧面板中的列表项 w- steel-frame-in，弹出 wall 设置对话框。
- 切换至 Radiation 标签页。
- 设置 Direct Visible 为 0.78。
- 设置 Direct IR 为 0.91。
- 单击 OK 按钮关闭对话框。

7．设置 w_north-wall

- 单击模型树节点 Boundary Condtions，双击右侧面板中的列表项 w- steel-frame-in，弹出 wall 设置对话框。
- 如图 8-74 所示，切换至 Thermal 标签页，设置 Thermal Conditions 为 Convection，设置 Heat Tranfer Coefficient 为 4，设置 Free Stream Temperature 为 20，设置 wall Thickness 为 0.1m，设置 Material Name 为 building-insulation。

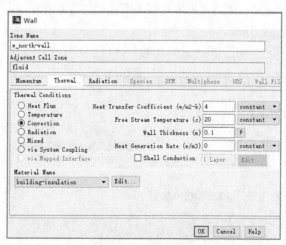

图 8-84　壁面热条件

- 切换至 Radiation 标签页，设置 Direct Visible 为 0.26，设置 Direct IR 为 0.9。
- 单击 OK 按钮关闭对话框。

8. 设置 w_east-wall,w_west-wall, w_room-walls 及 w_pillars.

这几个边界条件与 w-north-wall 相同，采用复制的方式进行设置。

- 选择模型树节点 Boundary Conditions。
- 单击右侧面板中的 Copy… 按钮，弹出边界复制对话框。
- 设置 From Boundary Zone 为 w-north-wall，设置 To Boundary Zones 为 w_east-wall,w_west-wall, w_room-walls 及 w_pillars。
- 单击 Copy 按钮设置边界。

其他壁面边界参数保持默认设置。

9. 设置 v_ac-in

- 单击模型树节点 Boundary Condtions，双击右侧面板中的列表项 v_ac-in，弹出 velocity inlet 设置对话框。
- 如图 8-85 所示，切换至 Momentum 标签页。
- 设置 Velocity Specification Method 为 Magnitude and Direction。
- 设置 Velocity Magnitude 为 10 m/s。
- 设置 X-Component of Flow Direction 为 0.1。
- 设置 Y-Component of Flow Direction 为 1。
- 设置 Specification Method 为 Intensity and Hydraulic Diameter，设置 Turbulent Intensity 为 10%，设置 Hydraulic Diameter 为 0.02。

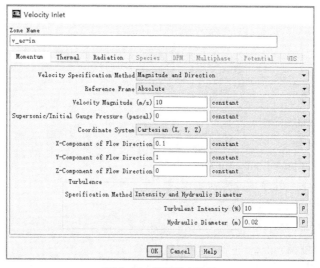

图 8-85 设置速度边界

- 切换至 Thermal 标签页，设置 Temperature 为 15 ℃。
- 单击 OK 按钮关闭对话框。

Step 8：Solution Methods 设置

设置求解控制选项。

- 选择模型树节点 Solution Methods。
- 在右侧面板中设置 Pressure 为 Body Force Weighted。
- 激活选项 Warp-Face Gradient Correction。
- 其他参数采用默认设置。

Step 9：Solution Controls

设置求解亚松弛因子。

- 选择模型树节点 Solution Controls。
- 设置 Pressure 为 0.3。
- 设置 Momentum 为 0.2。
- 设置 Energy 为 0.9。
- 其他参数保持默认。

Step 10：设置 Monitors

监控 w_south-glass 面的总热通量，以便进行收敛判断。

- 选择模型树节点 Monitors。
- 创建 Surface Monitors，按图 8-86 所示进行设置。

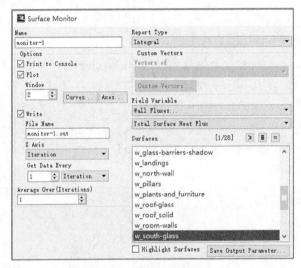

图 8-86　创建并设置 Monitor

Step 11：Solution Initialization

进行初始化设置。

- 选择模型树节点 Solution Initialization。
- 选择 Standand Initialization 方法进行初始化。
- 选择 Compute from 下拉框选项为 all-zones。
- 设置 Temperature 初始值为 22，其他参数保持默认。
- 单击 Initialize 按钮进行初始化。

初始化完毕后进行计算。

Step 12：Run Calculation

设置迭代参数进行计算。

- 选择模型树节点 Run Calculation。
- 设置 Number of Iterations 为 1000。
- 单击 Calculate 按钮进行计算。

计算完毕后分别保存 cas 及 dat 文件为 ex3-4.cas 及 ex3-4.dat。

Step 13：增加辐射模型

前面的计算仅仅考虑了太阳辐射，并未考虑其他的辐射模型。这里增加辐射模型，可以采用 P1 辐射模型或 S2S 模型。

- 选择模型树节点 Models。
- 双击右侧列表项 Radiation，弹出辐射模型设置对话框。
- 选择 P1 模型。
- 单击 OK 按钮确认选择。

Step 14：继续计算

设置迭代参数进行计算。

- 选择模型树节点 Run Calculation。
- 设置 Number of Iterations 为 1000。
- 单击 Calculate 按钮进行计算。

计算完毕后分别保存 cas 及 dat 文件为 ex3-4-p1.cas 及 ex3-4-p1.dat。

Step 15：后处理计算

创建 x=3.5m 及 y=1m 的等值面。

- 显示 x=3.5m 的等值面上的温度分布，如图 **8-87** 所示。
- 显示 y=1m 的等值面上的温度分布，如图 **8-88** 所示。
- 显示 w_south-glass 面上的太阳辐射通量云图，如图 **8-89** 所示。

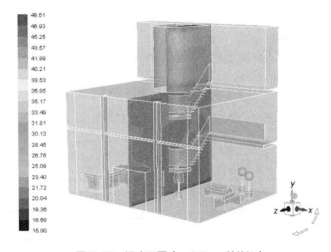

图 8-87　温度云图（x=3.5m，单位℃）

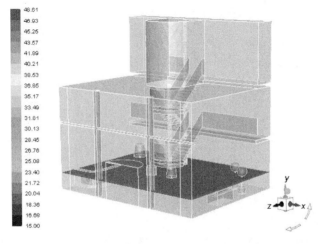

图 8-88　温度云图（y=1m，单位℃）

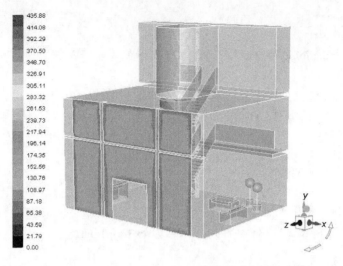

图 8-89   w_south-glass 面上太阳辐射通量(单位 W/m²)

本案例完毕。

Step 16：材料的辐射参数

对于所有的非透明材料，在应用辐射模型时都需要知道其红外频段（长波）及可见光频段（短波）吸收率，通常情况下，红外频段的吸收率要略大。材料的吸收率数据很难从制造商或供应商处获取，因此在进行此类仿真计算时需要基于一些标准的传热参考资料进行一些估计。对于透明材料表面，则需要提供红外频段的吸收率、透射率以及可见光频段的直接辐射。表 8-4 所示为一些常用材料参数的辐射参数（Table 13 in Chapter 30 of the 2001 ASHRAE Fundamentals Handbook）。

表 8-4   常见材料辐射参数

表面	材料	辐射参数
壁面	白亚光漆	$\alpha_v=0.26, \alpha_{IR}=0.9$
地板	深灰色地毯	$\alpha_v=0.81, \alpha_{IR}=0.92$
家具	通常为有颜色的亚光材料	$\alpha_v=0.75, \alpha_{IR}=0.90$
钢结构	深灰色有光泽	$\alpha_v=0.78, \alpha_{IR}=0.91$
外部玻璃	双层镀膜玻璃	$\alpha_v=0.49, \alpha_{IR}=0.49, \alpha_D=0.49$ $\tau_V=0.30, \tau_{IR}=0.30, \tau_D=0.32$
内部玻璃	单层毛玻璃	$\alpha_v=0.09, \alpha_{IR}=0.09, \alpha_D=0.10$ $\tau_V=0.83, \tau_{IR}=0.83, \tau_D=0.75$

第9章 运动部件建模

【Q1】 运动部件的模拟方法

科学研究与工程设计中常会遇到运动系统中的流动问题，如压缩机、透平机械、风扇、泵、混合设备、空气马达、螺旋桨等，这些系统中均存在部件的运动。

FLUENT 中提供了多种方法用于此类问题的模拟，包括单参考系（Single Reference Frame，SRF）、多参考系（Multiple Reference Frame，MRF）、混合平面模型（Mixing Plane Model，MPM）、滑移网格模型（Sliding Mesh Model，SMM）以及动网格模型（Dynamic Mesh，DM）。

1. 单参考系模型

单参考系模型（见图 9-1）是最简单的运动模型，通过指定整个计算域运动来实现。需要注意的是，单参考系模型在计算过程中，实际上运动的是坐标系而非网格，因此该模型只能用于稳态计算。

2. 多参考系模型

当计算域中同时存在动静区域时，需要采用多参考系模型。如图 9-2 所示，多参数考系模型的计算域中同时包含了动区域与静区域，区域之间采用 interface 进行连接，可以为不同区域设置运动形式。与单参考系模型相同，多参考系模型仍然只能用于稳态计算。

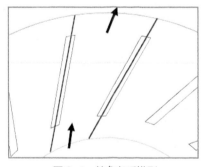

图 9-1　单参考系模型

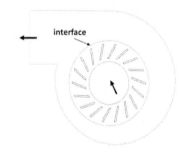

图 9-2　多参考系模型

3. 混合平面模型

混合平面模型多用于多级泵或多级离心机之类的旋转机械中。与多参考系模型类似，混合平面模型也需要创建多个计算区域，但与之不同的是，混合平面模型不需要利用 interface 连接两个区域，它的每一个区域都存在入口和出口，且上一个区域的出口与下一个区域的入口连接。混合平面模型也只能用于稳态计算。混合平面模型的创建面板如图 9-3 所示。

4. 滑移网格模型

滑移网格模型与多参考系模型的建模方式相同，所不同的是滑移网格模型的网格区域在计算过程中是真实运动的，因此滑移网格模型可用于瞬态计算。当区域间存在较大的干扰或相互作用时，如图9-4所示，需要使用滑移网格模型而不能使用多参考系模型。

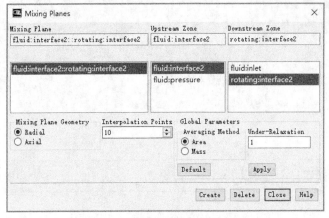

图9-3　混合平面模型的创建面板

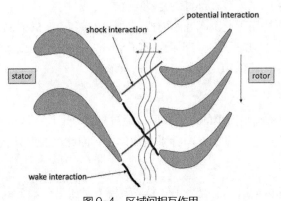

图9-4　区域间相互作用

注意：

滑移网格模型只能用于瞬态计算。滑移网格域间采用 interface 进行连接。滑移网络设置对话框如图9-5所示。

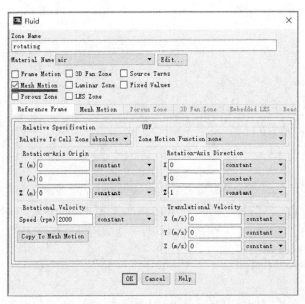

图9-5　滑移网格设置对话框

5. 动网格模型

与以上的4种方式均不同，动网格模型采用定义边界或网格节点运动的方式模拟部件的运动。这是最接近真实物理场景的模拟技术。根据运动定义方式的不同，动网格运动可分为显式运动（也称主动运动）及隐式运动（也称被动运动）。显式运动采用显式定义部件边界或节点的运动速度的方式；而隐式运动则应用牛顿第二定律，根据部件受力计算其运动速度。

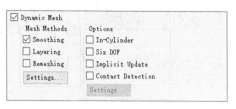

动网格模型最核心的技术在于部件运动导致网格运动的处理方式，FLUENT提供了3种方式用于处理网格运动：Smoothing、Layering及Remeshing，如图9-6所示。

图9-6 动网格模型处理网格运动的3种方式

同时FLUENT还根据不同的应用场合，提供了一些特殊的模型：

（1）In-Cylinder：发动机缸内运动。

（2）Six-DOF：6自由度运动，被动运动常用的模型。

（3）Implicit Update：每一个时间步更新动网格。

（4）Contact Detection：碰撞检测。

应用这些方法可以进行部件运动的模拟。

【Q2】 利用 Profile 文件定义运动

动网格中的部件运动定义包括两类：刚体边界运动及网格节点运动。对于刚体边界运动，可以采用Profile文件或UDF宏来定义，而对于网格节点运动则只能使用UDF宏进行定义。利用Profile文件可以很方便地定义一些简单的部件运动。一个典型的Profile文件定义如下所示。

```
((profile-name transient n periodic?)
(field_name-1 a1 a2 a3 .... an)
(field_name-2 b1 b2 b3 .... bn)
. . .
(field_name-r r1 r2 r3 .... rn)
```

其中，profile-name为用户自定义名称；transient为瞬态文件关键字，表示该profile用于瞬态描述；n为点的数量；periodic为指定是否周期的标志，1表示时间周期，0表示非时间周期；field_name为要定义的物理量。下面列出的是一个定义x方向速度的Profile文件。

```
((vel transient 3 0)
(time  1 2 3 )
(v_x  10 20 30)
)
```

该Profile文件定义了x方向速度随时间的变化规律，一共使用了3个点进行定义，点与点之间采用线性插值，如图9-7所示。

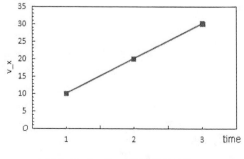

图9-7 Profile文件定义的速度

Profile 文件的 field_name 可以为以下物理量：time, angle, x, y, z, v_x, v_y, v_z, omega_x, omega_y, omega_z, theta_x, theta_y, theta_z。

【Q3】 利用 UDF 定义运动

FLUENT 提供了众多的 UDF 宏用于运动定义，主要可分为 3 大类：刚体运动定义、变形定义以及属性定义。

1. DEFINE_CG_MOTION 宏

动网格中应用最为频繁的 UDF 宏（用于定义刚体运动）。该宏可以定义平动、转动以及混合运动，可以应用于边界、区域等。其基本形式为：

```
DEFINE_CG_MOTION(name,dt,vel,omega,time,dtime)
```

其中，name 为宏的名称；dt 为运动区域的索引，由 FLUENT 传入；vel 为平动速度（输出）；omega 为转动角速度（输出）；time 为当前时间；dtime 为当前时间步长。

如 profile 文件：

```
((velocity transient 3 0)
(time  1 2 3 )
(v_x  10  20  30)
)
```

可改写为如下所示的 DEFINE_CG_MOTION 宏。

```
#include "udf.h"
DEFINE_CG_MOTION(velocity, dt,vel,omega,time,dtime)
{
    Vel[0]=10*time;
}
```

2. DEFINE_GEOM 宏

此宏用于定义边界变形，只能用于边界，不能用于区域。与 FLUENT 中预定义的 Plane projection 及 Cylinder projection 类似，但 DEFINE_GEOM 宏能实现更复杂的几何变形。该宏的定义形式为：

```
DEFINE_GEOM(name,domain,dt,position)
```

其中，name 为宏的名称；domain 为区域指针；dt 为存储动网格属性的结构指针；position 为存储节点位置的数组（输出）。

对于图 9-8 所示的抛物线几何体，可编写 UDF 宏如下。

方程 $y = -0.4z^2 + 0.5z + 0.3$ 沿 Z 轴旋转

图 9-8　抛物线几何体

```
#include "udf.h"
#include "dynamesh_tool.h"
DEFINE_GEOM(parabola,domain,dt,position)
{
    real radius;
    real norm;
```

```
    real x,y,z;
    x = position[0];
    y = position[1];
    z = position[2];

    radius = -0.4 * z *z + 0.5*z + 0.3;
    norm = sqrt(x*x + y*y);

    position[0] = position[0] * radius / norm;
    position[1] = position[1] * radius / norm;
}
```

UDF 宏被编译后，即可在动网格域定义中选择变形体 parabola。

3. DEFINE_GRID_MOTION 宏

利用 DEFINE_GRID_MOTION 宏可以控制单个节点的运动。该宏可用于边界，也可用于区域。定义方式为：

```
DEFINE_GRID_MOTION(udfname,d,dt,time,dtime)
```

其中，udfname 为宏的名称；d 为区域指针；dt 为存储动网格属性的结构指针；time 为当前时间；dtime 为时间步长。

此宏没有输出。

下面是一个简单的示例：定义血管壁面受周期载荷引起的变形，如图 9-9 所示。

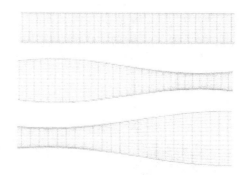

图9-9　一个简单的示例

程序代码如下所示。

```
#include "udf.h"

#define D 2e-3 /*管道直径*/
#define l 2e-2 /*管道长度*/
#define freq 1 /*节点变化频率*/

DEFINE_GRID_MOTION(grid_both,domain,dt,time,dtime)
{
    face_t f;
    Threa *tf = DT_THREAD((Dynamic_Thread *)dt);
    int n;
    Node *v;
    real x;
    real y;

    SET_DEFORMING_THREAD_FLAG(THREAD_T0(tf));
    begin_f_loop(f,tf)
    {
```

```
        f_node_loop(t,tf,n)
        {
            v=F_NODE(f,tf,n);
            if(NODE_POS_NEED_UPDATE(v))
            {
                NODE_POS_UPDATE(v);
                x = NODE_X(v);
                y = D/4.0 * sin(x * M_PI/l * 2)* sin(2*M_PI *freq *CURRENT_TIME);
                if(NODE_Y(v)> (D/2.0))
                {
                    NODE_Y(v) = D+ y;
                }
                else
                {
                    NODE_Y(v) = -y;
                }
            }
        }
        update_Face_Metrics(f,tf);
    }
    end_f_loop(f,tf);
}
```

UDF 编译后，即可在动网格区域中定义部件的变形。

【Q4】 6DOF 模型

前面关于运动方式的定义，均是建立在物体运动方式已知的情况下的，然而工程中常常会遇到物体运动状态受流体控制的情况，如风力发电机、风车、水轮机等，如图 9-10 所示。

图 9-10　风力发电机与风车

FLUENT 提供了 6DOF 模型用于处理这类运动问题。在物体运动状态受流体作用控制的情况下，6DOF 模型能够计算流体作用在物体上的力与力矩，利用输入的物体的质量及转动惯量数据，模型可以计算出作用在物体上的加速度与角加速度，从而得到物体的运动状态。

应用 6DOF 模型时，需要利用 UDF 宏 DEFINE_SDOF_PROPERTIES 定义物体的属性，这些属性包括。

```
SDOF_MASS /*质量*/
SDOF_IXX  /*x转动惯量*/
SDOF_IYY  /*y转动惯量*/
SDOF_IZZ  /*z转动惯量*/
```

```
SDOF_IXY  /*xy 惯性积*/
SDOF_IXZ  /*xz 惯性积*/
SDOF_IYZ  /*yz 惯性积*/
```

除此之外，该宏还可以指定一些外部力与力矩，以及一些运动约束。

```
SDOF_LOAD_LOCAL, /* 布尔值，全局坐标系为 False，局部坐标系为 True*/
SDOF_LOAD_F_X, /* x 方向外部作用力 */
SDOF_LOAD_F_Y, /* y 方向外部作用力 */
SDOF_LOAD_F_Z, /* z 方向外部作用力 */
SDOF_LOAD_M_X, /* x 方向外部力矩 */
SDOF_LOAD_M_Y, /* y 方向外部力矩 */
SDOF_LOAD_M_Z, /* z 方向外部力矩 */
SDOF_ZERO_TRANS_X, /*布尔值，True 表示约束 x 方向平动*/
SDOF_ZERO_TRANS_Y, /*布尔值，True 表示约束 y 方向平动*/
SDOF_ZERO_TRANS_Z, /*布尔值，True 表示约束 z 方向平动*/
SDOF_ZERO_ROT_X, /*布尔值，True 表示约束 x 方向转动*/
SDOF_ZERO_ROT_Y, /*布尔值，True 表示约束 y 方向转动*/
SDOF_ZERO_ROT_Z, /*布尔值，True 表示约束 z 方向转动*/
SDOF_SYMMETRY_X, /*x 轴对称模型*/
SDOF_SYMMETRY_Y, /*y 轴对称模型*/
SDOF_SYMMETRY_Z, /*z 轴对称模型*/
```

DEFINE_SDOF_PROPERTIES 宏的定义形式如下。

```
DEFINE_SDOF_PROPERTIES(name,properties,dt,time,dtime)
```

其中，name 为宏的名称；properties 为存储 SDOF 属性的数组；dt 为存储动网格属性的结构数组；time 为当前时间；dtime 为时间步长。

一个简单的 6DOF 宏如下所示。

```
#include "udf.h"
DEFINE_SDOF_PROPERTIES(stage, prop, dt, time, dtime)
{
  Prop[SDOF_MASS] = 800.0;
  prop[SDOF_IXX] = 200.0;
  prop[SDOF_IYY] = 100.0;
  prop[SDOF_IZZ] = 100.0;
  printf ("\nstage: updated 6DOF properties");
}
```

【Q5】 Overset 网格

重叠网格（Overset Mesh）（见图 8-11）是一种非常方便的用于处理部件运动的技术，FLUENT 17.0 之后已经开始支持重叠网格。该技术的基本思想为：创建多套不同的相互重叠的网格，在迭代计算的过程中搜索重叠区域的边界，将真实的物理边界识别出来参与计算。利用重叠网格技术避免了传统动网格技术所面临的网格动态更新时易产生负体积的问题。

虽然重叠网格具有诸多优势，但是若不仔细设计网格，可能会造成较大的计算误差。下面是一些使用重叠网格的经验或建议。

（1）相互重叠部分的不同网格，尽量使其网格尺寸接近。若网格尺寸相差过大，则可能会造成边界识别错误、计算精度下降甚至计算发散。

（2）在重叠网格间隙位置至少布置 4 层网格。

（3）在进行瞬态计算之前，建议先进行稳态计算，以稳态计算结果作为初始值。

（4）建议使用双精度求解器。

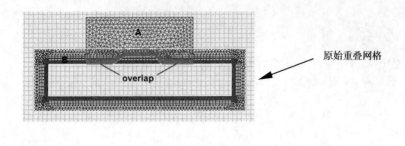

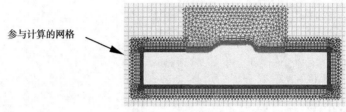

图 9-11　重叠网格

【Q6】　运动部件定义

动网格设置过程中一个重要的工作是指定运动或变形区域，FLUENT 提供了 5 种类型的运动或变形区域。

（1）Stationary：静止区域。

（2）Rigid Body：刚体边界或区域。运动过程中不发生任何变形。

（3）Deforming：变形域。运动过程中所指定的边界发生变形。

（4）User-Defined：自定义运动区域。利用 UDF 宏 DEFINE_GRID_MOTION 定义。

（5）System Coupling：边界运动由固体求解器计算获得。

动网格区域如图 9-12 所示。图 9-13 所示的是动网络区域的定义面板。

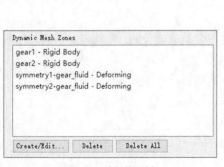

图 9-12　动网格区域　　　　　　　　　图 9-13　动网格区域的定义面板

1. Stationary

静止边界或区域。默认情况下，FLUENT 认为所有的边界及区域均是静止的。

2. Rigid Body

刚体条件可以应用于边界及区域。被指定为该类型的边界或区域在运动过程中不会发生变形。通常利用 DEFINE_CG_MOTION 宏指定刚体部件的运动。

3. Deforming

变形体条件可应用于边界及区域。FLUENT 提供了 3 种变形体条件（faceted、Plane、cylinder），也可以利用 UDF 宏 DEFINE_GEOM 来自定义新的变形条件。

4. User-Defined

主要利用 DEFINE_GRID_MOTION 宏指定区域或边界的网格节点运动方式。

5. System Coupling

当流固耦合计算时，壁面运动方式由固体求解器计算得出，此时壁面采用此类型。

【Q7】 动网格方法：Smoothing

光顺方法是最基础的动网格方法。此方法适用于小变形，且在变形过程中网格节点拓扑关系不会发生变化的场合。FLUENT 软件提供了 3 种光顺方法：弹簧光顺、扩散光顺以及 Linearly Elastic Solid 光顺。光顺方法参数如图 9-14 所示。

图 9-14　光顺方法参数

1. Spring/Laplace/Boundray Layer

此方法的基本思想在于将节点之间看作理想弹簧，通过计算弹簧力平衡对节点位置进行更新。弹簧力的计算方式为

$$\overrightarrow{F_i} = \sum_{j}^{n_i} k_{ij}(\Delta\overrightarrow{x_j} - \Delta\overrightarrow{x_i})$$

式中，$\Delta\overrightarrow{x_i}$ 与 $\Delta\overrightarrow{x_j}$ 分别为节点 i 与节点 j 的位移；n_i 为与节点 i 相连的节点数量；k_{ij} 为弹簧刚度。

$$k_{ij} = \frac{k_{fac}}{\sqrt{\left|\overrightarrow{x_i} - \overrightarrow{x_j}\right|}}$$

式中，k_{fac} 为用户输入的 Spring Constant Factor 参数（参数值 0~1）。

当节点处于平衡时，作用在节点上的弹簧力应为 0，因此

$$\sum_{j}^{n_i} k_{ij}(\Delta\overrightarrow{x_j} - \Delta\overrightarrow{x_i}) = 0$$

则可得到位置计算迭代关系式

$$\Delta\overrightarrow{x_i}^{m+1} = \frac{\displaystyle\sum_{j}^{n_i} k_{ij}\Delta\overrightarrow{x_j}^m}{\displaystyle\sum_{j}^{n_i} k_{ij}}$$

当计算收敛后，节点位置通过公式进行更新

$$\overrightarrow{x_i}^{n+1} = \overrightarrow{x_i}^n + \Delta\overrightarrow{x_i}^{converged}$$

图 9-15　弹簧光顺算法的参数

弹簧光顺算法的参数如图 9-15 所示，其中前 3 项为其主要参数。

（1）Spring Constant Factor：弹簧刚度系数。取值范围 0~1，默认值为 1。取值越大，影响范围越广。

（2）Convergence Tolerance：收敛精度。默认值为 0.001。通常不需要修改。

（3）Number of Iterations：迭代次数。设置迭代方程求解的迭代次数，默认值为 20。若计算过程中无法达到收敛，可适当增大该参数。

（4）Elements：选择要进行光顺的网格类型。

2．Diffusion

扩散光顺是另一种光顺算法，其基于求解扩散方程获取网格节点位移

$$\nabla \cdot (\gamma\nabla\overrightarrow{u}) = 0$$

式中，$\overrightarrow{u}$ 为网格节点的运动速度；γ 为扩散系数。

图 9-16 所示为扩散光顺设置面板。

图 9-16　扩散光顺设置面板

扩散光顺包括两种类型（主要是计算扩散系数方式不同）：boundary-distance 和 cell-volume。

（1）boudnary-distance。基于边界距离的方法中，扩散系数

$$\gamma = \frac{1}{d^\alpha}$$

式中，d 为网格节点距离边界归一化距离；α 为用户输入的参数。

（2）cell-volume。基于网格体积的方法中，扩散系数

$$\gamma = \frac{1}{V^\alpha}$$

式中，V 为网格归一化体积；α 为用户输入的参数

上述公式中的 α 参数取值范围 0~2，默认值为 0。

3. Linearly Elastic Solid

这是 FLUENT 17.0 版本新加的一种光顺模型。该模型通过求解方程组更新网格节点坐标

$$\nabla \cdot \sigma(\vec{x}) = 0$$

$$\sigma(\vec{y}) = \lambda \big(tr\varepsilon(\vec{y}) \big) \mathbf{I} + 2\mu\varepsilon(\vec{y})$$

$$\varepsilon(\vec{y}) = \frac{1}{2} \big(\nabla\vec{y} + (\nabla\vec{y})^T \big)$$

式中，σ 为应力张量；ε 为应变张量；$\vec{x}$ 为网格节点位移。

要求解上述方程组，需要知道变量 μ/λ。定义泊松比为

$$\nu = \frac{1}{2(1 + \mu/\lambda)}$$

在输入泊松比后，即可根据泊松比计算得到 μ/λ，从而解得网格节点位移。

【Q8】 动网格方法：Layering

Layering 方法适用于分层网格，如四边形网格、六面体网格、三棱柱网格等。其基本思想在于设定压缩和分裂因子，当网格被压缩或拉伸时，超过阈值后网格即被合并或分裂。该方法非常适用于线性运动（一个方向的平动或转动）。

选择模型树节点 Dynamic Mesh 后，在右侧面板中激活选项 Layering 即可使用 Layering 方法，如图 9-17 所示。

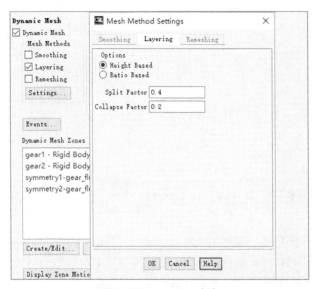

图 9-17　Layering 方法

此模型只有如下两个参数需要设置。

（1）Split Factor：分裂因子 α_s。

（2）Collapse Factor：合并因子 α_c。

FLUENT 提供了两种选项：Height Based 与 Ratio Based。

网格的分裂与合并采用以下方式进行计算。

（1）若采用 Height Based，当 $h > (1+\alpha_s)h_{ideal}$ 时，网格分裂；若采用 Ratio Based，则当 $h > \alpha_s h_{ideal}$ 时网格分裂。

（2）而不管是 Height Based 还是 Ratio Based，当 $h < \alpha_c h_{ideal}$ 时，网格合并。

网格分裂与合并示意图如图 9-18 所示。

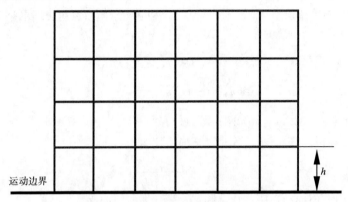

图 9-18　示意图

Layering 方法的一个重要参数为 h_{ideal}，此参数决定了网格基准高度以及网格分裂或合并的临界高度。在设置动网格区域时，可以通过 Meshing Options 标签页设置该参数，如图 9-19 所示。

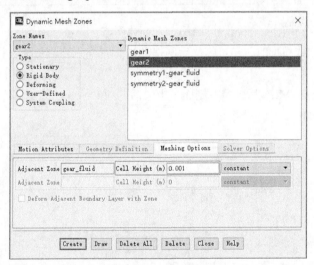

图 9-19　设置理想高度

【Q9】 动网格方法：Remeshing

Remeshing 方法是除重叠网格之外的能解决任意运动的动网格方法（Smoothing 方法只能针对小幅运动，Layering 方法对运动形式有限制）。其基本思想为：在计算过程中不断监测网格质量，标记质量不满足要求的网格并进行重新划分。在实际应用过程中，Remeshing 方法主要用于三角形及四面体网格，且多与 Smoothing 方法合用。

Remeshing 参数面板如图 9-20 所示。

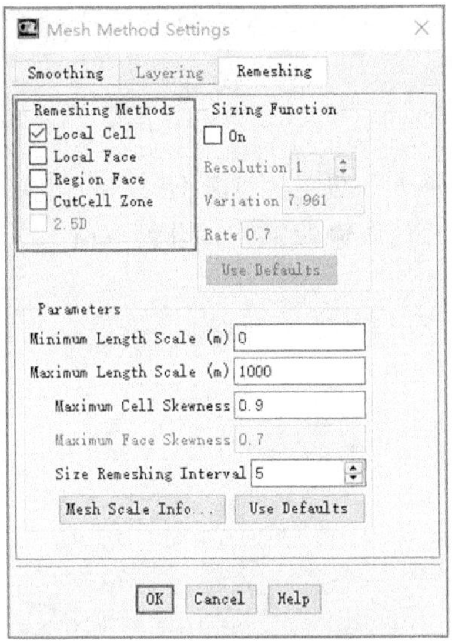

图 9-20 Remeshing 参数面板

1. Remeshing Methods

FLUENT 提供了 5 种 Remeshing 方法。

（1）Local Cell：重构内部网格单元，可用于 2D 和 3D 模型。

（2）Local Face：重构变形边界上的三角形面网格，仅用于 3D 模型。

（3）Region Face：重构与运动边界邻接的面网格，可用于 2D 和 3D 模型。

（4）CutCell Zone：重构全部区域的网格单元以及网格面。

（5）2.5D：重构 3D 区域中的棱柱层单元（三角形拉伸的棱柱层网格）。

2. Parameters

网格重构需要设置的参数并不多，包括以下 5 项。

（1）Minimum Length Scale：最小网格尺寸。重构的网格最小尺寸大于此设置值。

（2）Maximum Length Scale：最大网格尺寸。重构的网格最大尺寸小于此设置值。

（3）Max Cell Skewness：最大网格歪斜率。当网格歪斜率超过此值时，网格被重构。

（4）Max Face Skewness：最大面网格歪斜率。当面网格歪斜率超过此值时，网格被重构。仅当 Local Face 被激活时此选项才被激活。

（5）Size Remeshing Interval：控制动网格更新频率。通常设置该参数值为 1。

3. Mesh Scale Info…按钮

Mesh Scale Info…按钮主要用于辅助设置网格重构参数，单击该按钮后弹出网格信息对话框（见图 9-21），其中列举了发当前最大网格尺寸、最小网格尺寸、最大网格歪斜率、最大面网格歪斜率等。在获取这些信息后，即可方便地设置上面的信息。

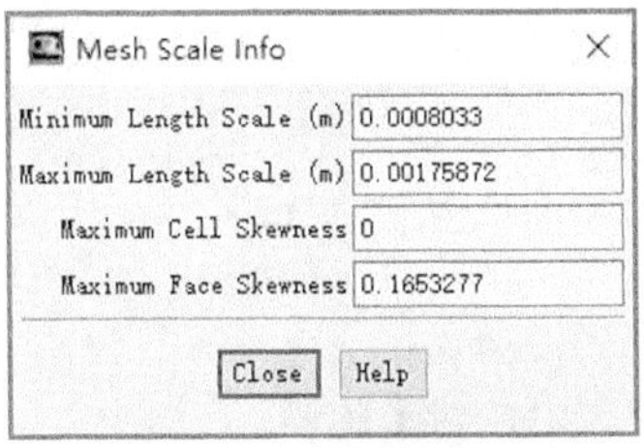

图 9-21 网格信息对话框

通常可以设置参数 Minimum Length Scale 为 0.4 倍的网格信息中的最小网格尺寸，设置 Maximum Length Scale 为 1.4 倍的网格信息中的最大网格尺寸。此时也可以单击 Use Defaults 按钮让软件自动按照网格信息设置参数值。

4．Sizing Function

尺寸函数可用于对网格的重构提供更好的控制。它主要利用图 9-22 中所示的 3 个参数。

（1）Resolution：默认情况下 2D 几何取值为 3，3D 几何取值为 1。

（2）Variable：取值范围 $(-1, +\infty)$。

（3）Rate：取值范围 $(-0.99, 0.99)$。取值为 0 表示线性增长。

图 9-22　尺寸函数参数

【案例 1】6DOF 运动：箱体入水计算

FLUENT 中可以利用 6DOF 模型模拟物体在流体作用下的运动。本案例利用 6DOF 模型及 VOF 多相流模型模拟刚性箱体坠入水中后的运动轨迹及流体流场分布。案例考虑重力及浮力，案例示意图如图 9-23 所示。

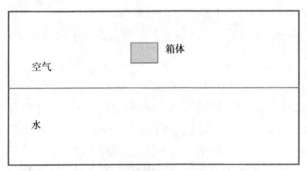

图 9-23　案例示意图

本案例采用 2D 计算模型，3D 计算模型的设置步骤与此相同。

计算中采用 6DOF 模型模拟箱体的运动，UDF 宏为：

```
DEFINE_SDOF_PROPERTIES(test_box, prop, dt, time, dtime)
{
  prop[SDOF_MASS] = 666.66;
  prop[SDOF_IXX] = 129.6296;
  prop[SDOF_IYY] = 111.1111;
  prop[SDOF_IZZ] = 129.6296;
  printf ("\n2d_test_box: Updated 6DOF properties");
}
```

对于 2D 模型，默认 deepth 为 1m，因此转动惯量 IZZ 应该按厚度 1m 来算。

Step 1：启动 FLUENT

启动 FLUENT 后按图 9-24 所示设置 UDF 编译环境。

- 启动 FLUENT Launcher。
- 选择 Dimension 为 2D。
- 激活选项 Double Precision。
- 切换到 Environment 标签页，激活选项 Set up Compilation Environment for UDF。
- 单击 OK 按钮进入 FLUENT。

图 9-24　启动 FLUENT

Step 2：导入网格

导入已有的网格。

- 利用菜单【File】>【Read】>【Mesh…】，在弹出的对话框中选择网格文件 ex4-1.msh。
- 选择模型树节点 General，单击右侧面板中的 Display…按钮，在弹出的对话框中单击 Display 按钮，显示计算网格。

计算网格如图 9-25 所示。

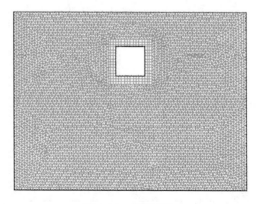

图 9-25　计算网格

Step 3：General 设置

设置 General 面板，如图 9-26 所示。

- 选择模型树节点 General。
- 激活 Time 下选项 Transient。
- 激活 Gravity，设置重力加速度为 y 方向−9.81。

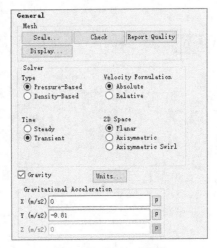

图 9-26　General 设置

Step 4：Models 设置

添加多相流模型及湍流模型。

1. 设置多相流模型

- 选择模型树节点 Models，双击右侧面板中的 Multiphase 列表项，弹出多相流模型设置对话框，如图 9-27 所示。
- 选择 Volume of Fluid 选项。
- 激活选项 Implicit Body Force。
- 其他参数保持默认设置，单击 OK 按钮关闭对话框。

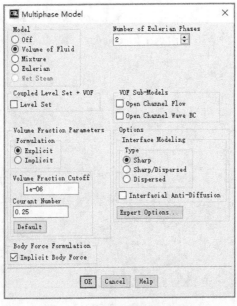

图 9-27　多相流模型设置对话框

2. 设置湍流模型

- 双击 models 列表框中的 Viscous 列表项，按图 9-28 所示进行设置。
- 选择 Models 为 k-epsilon(2 eqn)模型。
- 选择 Standard 选项及 Standard Wall Functions 选项。
- 其他参数保持默认设置，单击 OK 按钮关闭对话框。

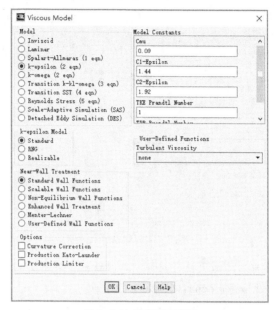

图 9-28 设置湍流模型

Step 5：编译 UDF

编译并加载 UDF。

- 如图 9-29 所示，选择 User-Defined 选项卡，选择 Functions 下拉列表中的 Compiled…项，弹出编译对话框。

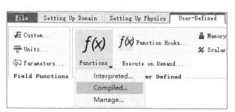

图 9-29 打开编译 UDF 对话框

- 如图 9-30 所示，在编译 UDF 对话框中单击 Add…按钮，选择 UDF 文件 ex4-1.c 文件。
- 单击 Build 按钮进行编译。
- 单击 Load 按钮加载 UDF。

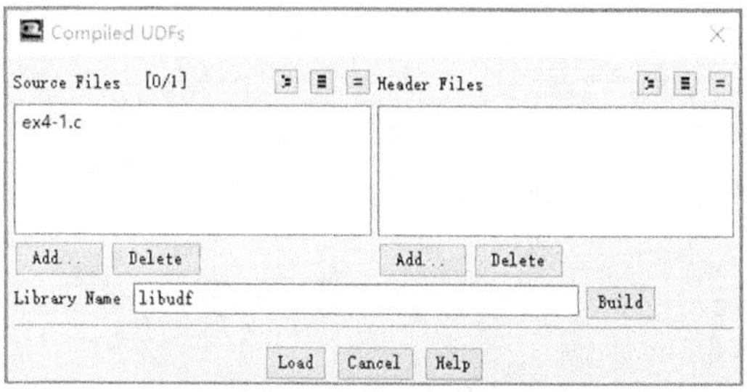

图 9-30 编译 UDF 对话框

Step 6：Materials 设置

添加新材料液态水。

- 选择模型树节点 Materials，单击右侧面板中的 Create/Edit… 按钮在弹出的材料编辑对话框中选择按钮 FLUENT Database… 打开材料库。
- 在材料库中选择材料 water-liquid(h2o<l>)，单击 Copy 按钮添加材料，如图 9-31 所示。

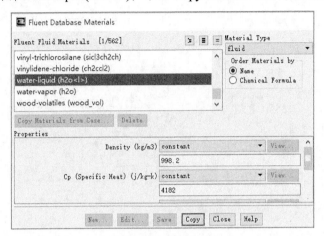

图 9-31　添加材料

- 单击 Close 按钮关闭对话框，返回至材料属性编辑对话框，按图 9-32 所示进行设置。
- 设置密度为 user-defined 及 water_density::libudf。
- 设置 Speed of Sound 为 user-defined 及 water_speed_of_sound::libudf。
- 单击 Change/Create 按钮修改材料参数。
- 单击 Close 按钮关闭对话框。

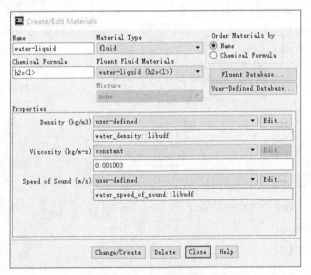

图 9-32　修改材料属性

> 提示：
>
> 此处利用 UDF 修改了水的密度及声速，若不修改（采用默认值）也可以计算。修改能使计算过程更稳定，计算结果精度更高。

Step 7：设置 Phase

设置水为主相，空气为第二相。

- 用鼠标右键单击模型树节点 Models | Multiphase | Phase | phase-1-Pramary Phase，选择子菜单 Edit…，弹出主相设置对话框，如图 9-33 所示。
- 设置 Name 为 water。
- 选择 Phase Material 为 water-liquid。
- 单击 OK 按钮关闭对话框。

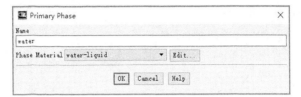

图 9-33　设置主相

按相同的步骤设置第二相为空气。

- 用鼠标右键单击模型树节点 Models | Multiphase | Phase | phase-2-Sencondary Phase，选择子菜单 Edit…，弹出主相设置对话框，如图 9-34 所示。
- 设置 Name 为 air。
- 选择 Phase Material 为 air。
- 单击 OK 按钮关闭对话框。

图 9-34　设置第二相

Step 8：设置操作条件

开启重力加速度，设置参考密度。

- 选择模型树节点 Cell Zone Conditions，单击右侧面板中的按钮 Operating Conditions…，弹出操作条件设置对话框，按图 9-35 所示进行设置。
- 激活选项 Gravity。
- 设置重力加速度（0 –9.81）。
- 激活选项 Specified Operating Density。
- 设置 Operating Density 为 1.225 kg/m^3。
- 单击 OK 按钮关闭对话框。

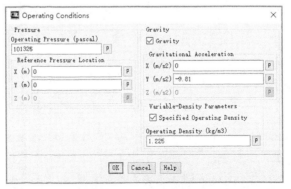

图 9-35　设置操作条件

Step 9：设置动网格参数

- 选择模型树节点 Dynamic Mesh，激活右侧面板中的选项 Dynamic。
- 激活 Smoothing、Remeshing 及 Six DOF 选项，如图 9-36 所示。
- 单击 Mesh Methods 下方的 Settings 按钮，弹出动网格参数设置对话框，按图 9-37 所示进行设置。
- 选择 Smoothing 标签页，选择 Method 为 Spring/Laplace/boundary Layer。
- 设置 Spring Constant Factor 为 0.5。
- 其他参数保持默认设置，切换至 Remshing 标签页。

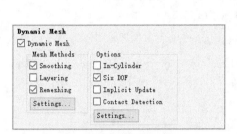

图 9-36　激活动网格模型

图 9-37　设置光顺参数

- 切换到 Remeshing 标签页中，激活选项 Local Cell。
- 设置 Minimum Length Scale 为 0.056 m，Maximum Length Scale 为 0.13 m，Maximum Cell Skewness 为 0.5，设置 Size Remeshing Interval 为 10，如图 9-38 所示。
- 其他参数保持默认，单击 OK 按钮关闭对话框。

图 9-38　设置 Remeshing 参数

Step 10：设置动网格区域

包括刚体运动以及区域运动。

1. 刚体 moving_box 运动

- 选择模型树节点 Dynamic Mesh，单击右侧面板中的 Create/Edit…按钮，弹出动网格区域定义对话框，按图 9-39 所示进行设置。
- 选择 Zone Name 下拉框内容为 moving_box。
- 选择 Type 为 Rigid Body。

- Six DOF UDF 中选择 test_box::libudf。
- 激活选项 Six DOF 下的 On。
- 单击 Create 按钮创建运动区域。

图 9-39　设置运动区域

2. 区域 moving_fluid 运动

按图 9-40 所示进行设置。

- 选择 Zone Name 下拉框内容为 moving_fluid。
- 选择 Type 为 Rigid Body。
- Six DOF UDF 中选择 test_box::libudf。
- 激活选项 Six DOF 下的 On 及 Passive。
- 单击按钮 Create 创建运动区域。

图 9-40　创建运动区域

单击 Close 按钮关闭对话框。

Step 11：设置边界条件

主要设置边界 tank_outlet。

- 选择模型树节点 Boundary Conditions
- 选择右侧面板中的列表项 tank_outlet，选择 Phase 为 mixture，单击 Edit…按钮弹出边界设置对话框。
- 设置 Backflow Turbulent Intensity 为 1%，其他参数保持默认设置，如图 9-41 所示。
- 单击 OK 按钮关闭对话框
- 选择 Phase 为 air，单击 Edit…按钮弹出边界设置对话框。
- 切换至 Multiphase 标签页，设置 Backflow Volume Fraction 为 1，如图 9-42 所示。
- 其他参数保持默认，单击 OK 按钮关闭对话框。

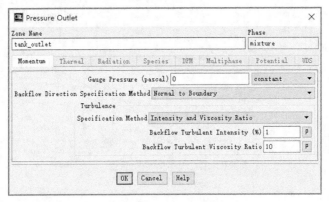

图 9-41　设置边界条件

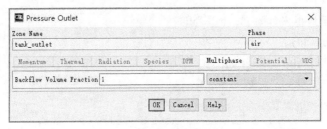

图 9-42　设置边界条件

Step 12：Solution Methods

设置各种离散算法。

- 选择模型树节点 Solution Methods。
- 在右侧面板中设置 Pressure-Velocity Coupling Scheme 为 Coupled。
- 设置 Pressure 为 PRESTO!。
- 激活选项 Warped-Face Gradient Correction。

其他参数保持默认设置。

Step 13：初始化设置

1. 全域初始化

- 选择模型树节点 Solution Initialization。
- 如图 9-43 所示，在右侧面板中设置 Turbulent Kinetic Energy 为 0.001。
- 设置 Turbulent Dissipation Rate 为 0.001。
- 设置 air Volume Fraction 为 1。

- 单击按钮 Initialize 进行初始化。

2．Patch

将水域和空气域分开。

- 选择 Setting Up Domain 标签页下的功能按钮 Mark/Adapt Cells > Region，打开区域定义对话框。
- 选择 Option 为 Inside，选择 Shape 为 Quad。
- 设置 X Min 为–5，X Max 为 5，Y Min 为–5，Y Max 为–1.5，如图 9-44 所示。
- 单击 Mark 按钮标记区域。

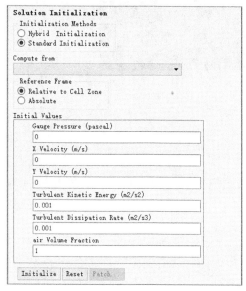

图 9-43　初始化设置

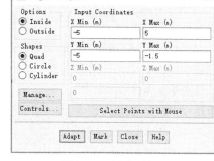

图 9-44　标记区域

- 选择模型树节点 Solution Initialization，单击右侧面板中的按钮 Patch…，打开 Patch 对话框，按图 9-45 所示进行设置。
- 选择 Phase 为 air，选择 Variable 为 Volume Fraction。
- 设置 Value 为 0。
- 选择 Registers to Patch 为 hexahedron-r0。
- 单击 Patch 按钮进行初始化。

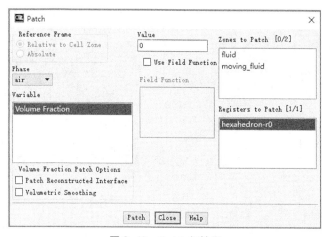

图 9-45　Patch 初始化

Patch 完毕可通过节点 Result | Graphics | Contours 查看水相分布云图，如图 9-46 所示。

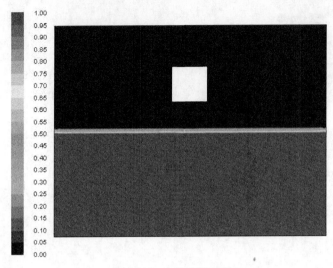

图 9-46　水相分布云图

Step 14：Monitors

监控箱子的运动速度。

- 选择模型树节点 Monitors，单击右侧面板中 Surface Monitors 下方的 Create…按钮，弹出 Surface Montor 对话框，按图 9-47 所示进行设置。
- 激活选项 Print to Console。
- 激活选项 Plot 及 Write。
- 设置 X Axis 为 Flow Time。
- 设置 Get Data Every 为 Time Step。
- 设置 Report Type 为 Area-Weighted Average。
- 设置 Field Variable 为 Velocity 及 Y Velocity。
- 设置 Surfaces 为 moving_box。
- 单击 OK 按钮创建监控并关闭对话框。

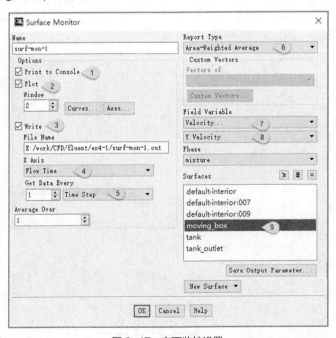

图 9-47　表面监控设置

Step 15：设置自动保存

瞬态计算通常需要设置自动保存。

- 选择模型树节点 Calculation Activities。
- 设置右侧面板中的 Autosave Every 为 100。
- 其他参数保持默认设置。

Step 16：求解计算

设置时间步长为 0.0005，计算 5s。

- 选择模型树节点 Run Calculation。
- 设置右侧面板中的 Time Step Size 为 0.0005 s。
- 设置 Number of Time Steps 为 10000。
- 设置 Max Iterations/Time Step 为 50。

单击 Calculate 按钮进行计算。

Step 17：计算后处理

查看每一时间步内水相体积分数分布，如图 9-48 所示。

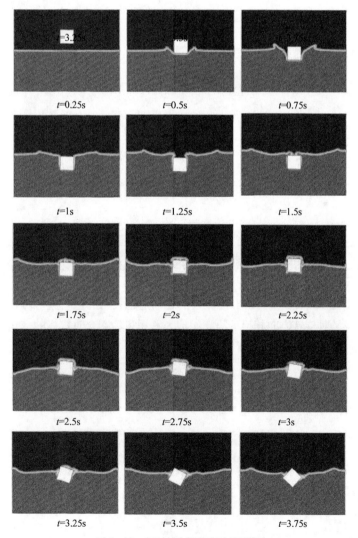

图 9-48 各时刻水相分布及箱子姿态

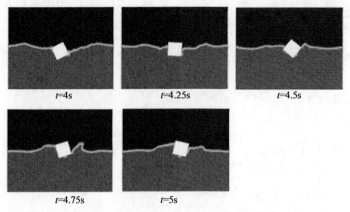

图 9-48　各时刻水相分布及箱子姿态（续）

监控得到的箱子 y 方向速度随时间变化曲线如图 9-49 所示。

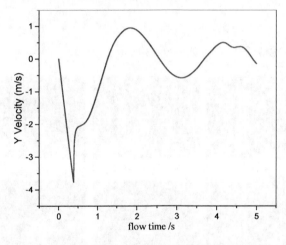

图 9-49　监控得到的箱子 y 方向速度随时间变化曲线

本案例结束。

【案例 2】2.5D 网格重构：齿轮泵流场计算

本案例演示如何利用 FLUENT 动网格对齿轮泵的运动过程及内部流场进行仿真。齿轮泵是一种工业上常用的容积泵，它主要由一对旋转方向相反的齿轮组成，利用齿轮啮合时容积的变化来实现流体输运。案例几何如图 9-50 所示。

图 9-50　案例几何

本案例动网格主要采用 2.5D Remeshing 及 Smoothing，齿轮运动速度为 100rad/s，采用 Profile 文件定义。读者也可以尝试采用 UDF 宏进行速度定义。

Step 1：启动 FLUENT 并导入文件。

- 采用 3D 模式启动 FLUENT。
- 利用菜单【File】>【Read】>【Mesh…】打开网格文件 ex4-2.msh。
- 利用菜单【File】>【Read】>【Profile…】打开文件 motion.prof。

文件导入后可以进行其他设置。

Step 2：General 设置

设置一些通用项。

- 选择模型树节点 General。
- 在右侧面板中选择 Time 为 Transient 其他参数保持默认。

动网格计算一般为瞬态计算。

Step 3：Models 设置

设置湍流模型。

- 选择模型树节点 Models。
- 双击右侧面板中的 Viscous 列表项，弹出湍流模型设置对话框。
- 选择 Realizable k-epsilon 湍流模型，采用 Standard Wall Function，如图 9-51 所示。

图 9-51　湍流模型设置

Step 4：新建材料

齿轮泵中的介质为油，因此新建材料 oil。

- 选择模型树节点 Models，双击右侧面板中的列表项 air，弹出材料编辑对话框，按图 9-52 所示进行设置。
- 修改 Name 为 oil。
- 修改 Density 为 844。
- 修改 Viscosity 为 0.02549。其他参数保持默认。
- 单击 Change/Create 按钮，在弹出的选择对话框中选择 Yes 覆盖原有材料。

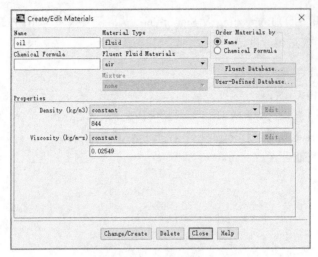

图 9-52 新建材料

Step 5：Cell Zone Conditions 设置

保持默认设置即可。确保 3 个区域的流体介质均为 oil。

Step 6：Boundary Conditions 设置

设置边界条件，主要是入口边界及出口边界。

1. 入口边界

- 选择模型树节点 Boundary Conditons。
- 选择右侧面板中的列表项 inlet，修改其 Type 为 pressure-inlet，弹出边界设置对话框，采用默认设置。
- 单击 OK 按钮关闭对话框。

2. 出口边界

- 双击列表项 outlet 进入边界设置对话框。
- 采用默认设置参数，单击 OK 按钮关闭对话框。

其他边界采用默认设置。本案例主要演示动网格设置，因此对于边界条件并未严格按照工程数据进行设置。在实际工程中应按照真实数据设置边界条件。

Step 7：Dynamic Mesh 设置

设置动网格参数。

- 选择模型树节点 Dynamic Mesh。
- 在右侧面板中激活选项 Smoothing 及 Remeshing，如图 9-53 所示。
- 单击 Settings…按钮进入参数设置对话框。

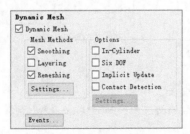

图 9-53 选择动网格模型

- Smoothing 标签页采用默认设置，切换至 Remeshing 标签页。
- 激活选项 2.5D，单击 Use Defaults 按钮，设置 Size Remeshing Interval 为 1，如图 9-54 所示。

● 其他参数保持默认，单击 OK 按钮关闭对话框。

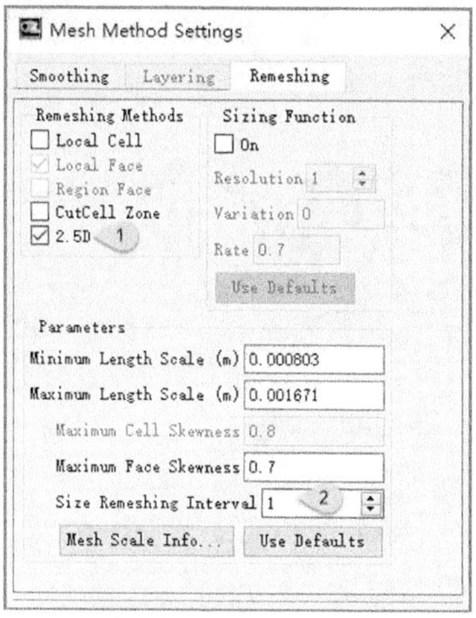

图 9-54　设置 Remeshing 参数

Step 8：定义动网格区域

在 Dynamic Mesh 面板中定义动网格区域，包含两个刚体动区域以及两个变形区域。

1. 定义 gear1

● 选择模型树节点 Dynamic Mesh，单击右侧面板中的 Create/Edit…按钮进入动网格区域定义对话框，按图 9-55 所示进行设置。

● 选择 Zone Name 为 gear1。

● 设置 Type 为 Rigid Body。

● 选择 Motion Attributes 标签页，设置 Motion UDF/Profile 为 gear1。

● 设置 Center of Gravity Location 为（0，0.085，0.005）。

● 单击 Create 按钮。

图 9-55　定义动区域 gear1

2. 定义 gear2

gear2 的定义与 gear1 步骤相同。

- 选择 Zone Name 为 gear2。
- 设置 Type 为 Rigid Body。
- 选择 Motion Attributes 标签页，设置 Motion UDF/Profile 为 gear2。
- 设置 Center of Gravity Location 为（0，–0.085，0.005）。
- 单击 Create 按钮。

3. 定义 symmetry1-gear-fluid

- 选择 Zone Name 为 symmetry1-gear-fluid。
- 设置 Type 为 Deforming。
- 选择 Geometry Definition 标签页，设置 Definition 为 plane。
- 设置 Point on Plane 为（0，0，0.01）。
- 设置 Plane Normal 为（0，0，1）。
- 切换到 Meshing Options 标签页，设置 Minimum Length Scale 为 0.0005，设置 Maximum Length Scale 为 0.002，设置 Maximum skewness 为 0.8。
- 其他参数默认，单击 Create 按钮。

4. 定义 symmetry2-gear-fluid

- 选择 Zone Name 为 symmetry2-gear-fluid。
- 设置 Type 为 Deforming。
- 选择 Geometry Definition 标签页，设置 Definition 为 plane。
- 设置 Point on Plane 为（0，0，0）。
- 设置 Plane Normal 为（0，0，1）。
- 切换到 Meshing Options 标签页，设置 Minimum Length Scale 为 0.0005，设置 Maximum Length Scale 为 0.002，设置 Maximum skewness 为 0.8。
- 其他参数默认，单击 Create 按钮。
- 关闭动网格区域定义对话框。

> 提示：
>
> 动网格定义完毕后可以通过 Dynamic Mesh 面板中的 Display Zone Motion… 及 Preview Mesh Motion… 观察区域及网格运动。不过需要注意的是，观察区域运动不会改变计算网格，而预览网格运动则会真正改变网格，因此在进行网格运动预览之前，需要保存 cas 文件。

Step 9：Monitors

监测出口流量。

- 选择模型树节点 Monitors。
- 单击右侧面板中 Surface Monitors 下方的 Create… 按钮，弹出 Surface Monitor 设置对话框，按图 9-56 所示进行设置。
- 激活选项 Plot 及 Write。
- 设置 X Axis 为 Flow Time，设置 Get Data Every 为 Time Step。
- 选择 Report Type 为 Mass Flow Rate。
- 选择 Surfaces 为 outlet。
- 其他参数默认，单击 OK 按钮。

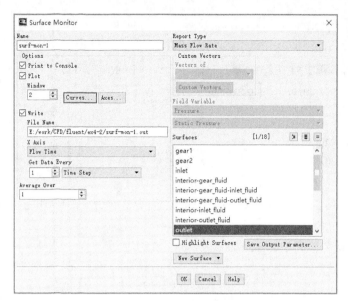

图 9-56　创建面监控

Step 10：Solution Initialization

采用 Hybrid Initialization 方法进行初始化。

Step 11：设置自动保存

对于瞬态问题，设置自动保存非常有必要。

- 选择模型树节点 Calculation Activities。
- 设置右侧面板中的 Autosave Every（Time Steps）为 500。
- 其他参数保持默认。

Step 12：设置自动输出

设置输出参数到 CFD-Post。

- 选择模型树节点 Calculation Activities。
- 单击右侧面板中 Automatic Export 下方的 Create > Solution Data Export…按钮，弹出自动输出对话框，按图 9-57 所示进行设置。

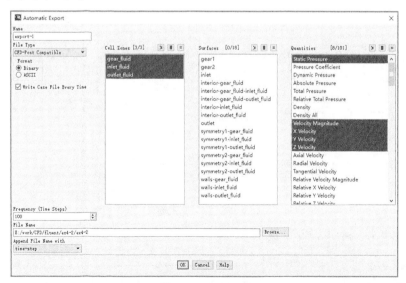

图 9-57　输出变量

- 选择 File Type 为 CFD-Post Compatiable。
- 设置 Frequency 为 100。
- 选择 Quantities 列表框中的列表项 Statis Pressure、Velocity Magnitude、X Velocity、Y Velocity、Z Velocity、XCoordinate、Y-Coordinate、Z-Coordinate 及 Density。
- 单击 OK 按钮关闭对话框。

Step 13：Run Calculation

设置迭代参数进行计算。

- 选择模型树节点 Run Calculation。
- 如图 9-58 所示，设置 Time Step Szie 为 5×10^{-6}，设置 Number of Time Steps 为 3000，设置 Max Iterations/Time Step 为 40。
- 其他参数保持默认，单击 Calculate 按钮。

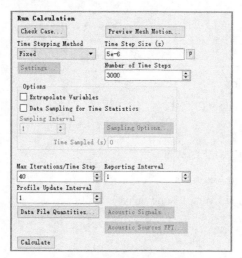

图 9-58　设置迭代计算

Step 14：FLUENT 中计算后处理

计算结束后可以查看出口监测的流量，如图 9-59 所示。

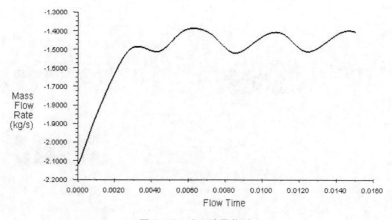

图 9-59　出口流量监测

剩下的后处理工作在 CFD-Post 中完成。

 提示：
　对于瞬态计算后处理，建议采用 CFD-Post 之类的专业后处理软件完成。

Step 15：启动 CFD-Post

启动 CFD-Post 导入瞬态数据。

- 启动 CFD-Post。
- 选择菜单【File】>【Load Results…】弹出文件选择对话框。
- 选择文件 ex4-2.cas，并激活选项 Load complete history as: A single case，如图 9-60 所示。
- 单击 Open 按钮。

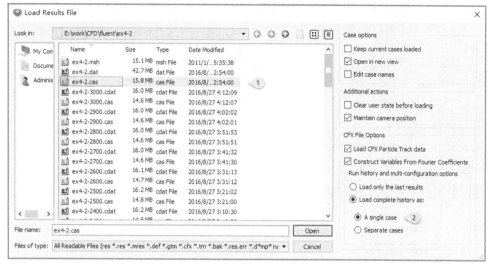

图 9-60　加载 cas 文件

Step 16：显示速度分布云图

显示 0.015s 时刻的速度分布。

- 选择菜单【Insert】>【Contour】，采用默认名称。在左下角的属性窗中，按图 9-61 所示进行设置。
- 设置 Locations 为 symmetry1_gear_fluid, symmetry inlet_fluid, symmetry1 outlet_fluid。
- 设置 variable 为 velocity。
- 设置 Range 为 Local。
- 设置 # of Conours 为 32。
- 单击 Apply 按钮。
- 选择菜单【Tools】>【Timestep Selector】，在时间选择对话框中选择最后一行列表项，其时间为 0.015 s。
- 单击 Apply 按钮。

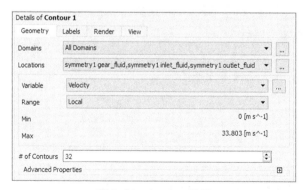

图 9-61　Contour 设置

0.015s 时刻的速度分布云图如图 9-62 所示。

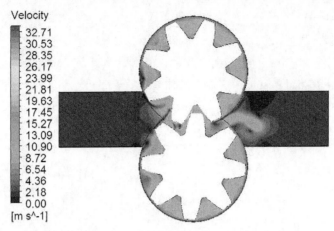

图 9-62 速度分布云图（0.015s）

同理可看压力分布云图。

- 在 contours 属性窗中，设置 Variable 为 Pressure。
- 单击 Apply 按钮。

0.015s 时刻的压力分布云图如图 9-63 所示。

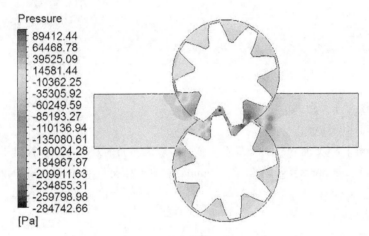

图 9-63 压力分布云图（0.015s）

Step 17：创建动画

瞬态计算数据可以在 CFD-Post 中很方便地创建动画。

- 选择菜单【Tools】>【Animation】，弹出动画设置对话框，按图 9-64 所示进行设置。
- 选择 Timestep Animation。
- 设置 Repeat 为 1。
- 激活选项 Save Movie，设置视频文件保存路径。
- 选择 Formate 为 MPEG1。
- 单击按钮 ▶ 生成动画文件。
- 动画生成完毕后单击 Close 按钮关闭对话框。

 建议：
- -

　　当时间步长很多且计算网格非常多时，动画生成时间会较长，此时可以采用关键帧动画 Keyframe Animation。选择合适的 Fomate 也很重要，一般来说 MPEG4 生成的动画文件较小，但是视频清晰度不如 AVI，但 AVI 格式的视频文件占用更多的存储空间。

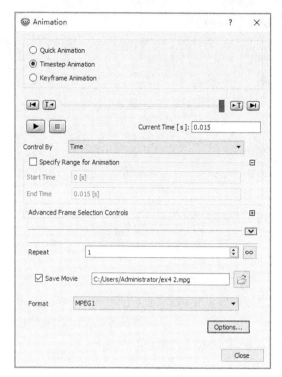

图 9-64 生成动画

Step 18：查看出口流量

可以在 CFD-Post 中查看出口流量随时间变化的曲线。

- 选择菜单【Insert】>【Expression】，命名为 massflowoutlet。
- 在左下角表达式定义窗口中，用鼠标右键单击空白处，选择子菜单【Function】>【CFD-Post】>【massflow】插入表达式，如图 9-65 所示。
- 再次用鼠标右键单击空白，选择子菜单【Location】>【outlet】插入位置表达式，如图 9-66 所示。
- 单击 Apply 按钮创建表达式。

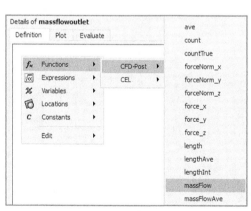

图 9-65 插入表达式

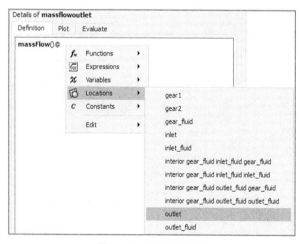

图 9-66 插入位置表达式

- 选择菜单【Insert】>【Chart】，采用默认名称。
- 在左下方属性窗口 General 标签页中，选择 Type 为 XY- Transient or Sequence。
- 切换 Data Series 标签页，选择 Data Source 为 Expression，选择 massflowoutlet。
- 单击 Apply 按钮。

出口流量随时间变化的曲线如图 9-67 所示。

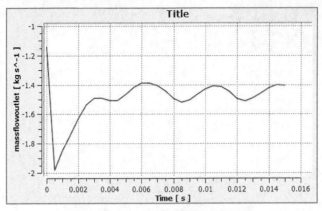

图 9-67　出口流量随时间变化的曲线

> **提示：**
>
> 　　可以看出，在 CFD-Post 中查看的出口流量变化曲线与在 FLUENT 中监测的曲线有些许不同，这主要是因为 CFD-Post 中的数据为 FLUENT 计算导出的数据，并非完整的迭代数据，因此对于此类位置变量随时间的变化曲线，建议在 FLUENT 中采用数据监控获取。

【案例 3】In Cylinder 动网格：气缸内气体压缩模拟

本案例演示如何利用 FLUENT 动网格技术模拟仿真气缸内气体压缩。案例几何描述如图 9-68 所示，气缸采用 3D 圆柱体表示，利用 FLUENT 的 In-Cylinder 方法来描述气缸的压缩过程，计算分析在一个周期内，气缸内温度的变化规律。

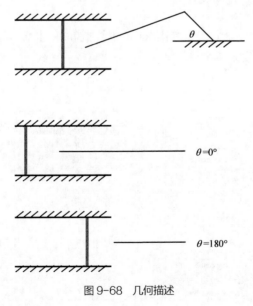

图 9-68　几何描述

Step 1：启动 FLUENT 并导入网格

3D 方式启动 FLUENT。

- 启动 FLUENT 软件，选择 Dimension 为 3D。
- 利用菜单【File】>【Read】>【Mesh…】，选择网格文件 ex4-3.msh。

显示出的案例几何网格如图 9-69 所示。

图 9-69 案例几何网格

Step 2：缩放计算域尺寸

采用 cm 进行缩放。

- 选择模型树节点 General，单击右侧面板中的 Scale…按钮弹出模型缩放对话框。
- 如图 9-70 所示，选择 Mesh Was Created In 为 cm。
- 单击 Scale 按钮缩放模型。
- 单击 Close 按钮关闭对话框。

Step 3：General 设置

设置为瞬态计算。

- 选择模型树节点 General，在右侧面板中选择 Transient，如图 9-71 所示。

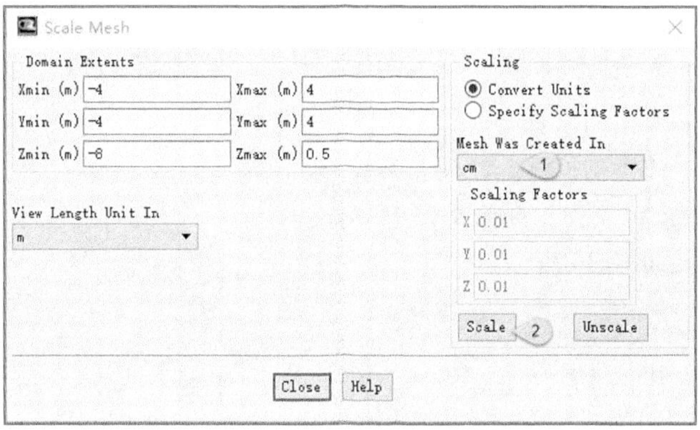

图 9-70 选择 Mesh Was Created In 为 cm

图 9-71 设置为瞬态计算

Step 4：Models 设置

开启能量方程。

- 选择模型树节点 Models，双击右侧列表项 Energy。
- 在弹出的对话框中激活选项 Energy Equation，如图 9-72 所示。

图 9-72 激活能量方程

Step 5：修改材料属性

设置空气密度为理想气体。

- 选择模型树节点 Materials，双击右侧面板中的列表项 air，弹出材料属性编辑对话框。
- 如图 9-73 所示，设置 Density 为 ideal-gas。
- 单击 Change/Create 按钮修改材料属性。
- 单击 Close 按钮关闭对话框。

Step 6：Boundary Conditons

本案例计算域为全封闭计算域，采用默认绝热壁面条件即可。

Step 7：动网格参数设置

动网格采用 Smoothing、Layering、Remeshing 以及 In-Cylinder。

- 选择模型树节点 Dynamic Mesh，在右侧面板中激活选项 Dynamic Mesh。
- 激活 Mesh Methods 下选项 Smoothing、Layering 及 Remeshing。
- 激活选项 In-Cylinder，如图 9-74 所示。

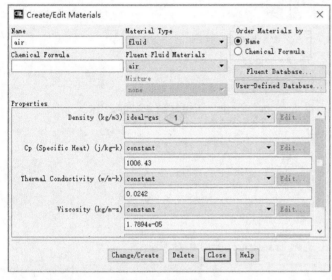

图 9-73　设置材料属性

图 9-74　动网格选项

1．网格更新参数

- 单击 Mesh Methods 下的 Settings…按钮，弹出动网格参数设置面板。
- 切换到 Remeshing 标签页，单击 Use Defaults 按钮，如图 9-75 所示。
- 其他参数保持默认设置，单击 OK 按钮关闭对话框。

图 9-75　动网格参数

2. In-Cylinder 设置

单击图 9-74 所示对话框中 Options 下的 Settings…按钮，弹出 In-Cylinder 参数设置面板，按图 9-76 所示进行设置。

- 设置 Crank Shaft Speed 为 1000。
- 设置 Starting Crank Angle 为 180。
- 设置 Crank Radius 为 0.04。
- 设置 Connecting Rod Length 为 0.14。
- 设置 Piston Stroke Cutoff 为 0.02。
- 其他参数保持默认，单击 OK 按钮关闭对话框。

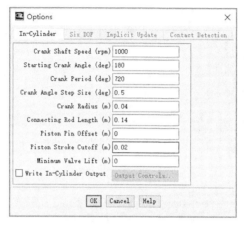

图 9-76　设置 In-Cylinder 参数

此时可以利用 TUI 命令查看活塞运动轨迹。

输入 TUI 命令：

`/define/dynamic-mesh/controls/in-cylinder-parameters>`

之后按图 9-77 所示进行设置。

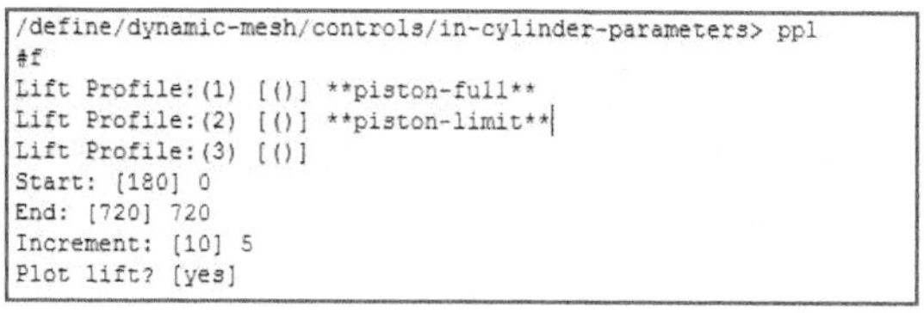

```
/define/dynamic-mesh/controls/in-cylinder-parameters> ppl
#f
Lift Profile:(1) [()] **piston-full**
Lift Profile:(2) [()] **piston-limit**
Lift Profile:(3) [()]
Start: [180] 0
End: [720] 720
Increment: [10] 5
Plot lift? [yes]
```

图 9-77　TUI 命令

图形窗口显示轨迹如图 9-78 所示。

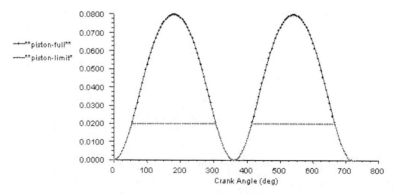

图 9-78　活塞运动轨迹

Step 8：定义动网格区域

1. 定义变形面 cyl-tri

选择模型树节点 Dynamic Mesh，单击右侧面板中 Dynamic Mesh Zones 下方的 Create/Edit…按钮，弹出动网格区域设置对话框，按图 9-79 所示进行设置。

- 选择 Zone Names 为 cyl-tri。
- 选择 Type 为 Deforming。
- 选择 Geometry Definition 标签页，设置 Definition 为 cylinder。
- 设置 Cylinder Radius 为 0.04。
- 设置 Cylinder Axis 为（0，0，1）。

图 9-79　变形域定义

如图 9-80 所示，切换到 Meshing Options 标签页，设置 Minimum Length Scale 为 0.0019。

图 9-80　Meshing Options 设置

- 设置 Maximum Length Scale 为 0.0067。
- 设置 Maximum Skewness 为 0.32。
- 单击 Create 按钮创建动网格区域。

2. 动网格域 fluid-wedge

按图 9-81 所示进行设置。

- 选择 Zone Names 为 fluid-wedge。
- 选择 Type 为 Rigid Body。
- 选择 Motion UDF/Profile 为**piston-full**。
- 设置 Valve/Piston Axis 为（0，0，1）。
- 其他参数保持默认，单击 Create 按钮创建区域。

图 9-81 区域运动设置

3. 区域 int-piston

按图 9-82 所示进行设置。

- 选择 Zone Names 为 int-piston。

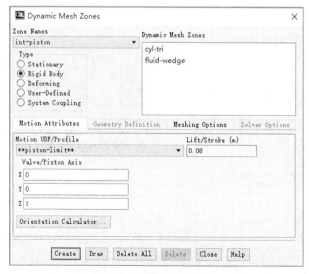

图 9-82 设置区域 int-piston

- 选择 Type 为 Rigid Body。
- 选择 Motion UDF/Profile 为**piston-limit**。
- 设置 Valve/Piston Axis 为（0，0，1）。
- 切换至 Meshing Options 标签页，设置 fluid-tet 及 fluid-wedge 的 Cell Height 均为 0.005 m。
- 其他参数保持默认，单击 Create 按钮创建区域。

4．边界 piston

- 选择 Zone Names 为 fluid-wedgh。
- 选择 Type 为 Rigid Body。
- 选择 Motion UDF/Profile 为**piston-full**。
- 设置 Valve/Piston Axis 为（0，0，1）。
- 切换至 Meshing Options 标签页，设置 Cell Height 均为 0。

动网格定义完毕后，可以进行区域预览及网格预览。在进行预览之前，强烈建议保存 case 文件。

Step 9：Solution Methods

设置离散算法。

- 选择模型树节点 Solution Methods。
- 在右侧面板中设置 Pressure-Velocity Coupling Scheme 为 PISO。
- 设置 Pressure 为 PRESTO!。
- 其他参数保持默认设置。

Step 10：Monitors

监测区域温度。

选择模型树节点 Monitors，在右侧面板中单击 Volume Monitors 下方的 Create…按钮，弹出体积监控对话框，按图 9-83 所示进行设置。

- 激活选项 Print to Console、Plot 及 Write。
- 设置 X Axis 为 Flow Time。
- 设置 Report Type 为 Volume Average。
- 选择 Field Variable 为 Temperature 及 Static Temperature。
- 选择 Cell Zones 为 fluid-wedge 及 fluid-tet。
- 单击 OK 按钮创建监控。

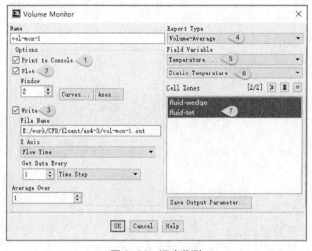

图 9-83　温度监测

Step 11：初始化

采用标准方法进行初始化。

- 选择模型树节点 Solution Initialization。
- 选择 Initialization Methods 为 Standard Initialization。
- 采用默认参数，单击 Initialize 按钮进行初始化。

初始化完毕后可进行动画定义，这里不再赘述。也可以不定义动画，设置自动保存然后在专业后处理软件中进行时间序列分析。

Step 12：设置自动保存

瞬态计算通常都需要设置自动保存，以方便后期进行数据处理。

- 选择模型树节点 Calculation Activities。
- 设置右侧面板中的 Autosave Every 为 90。
- 其他参数保持默认设置。

Step 13：设置迭代计算

设置迭代参数进行计算。

- 选择模型树节点 Run Claculation。
- 设置 Number of Time Steps 为 720。
- 设置 Max Iterations/Time Step 为 10。
- 单击 Calculate 按钮进行计算。

计算完毕后即可进行后处理。

Step 14：计算后处理

监控得到的平均温度随时间变化的曲线如图 9-84 所示。

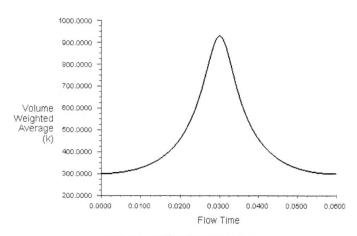

图 9-84　系统平均温度监控曲线

其他的后处理内容，如查看各时间点温度分布、速度分布等，可通过 CFD-Post 完成，这里不再赘述过程。

【案例 4】MRF 模型：风扇流场计算

本案例演示如何在 FLUENT 中利用 MRF 模型计算旋转区域的流动问题。案例几何如图 9-85 所示。几何中包含两个计算域：静止区域 Fluid 及运动区域 Rotating，两个计算域采用 Interface 进行连接。

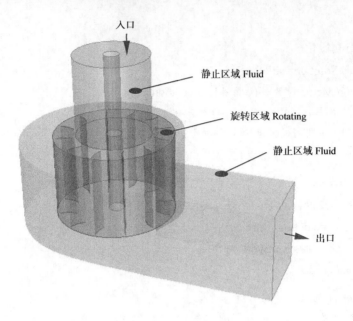

入口

静止区域 Fluid

旋转区域 Rotating

静止区域 Fluid

出口

图 9-85　案例几何

Step 1：启动 FLUENT

以 3D 模式打开 FLUENT 并读取网格。

- 启动 FLUENT，在启动界面中设置 Dimension 为 3D。
- 利用菜单【File】>【Import】>【Tecplot…】读入文件 ex4-4.plt。

网格将会显示在图形窗口中。

Step 2：缩放网格并进行检查

导入网格后，首先要做的工作是检查计算域尺寸是否恰当。

- 选择模型树节点 General，单击右侧面板中的 Scale…按钮，弹出网格缩放对话框。

如图 9-86 所示，很明显计算域尺寸不符合实际要求，需要进行缩放处理。

- 选择 Mesh Was Created In 为 mm。
- 单击 Scale 按钮缩放网格。

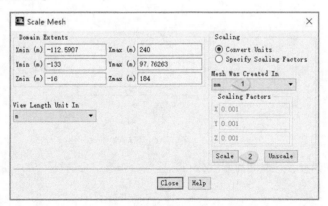

图 9-86　Scale 网格

- 单击 Check 按钮检查网格。

网格信息显示在 TUI 窗口中，如图 9-87 所示，确保 minimum volume 的值大于零。

- 单击 General 面板中的 Units…按钮，在弹出的对话框中设置 angular-velocity 的单位为 r/min。
- 其他参数保持默认。

```
Domain Extents:
  x-coordinate: min (m) = -1.125907e-01, max (m) = 2.400000e-01
  y-coordinate: min (m) = -1.330000e-01, max (m) = 9.776263e-02
  z-coordinate: min (m) = -1.600000e-02, max (m) = 1.840000e-01
Volume statistics:
  minimum volume (m3): 5.016292e-08
  maximum volume (m3): 1.704043e-06
    total volume (m3): 5.575692e-03
Face area statistics:
  minimum face area (m2): 5.016292e-06
  maximum face area (m2): 1.769122e-04
Checking mesh.......................
Done.
```

图 9-87　网格信息

Step 3：Models 设置

采用 RNG k-epsilon 湍流模型进行计算。

- 选择模型树节点 Models。
- 双击右侧面板中的列表项 Viscous，在弹出的湍流模型设置对话框中选择 RNG k-epsilon 模型。
  建议：RNG k-e 模型适合于计算旋转流动。

Step 4：Cell Zone Conditions 设置

设置区域运动。

- 选择模型树节点 Cell Zone Conditons，双击右侧面板中的列表项 rotating，弹出区域设置对话框，按图 9-88 所示进行设置。
- 激活选项 Frame Motion。
- 设置 Rotation-Axis Origin 为默认（0，0，0），设置 Rotation-Axis Direction 为默认的（0，0，1）。
- 设置 Rotational Velocity 为 2000。
- 其他参数保持默认，单击 OK 按钮关闭对话框。

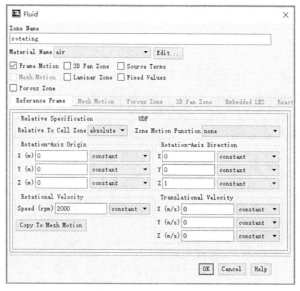

图 9-88　设置区域运动

区域 Fluid 保持默认设置，为静止域。

Step 5：Boundary Conditons 设置

区域设置包含进出口以及壁面设置。

1. 设置入口条件

- 选择模型树节点 Boundary Conditions。

- 如图 9-89 所示，选择右侧面板中的 fluid:inlet 列表项，改变 Type 为 velocity-inlet，自动弹出速度设置对话框。
- 如图 9-90 所示，设置 Velocity Magnitude 为 5 m/s。
- 其他参数保持默认，单击 OK 按钮关闭对话框。

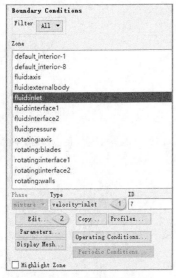

图 9-89　修改边界类型

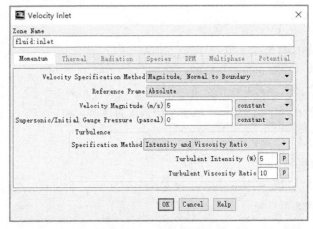

图 9-90　设置速度入口

2. 设置出口边界 fluid:pressure

选择模型树节点 Boundary Conditions，然后选择右侧面板列表项 fluid:pressure。

- 修改边界类型 Type 为 pressure-outlet，弹出边界设置对话框。
- 采用默认设置，单击 OK 按钮关闭对话框。

3. 设置壁面边界 fluid:axis

Fluid:axis 壁面属于静止域，但是该壁面是旋转的，其旋转速度为 2000r/min。

选择模型树节点 Boundary Conditions，双击右侧面板中的列表项 fluid:axis，弹出壁面设置对话框，按图 9-91 所示进行设置。

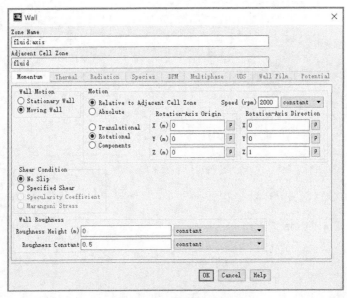

图 9-91　设置壁面旋转

- 选择 Wall Motion 为 Moving Wall。
- 设置 Motion 为 Rotational。
- 设置 Speed 为 2000 r/min。
- 其他参数保持默认设置，单击 OK 按钮关闭对话框。

4. 设置 Rotating:axis 边界

选择模型树节点 Boundary Conditions，双击右侧面板中的列表项 Rotating:axis，弹出壁面设置对话框。

- 选择 Wall Motion 为 Moving Wall。
- 设置 Motion 为 Rotational。
- 设置 Speed 为 0。

5. 设置 Rotating:blades 边界

与 Rotating:axis 边界设置相同。

选择模型树节点 Boundary Conditions，双击右侧面板中的列表项 Rotating:axis，弹出壁面设置对话框。

- 选择 Wall Motion 为 Moving Wall。
- 设置 Motion 为 Rotational。
- 设置 Speed 为 0。

6. 设置 fluid:interface1、fluid:interface2、rotating:interface1、rotating:interface2

更改这些边界类型为 Interface。

更改为 Interface 边界后，模型树节点自动添加 Mesh Interfaces 节点。

Step 6：设置 Interface 对

Interface 边界需要配对。

选择模型树节点 Mesh Interfaces，单击右侧面板中的 Create/Edit…按钮，弹出 interface 创建对话框，按图 9-92 所示进行设置。

图 9-92　创建 Interface 对

- 在 Mesh Interface 文本框中输入 interface1。
- 在 Interface Zones Side 1 列表框中选择 fluid:interface1。
- 在 Interface Zones Side 2 列表框中选择 rotating:interface1。
- 其他保持默认，单击 Create 按钮创建 Interface 对。

以相同的方式创建第二对 Interface。

- 在 Mesh Interface 文本框中输入 interface2。
- 在 Interface Zones Side 1 列表框中选择 fluid:interface2。
- 在 Interface Zones Side 2 列表框中选择 rotating:interface2。
- 其他保持默认，单击 Create 按钮创建 Interface 对。

Step 7：Solution Methods 设置

设置求解算法。

- 选择模型树节点 Solution Methods。
- 设置右侧面板中的 Pressure-Velocity Coupling Scheme 为 Coupled。
- 激活选项 Warped-Face Gradient Correction 及 High Order Term Relaxation。
- 其他选项保持默认设置。

Step 8：Solution Initialization 设置

采用默认的 Hybird 方法进行初始化。

- 选择模型树节点 Solution Initializaiton。
- 在右侧面板中选择选项 Hybrid Initialization。
- 单击 Initialize 按钮。

此处也可以采用标准方法进行初始化。

Step 9：Run Calculation 设置

设置迭代参数进行计算。

- 选择模型树节点 Run Calculation。
- 在右侧面板中设置参数 Number of Iterations 为 300。
- 单击 Calculate 按钮进行计算。

计算完毕后可以进行后处理，查看内部流场分布以及输出力矩。

Step 10：查看内部流场

1. 创建 z=0 面

选择 Setting Up Domain 标签页中 Create 按钮下的子项 Iso-Surface，弹出等值面定义对话框，按照 9-93 所示进行设置。

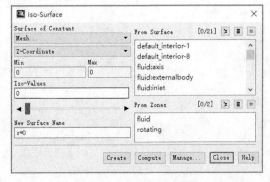

图 9-93　创建 z=0 面

- 选择 Surface of Constant 为 Mesh…及 Z-Coordinate。
- 设置 Iso-Values 为 0。
- 设置 New Surface Name 为 z=0。
- 单击 Create 按钮创建面。

2. 显示面上矢量分布

双击模型树节点 Result | Graphics | Vectors，弹出设置对话框，如图 9-94 所示。

- 取消选择 Global Range，选择 Auto Range。
- Surfaces 列表框中选择列表项 z=0。
- 其他参数保持默认，单击 Display 按钮。

z=0 面上速度矢量分布如图 9-95 所示。

图9-94　显示矢量分布

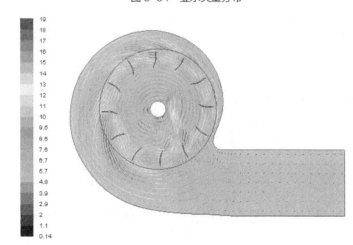

图9-95　z=0 面上速度矢量分布

Step 11：查看叶片力矩

可以查看作用在叶片上的合力矩。

- 选择模型树节点 Result | Reports。
- 双击右侧面板中的列表项 Forces，弹出 Force Reports 对话框。
- 如图 9-96 所示，设置 Options 为 Moments，设置 Moment Center 为 (0,0,0)，设置 Moment Axis 为 (0,0,1)，选择 Wall Zones 为 rotating:blades。
- 单击 Print 按钮。

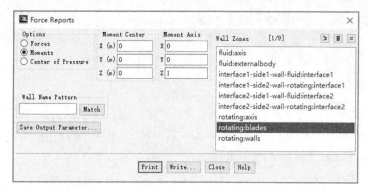

图 9-96　显示力矩

在 TUI 窗口中显示出的力矩信息如图 9-97 所示。

```
Moments - Moment Center (0 0 0) Moment Axis (0 0 1)
                       Moments (n-m)                          Coefficients
Zone                   Pressure      Viscous       Total      Pressure      Viscous       Total
rotating:blades        -0.055440531  -3.7343349e-05 -0.055477875 -0.090515153 -6.0968733e-05 -0.090576122
---------------------------------------------------------------------------------------------------------
Net                    -0.055440531  -3.7343349e-05 -0.055477875 -0.090515153 -6.0968733e-05 -0.090576122
```

图 9-97　力矩信息

从图中可以看出，作用在叶片上的总力距为 0.091N·m。

【案例 5】Overset 模型：抖动的圆柱体

圆柱绕流是 CFD 经常会做的案例，但是本案例与之有一点点不同，本案例中的圆柱体是运动的。计算模型尺寸如图 9-98 所示。

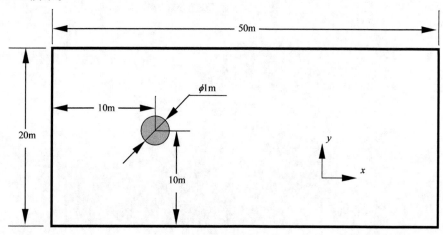

图 9-98　计算模型尺寸

案例中，圆柱体沿 y 轴上下振动，其运动方程为

$$v_x = 2$$

$$v_y = 4\sin(2\pi t)$$

利用 UDF 宏 DEFINE_ZONE_MOTION 进行定义：

```c
#include "udf.h"
#define PI 3.1415926
DEFINE_ZONE_MOTION(velocity_y,omega,axis,origin,vel,time,dtime)
{
    vel[0] =2;
    vel[1] = 4 * sin(2 * PI * time);
```

```
        return;
}
```

建立两个模型，第一个模型为背景网格模型，第二个模型是包含圆柱的运动区域模型，运动定义在运动区域上。

1. 背景模型

本案例的背景模型是一个长 50m、宽 20m 的矩形，在建模的过程中为保持一致性，将矩形左下角坐标定为（-10,-10），以确保圆柱的圆心位于坐标原点。背景网格采用四边形均匀网格，网格尺寸为 0.25m，如图 9-99 所示。

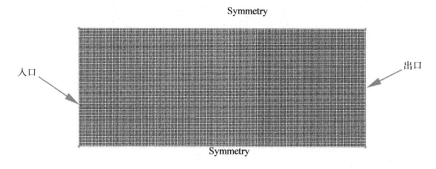

图 9-99 背景网格

2. 运动区域

运动区域为一个包含圆柱体的区域，区域的大小可以任意选定，这里选定一个边长为 2m 的正方形，而圆柱体位于正方形的中央，圆柱体圆心坐标为（0,0）。运动区域网格如图 9-100 所示。

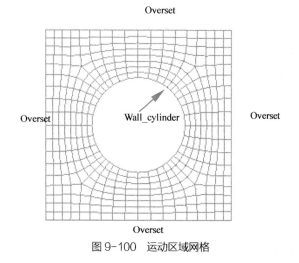

图 9-100 运动区域网格

将两套网格叠加到一起，如图 9-101 所示。

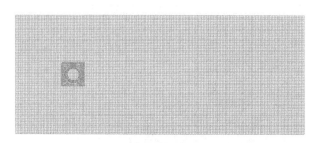

图 9-101 叠加后的网格

导出网格文件为 ex4-5.msh。

Step 1：导入网格文件到 FLUENT 中

2D 方式启动 FLUENT。

- 启动 FLUENT，选择 Dimension 为 2D。
- 选择菜单【 File 】>【 Read 】>【 Mesh… 】读取网格文件 ex4-5.msh。

重叠区域网格如图 9-102 所示。

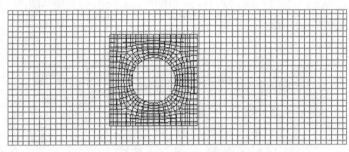

图 9-102　重叠区域网格

Step 2：General 设置

设置为瞬态计算。

- 选择模型树节点 General。
- 设置 Time 为 Transient。
- 其他参数默认设置。

Step 3：Models 设置

设置为 Standard k-epsilon 湍流模型。

- 选择模型树节点 Models，双击右侧面板中的列表项 Viscous，弹出模型设置对话框。
- 设置 Model 为 k-epsilon（2 eqn）。
- 选择 k-epsilon Model 为 Standard。
- 其他参数保持默认，单击 OK 按钮关闭对话框

Step 4：加载 UDF

利用解释的方式加载 UDF。

- 用鼠标右键单击模型树节点 Parmeter & Customization | User Defined Functions，弹出 UDF 解释对话框，如图 9-103 所示。
- 单击 Browse…按钮添加 udf 文件 yvel.c。
- 单击 Interpret 按钮解释 UDF。
- 单击 Close 按钮关闭对话框。

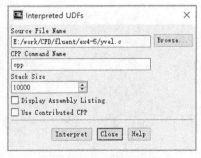

图 9-103　解释 UDF

Step 5：Cell Zone Conditons 设置

设置运动区域。

- 选择模型树节点 Cell Zone Conditions。
- 双击右侧面板中的列表项 movezone，弹出区域设置对话框，如图 9-104 所示。
- 激活选项 Mesh Motion。
- 设置 Zone Motion Function 为 velocity_y。
- 其他参数保持默认，单击 OK 按钮关闭对话框。

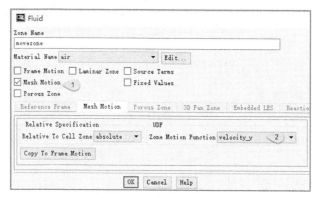

图 9-104 设置区域运动

Step 6：Boundary Conditions 设置

1. 设置 Inlet

- 选择模型树节点 Boundary Conditions，双击右侧面板中的 inlet。
- 如图 9-105 所示，设置 Velocity Magnitude 为 1 m/s。
- 设置 Turbulent Viscosity Ratio 为 5。
- 单击 OK 按钮关闭对话框。

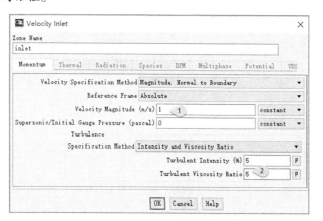

图 9-105 入口边界设置

2. 设置 outlet

- 选择列表项 outlet，设置 Type 为 pressure-outlet。
- 弹出的对话框中采用默认设置，单击 OK 按钮。

3. 设置 overset

- 选择列表项 overset，设置 Type 为 overset。

设置 overset 边界是最为重要的一步。

Step 7：启用 beta-feature

Overset 在 FLUENT 中还是比较新的技术，与相当多的模型不相容，要想与更多的模型相容，最好是启用 beta-feature。利用 TUI 命令启用 beta 特性的步骤如图 9-106 所示。

- 在 TUI 窗口中输入 define/beta-feature-access。
- 在提示信息 Enable beta features 后输入 yes。
- 在 OK to Proceed 后输入 OK 并按"Enter"键。

```
/define> beta-feature-access
Enable beta features? [no] yes

It is recommended that you save your case/data files before enabling beta features.
This will assist in reverting to released functionality if needed.

OK to proceed? [cancel]
```

图 9-106　TUI 启用 Beta 特性

Step 8：设置 overset interfaces

设置背景域与运动域。

- 选择模型树节点 Overset Interfaces，单击右侧面板中的 Create/Edit…按钮，弹出设置对话框，如图 9-107 所示。
- 选择 Background Zones 为 background。
- 选择 Component Zones 为 movezone。
- 设置 Overset Interface 为 int。
- 单击 Create 按钮创建 interface。
- 单击 Close 按钮关闭对话框。

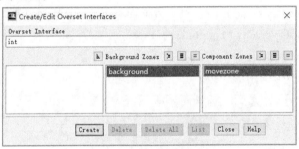

图 9-107　创建 interface

Step 9：初始化

进行初始化设置。

- 选择模型树节点 Solution Initialization。
- 选择右侧面板 Compute from 为 inlet。
- 单击 Initialize 按钮进行初始化。

初始化完毕后设置自动保存。

Step 10：Calculation Activities 设置

设置每 2 步保存一次。

- 选择模型树节点 Calculation Activities，在右侧面板中设置 Autosave Every 为 2。
- 其他参数保持默认。

Step 11：Run Calculation

设置迭代参数。

- 选择模型树节点 Run Calculation。

- 在右侧面板中设置 Time Step Size 为 0.1。
- 设置 Number of Time Steps 为 100。
- 设置 Max Iterations/Time Step 为 20。
- 单击 Calculate 按钮进行计算。若计算不收敛，可降低时间步长至 0.01。

Step 12：计算后处理

需要注意的是，CFD-Post 目前不支持 overset 网格的后处理，因此只能在 FLUENT 中进行后处理。关于后处理的步骤，这里不再赘述，与其他非重叠网格的后处理方式完全相同。

图 9-108 ~ 图 9-113 所示分别是 t 为 0s、2s、4s、6s、8s 和 10s 时的速度云图。

图 9-108　速度云图（*t*=0）

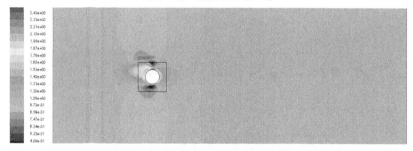

图 9-109　速度云图（*t*=2s）

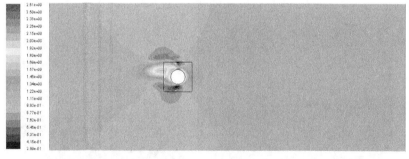

图 9-110 速度云图（*t*=4s）

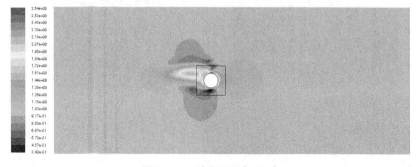

图 9-111　速度云图（*t*=6s）

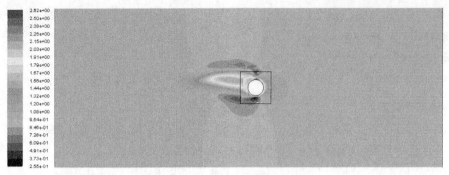

图 9-112　速度云图（t=8s）

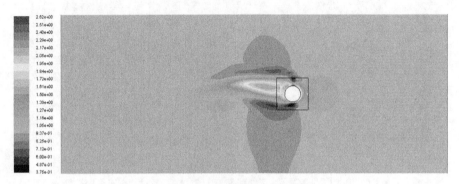

图 9-113　速度云图（t=10s）

【案例 6】6DOF 被动运动：转动的水车

6DOF 模型一个重要的应用是考虑流体对固体的作用力，从而计算固体的重心位置、速度、加速度等数据。

水车是一种非常古老的动力机械，可以利用水力作用驱动石磨、风箱等，也可以用于提水。水车基本结构如图 9-114 所示。

图 9-114　水车基本结构

本案例利用 6DOF 模型模拟水车在水流作用下的转动速度、转矩等变化情况。为简化计算过程，案例采用 2D 模型进行计算（对于 3D 模型的设置与此类似）。

建立图 9-115 所示的水车模型。

利用 CAD 软件 Solidworks 测量其质量特性，如图 9-116 所示。由于本案例利用 2D 模型，而只有 3D 模型才有质量，设置 3D 模型的厚度为 400mm，材料为橡木，其密度为 560kg/m³，得到质量为 254.685 kg，z 方向转动惯量 Izz 为 0.1032kg·m²。

图 9-115　水车的几何模型（3D）

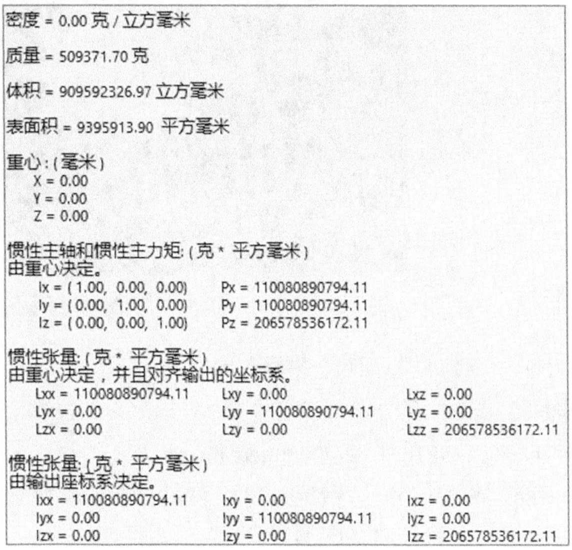

密度 = 0.00 克/立方毫米

质量 = 509371.70 克

体积 = 909592326.97 立方毫米

表面积 = 9395913.90 平方毫米

重心：(毫米)
　X = 0.00
　Y = 0.00
　Z = 0.00

惯性主轴和惯性主力矩：(克*平方毫米)
由重心决定。
　Ix = (1.00, 0.00, 0.00)　　Px = 110080890794.11
　Iy = (0.00, 1.00, 0.00)　　Py = 110080890794.11
　Iz = (0.00, 0.00, 1.00)　　Pz = 206578536172.11

惯性张量：(克*平方毫米)
由重心决定，并且对齐输出的坐标系。
　Lxx = 110080890794.11　　Lxy = 0.00　　　　　Lxz = 0.00
　Lyx = 0.00　　　　　　　　Lyy = 110080890794.11　　Lyz = 0.00
　Lzx = 0.00　　　　　　　　Lzy = 0.00　　　　　Lzz = 206578536172.11

惯性张量：(克*平方毫米)
由输出座标系决定。
　Ixx = 110080890794.11　　Ixy = 0.00　　　　　Ixz = 0.00
　Iyx = 0.00　　　　　　　　Iyy = 110080890794.11　　Iyz = 0.00
　Izx = 0.00　　　　　　　　Izy = 0.00　　　　　Izz = 206578536172.11

图 9-116　测量的转动惯量

计算几何模型如图 9-117 所示。

入口

出口

图 9-117　计算几何模型

FLUENT 17.2 以下版本需要使用 UDF 代码：

```c
#include "udf.h"
DEFINE_SDOF_PROPERTIES(windmill, prop, dt, time ,dtime)
{
    prop[SDOF_MASS] = 509.371;
    prop[SDOF_IXX] = 110.081;
    prop[SDOF_IYY] = 110.081;
    prop[SDOF_IZZ] = 206.579;
    prop[SDOF_ZERO_ROT_X] = TRUE;
    prop[SDOF_ZERO_ROT_Y] = TRUE;
    prop[SDOF_ZERO_TRANS_X] = TRUE;
    prop[SDOF_ZERO_TRANS_Y] = TRUE;
    prop[SDOF_ZERO_TRANS_Z] = TRUE;
}
```

计算网格如图 9-118 所示。

本案例中涉及 VOF 多相流模型。

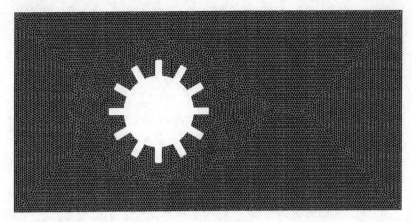

图 9-118 计算网格

Step 1：启动 FLUENT 并导入网格

采用 2D 方式启动 FLUENT。

- 启动 FLUENT，设置 Dimension 为 2D。
- 利用菜单【File】>【Read】>【Mesh】读取网格文件 ex4-6.msh。

网格读入后将显示在图形窗口中。

Step 2：General 设置

本案例先进行稳态计算，后面再改为瞬态计算。

- 选择模型树节点 General。
- 设置 Time 为默认的 Steady。
- 其他选项均采用默认设置。

Step 3：Models 设置

需要激活多相流模型及湍流模型。

1．设置多相流模型

- 选择模型树节点 Models，双击右侧面板中的列表项 Multiphase，弹出多相流设置对话框，如图 9-119 所示。

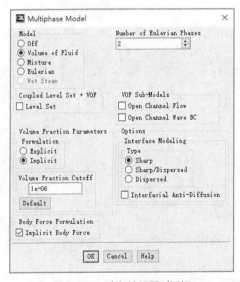

图 9-119 多相流设置对话框

- 选择 Model 为 Volume of Fluid。
- 激活选项 Implicit Body Force。
- 单击 OK 按钮关闭对话框。

2. 设置湍流模型

- 双击列表项 Viscous，弹出湍流模型设置对话框。
- 选择 Model 为 k-epsilon(2 eqn)。
- 选择 k-epsilon Model 为 RNG。
- 其他参数保持默认设置，单击 OK 按钮关闭对话框。

Step 4：Materials 设置

添加材料 water-liquid。

- 选择模型树节点 Materials，单击右侧面板中的 Create/Edit…按钮，弹出材料对话框。
- 单击 Fluid Database…按钮弹出材料数据库。
- 选择材料 water-liquid(h2o<l>)。
- 单击 Copy 按钮添加材料。
- 单击 Close 按钮关闭所有的对话框。

Step 5：设置 Phase

设置水为主相，空气为次相。

- 双击模型树节点 Models | Multiphase | Phases，弹出图 9-120 所示的相编辑对话框。
- 设置主相为 water-liquid，并命名为 water-liquid。
- 设置第二相为 air，并命名为 air。

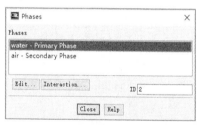

图 9-120 相编辑对话框

Step 6：Cell Zone Conditions

设置重力加速度。

- 选择模型树节点 Cell Zone Conditions，单击右侧面板中的 Operating Conditons…按钮，弹出操作条件设置对话框，如图 9-121 所示。

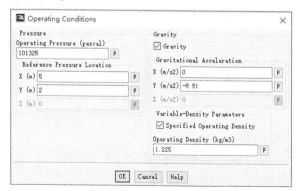

图 9-121 操作条件设置对话框

- 设置参考压力坐标为（5，2）。
- 激活选项 Gravity，设置重力加速度为（0，–9.81）。
- 激活选项 Specified Operating Density，保持默认参数。
- 单击 OK 按钮关闭对话框。

Step 7：Boudnary Condtions 设置

1. 设置 inlet

- 选择模型树节点 Boundary Conditions
- 选择右侧面板中的列表项 inlet，设置 Phase 为 mixture。
- 单击 Edit…按钮弹出设置对话框，设置 Velocity Magnitude 为 2 m/s，如图 9-122 所示。
- 设置 Turbulent Viscosity Ratio 为 5。
- 其他参数默认，单击 OK 按钮关闭对话框。

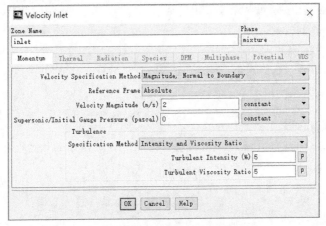

图 9-122　设置入口速度

- 选择右侧面板中的列表项 inlet，设置 Phase 为 air。
- 单击 Edit…按钮弹出设置对话框，切换到 Multiphase 标签页，设置 Volume Fraction 为 0。
- 单击 OK 按钮关闭对话框。

2. 设置 outlet

- 选择模型树节点 Boundary Conditions。
- 选择右侧面板中的列表项 outlet，设置 Phase 为 air。
- 单击 Edit…按钮弹出设置对话框，切换到 Multiphase 标签页，设置 Volume Fraction 为 1。
- 单击 OK 按钮关闭对话框。

其他边界保持默认设置。

Step 8：Reference Values 设置

设置 Depth 为 0.4。其他参数保持默认设置。

Step 9：Solution Methods 设置

设置求解算法。

- 选择模型树节点 Solution Methods。
- 在右侧面板中选择 Pressure-Velocity Coupling Scheme 为 Coupled。
- 设置 Pressure 为 PRESTO!。
- 激活选项 Pseudo Transient。

- 激活选项 Wraped-Face Grandient Correction。
- 其他参数保持默认设置。

Step 10：初始化设置

1．标准初始化

- 选择模型树节点 Solution Initialization。
- 在右侧面板中选择 Standard Initialization，选择 Compute from 为 inlet
- 设置 air Volume Fraction 为 1。
- 单击 Initialize 按钮进行初始化。

2．区域标记

- 单击 Setting Up Domian 标签页下的功能按钮 Mark/Adapt Cells | Region，弹出区域标记对话框，设置标记区域两对角点坐标分布为（–3，–2）和（5，0），如图 9-123 所示。
- 单击 Mark 按钮标记区域。

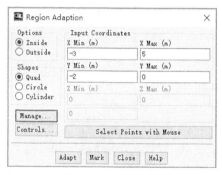

图 9-123　标记区域

3．Patch 区域

- 选择模型树节点 Solution Initialization，单击右侧面板中的 Patch…按钮，按图 9-124 所示进行设置。
- 选择 Phase 为 air。
- 选择 Variable 为 Volume Fraction。
- 设置 Value 为 0。
- 选择 Registers to Patch 为前面创建的区域 hexahedron-r0。
- 依次单击 Patch 按钮及 Close 按钮。

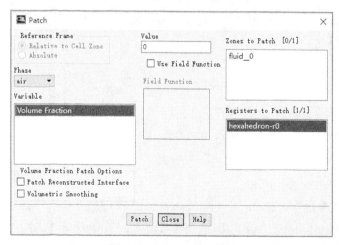

图 9-124　Patch 区域设置

此时可查看水相分布，如图 9-125 所示。

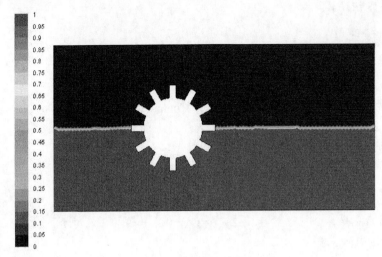

图 9-125　水相分布

Step 11：稳态计算

设置迭代参数进行计算。

- 选择模型树节点 Run Calculation。
- 在右侧面板中设置 Number of Iterations 为 3000。
- 单击 Calculate 按钮进行计算。

计算完毕后查看液相分布，如图 9-126 所示。图中计算并未收敛，但后续瞬态计算要获取的是风车的稳定旋转速度，因此对于后续瞬态计算并无太大影响。

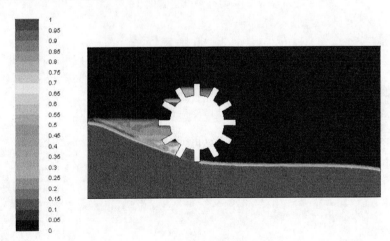

图 9-126　液相分布

Step 12：General 设置

选择模型树节点 General，设置 Time 项为 Transient。

Step 13：加载 UDF 宏

利用解释的方式加载 UDF 宏。

- 用鼠标右键单击模型树节点 Parameters & Customization | Parameters | User Defined Functions，在弹出菜单中选择 Interpreted…命令，弹出 UDF 解释对话框，如图 9-127 所示。
- 单击 Browse…按钮添加 UDF 文件 ex4-6.c。

- 单击 Interpret 按钮。
- 单击 Close 按钮关闭对话框。

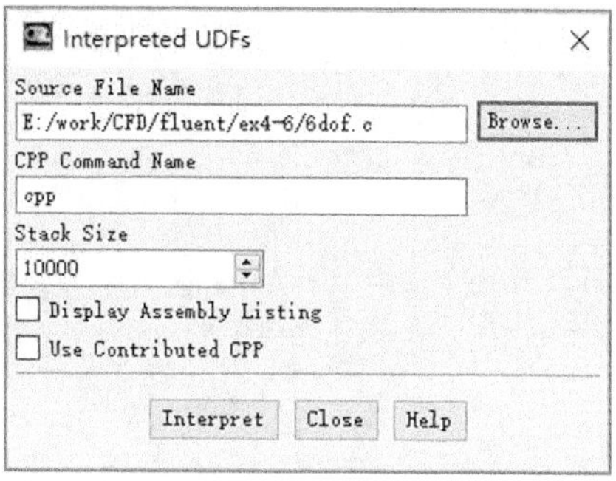

图 9-127　解释 UDF

Step 14：设置动网格

设置动网格参数及动网格区域。

1．设置动网格参数

- 选择模型树节点 Dynamic Mesh，在右侧面板中选择 Dynamic Mesh 选项。
- 激活选项 Smoothing、Remeshing 以及 Six DOF。
- 单击 Mesh Methods 下方的 Settings…按钮，弹出参数设置对话框。
- 切换到 Remeshing 标签页，单击 Use Defaults 按钮，如图 9-128 所示。
- 单击 OK 按钮关闭对话框。

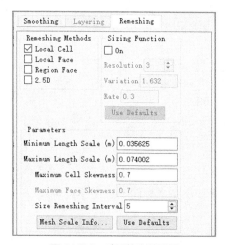

图 9-128　动网格参数设置

2．动网格区域设置

- 选择模型树节点 Dynamic Mesh，单击右侧面板中的 Create/Edit 按钮，弹出区域定义对话框，按图 9-129 所示进行设置。
- 选择 Zone Names 为 windmill_wall。
- 设置 Type 为 Rigid Body。
- 选择 Motion Attributes 标签页，设置 Six DOF UDF/Properties 为 windmill。
- 激活选项 Six DOF 下方的 On。
- 切换至 Meshing Options 标签页，设置 Cell Height 为 0.025 m。
- 其他参数保持默认，单击 Create 按钮创建运动区域。

图 9-129　动网格区域设置

Step 15：设置自动保存

设置每隔 1 个时间步自动保存一次。

Step 16：进行瞬态计算

进行瞬态计算参数设置。

- 选择模型树节点 Run Calculation。
- 在右侧面板中设置 Time Step Size 为 0.05 s。
- 设置 Number of Time Steps 为 60。
- 设置 Max Iterations/Time Step 为 40。
- 单击 Calculate 按钮进行计算。

Step 17：计算后处理

后处理方式与常规的瞬态后处理步骤完全相同，这里不再赘述。

第10章 多相流计算

【Q1】 多相流形态

根据多相流动特征，可以将其分为以下几种流态。

（1）气泡流。连续介质中存在离散气泡。如减振器、蒸发器、喷射装置等。

（2）液滴流。连续介质中存在离散液滴。如喷雾器、燃烧室等。

（3）弹性流。液相中存在大的气泡。如段塞流。

（4）分层/自由表面流。被清晰界面分开的互不相混的液体，如自由表面流。

（5）粒子流。连续介质中存在固体颗粒。如旋风分离器、吸尘器等。

（6）流化床。如沸腾床反应堆。

（7）泥浆流。流体中含有颗粒、固体悬浮物、沉淀、水力输运等。

各种多相流形态如图 10-1 所示。

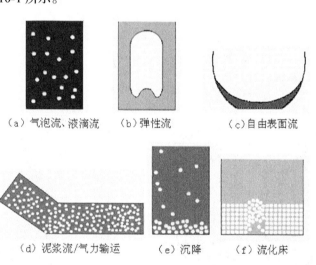

（a）气泡流、液滴流　　（b）弹性流　　　　　（c）自由表面流

（d）泥浆流/气力输运　　（e）沉降　　　　（f）流化床

图 10-1　多相流态

【Q2】 FLUENT 中的多相流模型

FLUENT 中计算多相流问题时，可以采用的计算模型包括以下几种。

1．Volume of Fluid 模型（VOF 模型）

VOF 模型主要用于跟踪两种或多种不相溶流体的界面位置。在 VOF 模型中，界面跟踪是通过求解相连续方程完成的，通过求出体积分量中急剧变化的点来确定分界面的位置。混合流体的动量方程利用混合材料的物质特性进行求解，因而混合流体材料物质特性在分界面上会产生突变。VOF 模型主要应用于分层流、自由液面流动、晃动、液体中存在大气泡的流动、溃坝等现象的仿真计算，可以计算流动过程中分界面的时空分布。图 10-2 所示为利用 VOF 模型计算油箱晃动情况下燃油的体积分布。

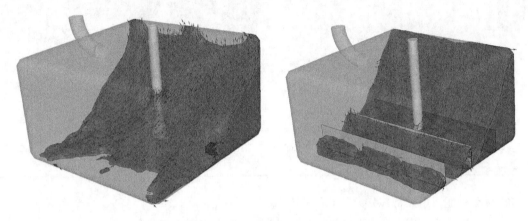

图 10-2　VOF 实例（油箱晃动）

2．Mixture 模型（混合模型）

混合模型可用于两相或多相流计算。由于在欧拉模型中，各相被处理为互相贯通的连续体，混合模型求解的是混合物的动力方程，并通过相对速度来描述离散相。混合模型的应用领域包括低负载的粒子负载流、气泡流、沉降、旋风分离器等。混合模型也可以用于没有离散相相对速度的均匀多相流。图 10-3 所示为利用混合模型计算的搅拌器流场。

混合模型是一种简化了的欧拉方法，其简化的基础是假设 Storkes 数非常小（粒子与主相的速度大小方向基本相同）。

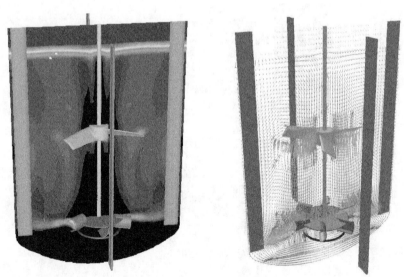

图 10-3　利用混合模型计算的搅拌器流场

3．Eulerian 模型（欧拉模型）

欧拉模型是 FLUENT 中最为复杂的多相流模型，它建立了一套包含 n 个动量方程及连续方程的方程组来求解每一相。压力项和各界面交换系数是耦合在一起的。耦合方式则依赖于所含相的情况。颗粒流与非颗粒流的处理方式是不同的。欧拉模型应用领域包括气泡柱、上浮、颗粒悬浮和流化床等。图 10-4 所示为采用欧拉模型计算三维气泡柱的示例。

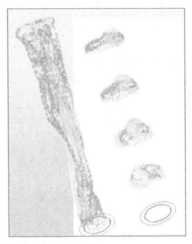

图 10-4　欧拉模型计算三维气泡柱

【Q3】　多相流模型的选择

针对不同的多相流流动情况，需要选择最合适的多相流模型。

1．一般选取规则

对于多相流模型，通常可以按照以下一些规则进行选用。

（1）对于气泡流、液滴流、存在相混合及分散相体积分数超过 10% 的粒子负载流，使用混合模型或欧拉模型。

（2）对于弹性流、活塞流，采用 VOF 模型。

（3）对于分层流、自由表面流，使用 VOF 模型。

（4）对于气力输运，对于均匀流使用混合模型，对于颗粒流使用欧拉模型。

（5）对于流化床，使用欧拉模型。

（6）对于泥浆流及水力输运，使用混合模型或欧拉模型。

（7）对于沉降模拟，使用欧拉模型。

通常来说，VOF 模型适合计算分层或自由表面流动，混合模型及欧拉模型适合于计算域内存在相混合或分离且分散相体积分数超过 10% 的情况（分散相体积分数低于 10% 时适合于使用离散相模型进行计算）。

对于混合模型及欧拉模型的选取，可以按照以下规则选用。

（1）当分散相分布很广时，选择使用混合模型。若分散性只是集中于区域的某一部分，则选择使用欧拉模型。

（2）若相间曳力规则可利用，使用欧拉模型可以获得更加精确的计算结果。否则选择混合模型。

（3）混合模型的计算量比欧拉模型的小，且稳定性好，但是精度不如欧拉模型。

2．量化的选取规则

可以利用一些物理量帮助用户选择更合适的多相流模型，这些物理量包括粒子负载 β 及 Stokes 数 St。

（1）粒子负载（Particulate Loading）。粒子负载定义为离散相与连续相的惯性力的比值。其定义式为

$$\beta = \frac{\alpha_d \rho_d}{\alpha_c \rho_c}$$

式中，α_d、ρ_d 分别为离散相的体积分数与密度；α_c、ρ_c 为连续相的体积分数与密度。

定义材料密度比为

$$\gamma = \frac{\rho_d}{\rho_c}$$

其中，气固流动中 γ 大于 1000；液固流动中 γ 大致为 1；气液流动中 γ 小于 0.001。

可以利用下式估计粒子相间的平均距离

$$\frac{L}{d_d} = \left(\frac{\pi}{6}\frac{1+k}{k}\right)^{1/3}$$

其中

$$k = \frac{\beta}{\gamma}$$

这些参数对于决定分散相的处理方式非常重要。例如，对于粒子负载为 1 的气固流动，粒子间距 $\frac{L}{d}$ 大约为 8，可认为粒子是非常稀薄的（也即是说，粒子负载非常小）。

利用粒子负载，相间相互作用可以被分为以下几类。

① 非常低的粒子负载，此时相间作用为单向（也即是说，连续相通过曳力及湍流影响粒子，但是粒子不会影响连续相流动）。离散相模型、混合模型及欧拉模型均可解决此类问题。由于欧拉模型计算开销较大，因此建议使用离散相模型及混合模型计算此类问题。

② 对于中等粒子负载，相间作用为双向（粒子与连续相间相互影响）。离散相、混合模型及欧拉模型均可应用于此类问题，但是在如何选择最合适的模型上，需要配合其他参数（如 Stokes 数）进行综合判断。

③ 对于高粒子负载情况下，相间存在双向耦合、粒子压力及黏性压力。仅仅只有欧拉模型可以解决此类问题。

（2）Stokes 数。对于中等强度的粒子负载，估计 Stokes 数有助于选择最合适的模型。Stokes 数定义为粒子间响应时间与系统响应时间的比值

$$St = \frac{\tau_d}{t_s}$$

式中，$\tau_d = \frac{\rho_d d_d^2}{18\mu_c}$；$\tau_c$ 定义为特征长度 L_s 与特征速度 V_s 的比值，$\tau_c = \frac{L_s}{V_s}$。

对于 $St < 1$ 的情况，任意模型（离散相、混合模型、欧拉模型）均可使用，此时可以选择最廉价的模型（大多数情况下为混合模型），或者根据其他因素选取最合适的模型。

对于 $St > 1$ 的情况，粒子运动独立于连续相流场，此时可选用离散相模型或欧拉模型。

对于 $St \approx 1$ 的情况，3 种模型同样有效，用户可以选择最廉价模型或根据其他因素选择最合适的模型。

【Q4】 FLUENT 多相流模拟步骤

在 FLUENT 中使用多相流模型，通常包含以下步骤。

Step 1：激活湍流模型

双击 FLUENT 模型树节点 Models | Multiphase，弹出如图 10-5 所示的多相流模型选择对话框，可以在该对话框中选择需要使用的多相流模型。离散相模型不在此面板中设置。

Step 2：设置材料

从 FLUENT 材料数据库中添加材料，若要定义的材料不在数据库中，还需要定义新材料。需要注意的是，若模型中包含有颗粒相，则定义材料时需要从流体材料类中选择，而不是从固体类中选择。

Step 3：设置 Phase

指定主相及次相，同时还需要指定相间相互作用。例如，在 VOF 模型中指定表面张力，在混合模型中

指定滑移速度函数，在欧拉模型中指定曳力函数。

通过单击模型树节点 Phases 可以进行相的定义，如图 10-6 所示。

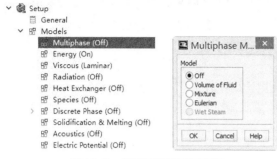

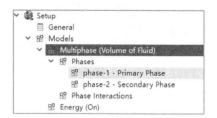

图 10-5 多相流模型选择对话框　　　　　　　　图 10-6 定义相

Step 4：设置操作条件

对于一些涉及重力的模型，需要在操作条件设置面板中设置重力加速度及参考密度等参数。利用模型树节点 Cell Zone Conditions，在设置面板中单击 Operating Conditions…按钮进行操作条件设置。

Step 5：边界条件设置

多相流边界条件设置与单相流动问题边界条件设置存在差别，多相流不仅要设置混合相的边界条件，还需要设置每一相的边界条件。

Step 6：其他设置

其他设置方式与单相流动问题求解设置相同，如求解方法设置、求解控制参数设置、初始化设置等。

【Q5】 VOF 模型设置

1．VOF 模型参数

VOF 多相流模型用于相间分界面的捕捉。单击 FLUENT 模型树节点 Models，在相应的设置面板中选择列表项 Multiphase，弹出的设置窗口如图 10-7 所示。在 Model 中选择 Volume of Fluid，即可激活 VOF 模型。

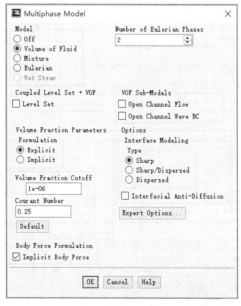

图 10-7 VOF 模型设置

图 10-7 所示设置面板中一些参数的含义介绍如下。

Coupled Level Set + VOF：在 VOF 模型中耦合水平集方法。

水平集方法（Level Set）是一种广泛应用于具有复杂分解面的两相流动问题界面追踪的数值方法。在水平集方法中，分界面通过水平集函数进行捕捉及跟踪。由于水平集函数具有光滑及连续的特性，其空间梯度能够进行精确计算，因此可以精确地估算界面曲率及表面张力引起的弯曲效应。然而，水平集方法在保持体积守恒方面存在缺陷。

VOF 方法是天然的体积守恒的，可在每一个单元内计算和追踪每一相的体积分数。VOF 方法的缺点在于 VOF 函数（特定相的体积分数）在横跨界面过程中是非连续的。

为了解决界面守恒与连续的问题，可以在 FLUENT 中使用将水平集方法与 VOF 方法耦合的方式进行分界面计算与追踪。

> **注意**：
> 使用耦合水平集方法存在以下一些限制：（1）水平集方法只能用于两相流动区域，且两种流体互相渗透。（2）水平集方法仅仅只在 VOF 模型被激活时才可使用，且不允许存在传质。（3）水平集方法与动网格模型不兼容。（4）在激活 Level Set 选项时，建议使用几何重构（geo-reconstruct）方法。

Number of Eulerian Phases：设置相的数量。

Volume Fraction Parameters：设置 VOF 参数。主要设置 VOF 算法，包括显式（Explicit）与隐式（Implicit）。

Body Force Formulation：体积力格式。对于计算中应用了重力加速度的模型，通常需要激活 Implicit Body Force 选项，可以增强计算稳定性。

VOF Sub-Models：一些 VOF 子模型。包括 Open Channel Flow（明渠流动）、Open Channel Wave BC（明渠波浪边界），应用于一些特定的场合。

Options：一些可选参数。包括一些控制界面追踪精度的选项，如 Sharp、Sharp/Dispersed、Dispersed 等，可以根据实际情况进行选择。

2. VOF 使用限制

在 FLUENT 中使用 VOF 模型，存在以下一些限制。

（1）VOF 模型只能应用于压力基求解器，在密度基求解器中无法使用。

（2）每一控制体必须充满一种或多种流体。VOF 模型不允许区域中不存在任何流体的情况。

（3）仅有一相可定义为可压缩理想气体，但对于使用 UDF 定义的可压缩液体则无限制。

（4）流向周期流动（指定质量流率或指定压力降）无法与 VOF 一起使用。

（5）二阶隐式时间步格式无法与 VOF 显式格式一起使用。

（6）当利用并行计算进行粒子追踪时，在共享内存选项被激活的情况下，DPM 模型无法与 VOF 模型一起使用。

【Q6】 混合模型设置

1. 混合模型参数设置

混合模型设置与 VOF 模型相类似。单击 FLUENT 模型树节点 Models，在对应面板中选择列表项 Multiphase…，弹出的设置对话框如图 10-8 所示。在 Model 中选择 Mixture 即可激活混合模型。

Slip Velocity：激活滑移速度选项。若激活此选项，FLUENT 会计算相间滑移，否则会当作均质多相流计算（即所有相具有相同的速度）。默认情况下该选项被激活。

混合模型的其他选项与 VOF 模型相同。

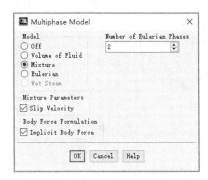

图 10-8　Mixture 模型设置对话框

2．混合模型使用限制

混合模型具有以下一些使用限制。

（1）只能应用于压力基求解器，在密度基求解器中无法应用混合模型。

（2）仅有一相可被定义为可压缩理想气体。但 UDF 定义的可压缩液体不受限制。

（3）当使用混合模型时，不能指定质量流率的周期流动模型。

（4）不能使用混合模型模拟凝固与融化问题。

（5）在混合模型与 MRF 模型一起使用时，不能使用相对速度格式。

（6）混合模型无法应用于无黏流动计算。

（7）壁面壳传导模型无法与混合模型一起使用。

（8）当使用共享内存并行模式计算粒子轨迹时，DPM 模型与混合模型不兼容。

混合模型与 VOF 模型都是采用单流体方法，它们之间的差异在于：

（1）混合模型允许相间渗透，即每一网格单元内各相体积分数之和可以是 0~1 间的任何值。但是 VOF 模型每一单元内体积分数必为 1。

（2）混合模型允许存在相间滑移，即各相可以具有不同的速度。但 VOF 模型各相均具有相同的速度，相间没有滑移。

【Q7】 欧拉模型设置

1．欧拉模型参数设置

单击 FLUENT 模型树节点 Models，双击列表项 Multiphase…即可打开欧拉模型（Eulerian 模型）设置对话框，如图 10-9 所示。选择 Model 中的 Eulerian 项激活欧拉模型。

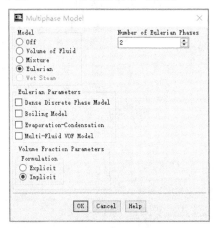

图 10-9　欧拉模型参数

对话框中一些选项（参数）的含义如下。

Dense Discrete Phase Model：激活稠密离散相模型。

Boiling Model：激活沸腾模型。

Evaporation-Condensation：蒸发冷凝模型。

Multi-Fluid VOF Model：多流体 VOF 模型。

Volume Fraction Parameters：界面追踪方法选择，与 VOF 模型相同。

2．欧拉模型使用限制

欧拉模型是 FLUENT 中应用范围最广泛的多相流模型，但是对于以下一些情况不适用：

（1）雷诺应力湍流模型无法在每一相上使用。

（2）粒子跟踪（使用拉格朗日分散相模型）只与主相相互作用。

（3）指定质量流率的流向周期流动模型无法与欧拉模型一起使用。

（4）不能使用无黏流动。

（5）凝固和融化模型无法与欧拉模型一起使用。

（6）当使用共享内存模式的并行模式进行粒子轨迹计算时，无法使用欧拉模型。

【Q8】 颗粒流模拟

颗粒流动在工程中非常普遍，FLUENT 提供了众多模型用于解决此类问题。

（1）离散相模型（Discrete Phase Model，DPM 模型）。离散相模型适用于系统中颗粒体积分数占比小于 10%的场合。在该模型中，忽略了颗粒之间的相互碰撞作用，仅考虑颗粒与流体间的相互作用，利用拉格朗日方法计算颗粒的运动轨迹。

（2）多相流模型。对于气液流动，可以采用 Euler-Euler 模型；气固流动可以采用 Euler-Granular 模型。

（3）DDPM（Dense DPM）。适用于颗粒体积分数大于 10%的场合，考虑颗粒体积。

（4）DEM（Discrete Element Method，DEM 模型）。考虑颗粒间碰撞及摩擦力，跟踪每一个颗粒的运动轨迹。

【Q9】 颗粒在流体中的曳力

颗粒在流体中受到许多的力，如重力、浮力、曳力、压力、梯度力、虚质量力、倍瑟特力、萨夫曼升力、马格努斯力、热泳力及布朗力等，其中最重要的为重力及曳力。

在实际的两相流动中，颗粒的曳受到许多因素的影响，它不仅与颗粒的雷诺数 Re_p 有关，而且与流体的湍流运动、流体的可压缩性、流体的温度与颗粒速度、颗粒形状、壁面的存在以及颗粒群的浓度等因素有关，因此颗粒的阻力难以用统一的形式表达。为研究方便，引入阻力系数的概念，定义为

$$C_D = \frac{F_r}{\pi r_p^2 \left[\frac{1}{2}\rho_c(u-u_p)^2\right]}$$

颗粒的阻力可表示为

$$F_r = \frac{\pi r_p^2}{2}C_D\rho_c|u-u_p|(u-u_p)$$

式中，r_p 为球形颗粒的半径；u 为流体速度；u_p 为颗粒速度。

1. 球形颗粒阻力系数

颗粒的雷诺数

$$Re_p = \frac{\rho d_p |v - v_p|}{\mu}$$

球形颗粒阻力系数的确定方式如下。

（1）方式 1。根据颗粒的雷诺数 Re_p 的大小，有

$$C_D = \begin{cases} \dfrac{24}{Re_p} & Re_p < 2(\text{Stokes公式}) \\[2mm] \dfrac{18.5}{Re_p^{0.6}} & 2 < Re_p < 500(\text{Allen公式}) \\[2mm] 0.44 & 500 < Re_p < 2 \times 10^5(\text{Newton公式}) \\[2mm] 0.1 & Re_p < 2 \times 10^5 \end{cases}$$

（2）方式 2。对于光滑的球形颗粒，阻性系数 C_D 可表示为

$$C_D = a_1 + \frac{a_2}{Re} + \frac{a_3}{Re^2}$$

式中，a_1，a_2 及 a_3 均为常数，如 Morsi 及 Alexander 等给出的参数值。

（3）其他一些经验公式。

Oseen（1927）：$Re < 2$

$$C_D = \frac{24}{Re}\left(1 + \frac{3}{16} Re\right)$$

Goldstein（1929）：$Re < 2$

$$C_D = \frac{24}{Re}\left(1 + \frac{3}{16} Re - \frac{19}{1280} Re^2 + \frac{71}{20480} Re^3 - \frac{30179}{34406400} Re^4 + \frac{122519}{560742400} Re^5 - \cdots\right)$$

Proudman，Pearson（1957）

$$C_D = \frac{24}{Re}\left[1 + \frac{3}{16} Re + \frac{9}{160} Re^2 \log Re + O\left(\frac{Re^2}{4}\right)\right]$$

Schiller, Naumann（1933）：$Re < 1000$

$$C_D = \frac{24}{Re}\left(1 + 0.150 Re^{0.687}\right)$$

Dallavalle（1943）

$$C_D = \frac{24.4}{Re} + 0.4$$

Langmuir et al. Torobin, Gauvin（1959）：$1 < Re < 100$

$$C_D = \frac{24}{Re}\left(1 + 0.197 Re^{0.63} + 0.0026 Re^{1.38}\right)$$

Olson, Wright（1990）：$Re < 100$

$$C_D = \frac{24}{Re}\left(1 + \frac{3}{16} Re\right)^{1/2}$$

Rubey（1933）

$$C_D = \frac{24}{Re} + 2$$

Fredsoe, Deigaard（1992）

$$C_D = 1.4 + \frac{36}{Re}$$

2. 非球形阻力系数

对于非球形颗粒，Haider 及 Levenspiel 提出了以下修正模型

$$C_D = \frac{24}{Re_{sph}}\left(1 + b_1 Re_{sph}^{b_2}\right) + \frac{b_3 Re_{sph}}{b_4 + Re_{sph}}$$

式中的一些系数为

$$b_1 = \exp\left(2.3288 - 6.4581\phi + 2.4486\phi^2\right)$$
$$b_2 = 0.0964 + 0.5565\phi$$
$$b_3 = \exp\left(4.905 - 13.8944\phi + 18.4222\phi^2 - 10.2599\phi^3\right)$$
$$b_4 = \exp\left(1.4681 + 12.2584\phi - 20.7322\phi^2 + 15.8855\phi^3\right)$$

式中，ϕ 为形状因子，定义为

$$\phi = \frac{s}{S}$$

式中，s 为等体积球形颗粒的表面积；S 为颗粒的真实表面积。

3. Stokes-Cunningham 阻力系数

对于亚微颗粒，可以使用 Stokes 阻力定律。此时，阻力 F_D 可表示为

$$F_D = \frac{18\mu}{d_p^2 \rho_p C_c}$$

系数 C_c 为 Cunningham 修正系数，可以通过下式进行计算

$$C_c = 1 + \frac{2\lambda}{d_p}\left(1.257 + 0.4e_p^{-1.1d_p/2\lambda}\right)$$

式中，λ 为分子自由程。

4. Dynamic Drag Model Theory

Liu dynamic drag coefficient 考虑了液滴在空气动力作用下变形时的阻力。模型的基础形式为对于未变形的液滴阻力系数

$$C_{d,sphere} = \begin{cases} \dfrac{24}{Re_p}\left(1 + \dfrac{1}{6}Re_p^{2/3}\right) & Re_p \leqslant 1000 \\ 0.424 & Re_p > 1000 \end{cases}$$

假设液滴变形为轴沿着相对速度方向的盘状，会增大液滴的阻力。Liu 阻力系数模型限制盘状结构最大的阻力系数为 1.54，因此阻力系数修正为

$$C_d = C_{d,sphere}\left(1 + 2.632y\right)$$

式中，y 为液滴变形，可以通过求解下式获得

$$\frac{\mathrm{d}^2 y}{\mathrm{d}t^2} = \frac{C_F}{C_b}\frac{\rho_g}{\rho_l}\frac{u^2}{r^2} - \frac{c_k\sigma}{\rho_l r^3}y - \frac{c_d\mu_l}{\rho_l r^2}\frac{\mathrm{d}y}{\mathrm{d}t}$$

其中，对于球形颗粒，插值系数 y 取 0；对于盘状结构，插值系数 y 取 1。

5. Schiller-Naumann 修正

Schiller-Naumann 修正适用于球形固态颗粒、液滴以及小直径的气泡，其表达式为

$$C_D = \begin{cases} \dfrac{24}{Re_p}\left(1 + 0.15 Re_p^{0.687}\right) & Re_p \leqslant 10^3 \\ 0.44 & Re_p > 10^3 \end{cases}$$

式中，Re_p 为颗粒雷诺数，定义为

$$Re_p = \frac{\rho \, |\vec{v}_s| \, D_p}{\mu}$$

式中，D_p 为颗粒直径，m；该修正函数仅用于连续相为黏性流动的情况。

【Q10】 DPM 模型设置

FLUENT 中 DPM 模型的设置包括两个部分：模型参数设置以及入射条件设置。

1. 激活 DPM 模型

双击模型树节点 Discrete Phase（见图 10-10），弹出的 DPM 模型设置面板如图 10-11 所示。

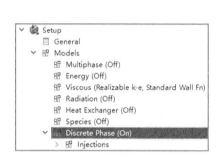

图 10-10　模型树节点

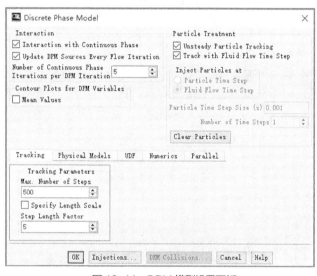

图 10-11　DPM 模型设置面板

模型设置面板中包含了许多参数，一些重要的参数介绍如下。

Interaction with Continuous Phase：激活此选项则采用双向耦合，否则采用单向耦合。默认该选项不激活。

Update DPM Sources Every Flow Iteration：激活此选择，则每一个连续相迭代步计算完毕后均会更新颗粒信息。默认此选项不激活。

Number of Continuous Phase Iterations per DPM Iteration：设置每一次 DPM 更新时连续相迭代次数。默认值为 5，设置为 1 则与上一选项等同。

Max. Number of Steps：设置每个颗粒的最大追踪步数，超出此步数时若颗粒未逃离计算域，则会提示 incomplete。

Unsteady Particle Tracking：瞬态颗粒追踪。这里的瞬态仅仅指的是颗粒，而连续相计算既可以是瞬态的也可以是稳态的。

Track with Fluid Flow Time Step：利用流动时间步长进行颗粒追踪。通常用于连续相计算为瞬态的情况下，若连续相计算为稳态，则此选项不会被激活。

在 Physical Models 标签页下包含了众多的 DPM 子模型（见图 10-12），可以根据实际需要选用。

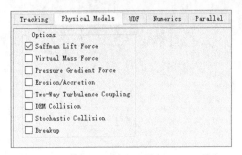

图 10-12　子模型

Saffman Lift Force：激活萨夫曼升力。

Virtual Mass Force：激活虚质量力。

Pressure Gradient Force：激活压力梯度力。

Erosion/Accretion：激活冲蚀/附着模型。

Two-Way Turbulence Coupling：双向湍流耦合模型。

DEM Collision：激活 DEM 碰撞模型。

Stochastic Collision：激活随机碰撞模型。

Breakup：激活破碎模型。

2．颗粒入射参数

DPM 模型中需要指定入射条件，如指定颗粒类型、入射速度、颗粒流量、颗粒粒径等参数。通过双击模型树节点 Discrete Phase | Injections，可弹出颗粒入射参数创建面板，如图 10-13 所示。可以在该面板中通过单击 Create 按钮创建颗粒入射条件。

图 10-13　颗粒入射参数创建面板

单击 Create 按钮后弹出的入射条件设置面板如图 10-14 所示。该面板中包含众多的设置参数：

Injection Name：设置名称。当存在多个入射条件时，设置不同的名称便于识别。

Injection Type：入射类型。包含许多不同的入射类型：single、group、cone、solid-cone、surface、plain-orifice-atomizer、pressure-swirl-atomizer、air-blast-atomizer、flat-fan-atomizer、effervescent-atomizer 以及 file。根据实际情况进行选择。

Particle Type：颗粒类型。包含 5 种类型：Massless（无质量颗粒）、Inert（惰性颗粒）、Droplet（液滴或气泡）、Combusting（燃烧的液滴或颗粒）、Multicomponent（多组分颗粒）。

Material：设置颗粒的材料。

Diameter Distribution：粒径分布。包含 3 种粒径分布：uniform、rosin-rammler 及 rosin-rammler-logrithmic。除此之外，还包括一些根据实际选择的参数而多出来的选项。

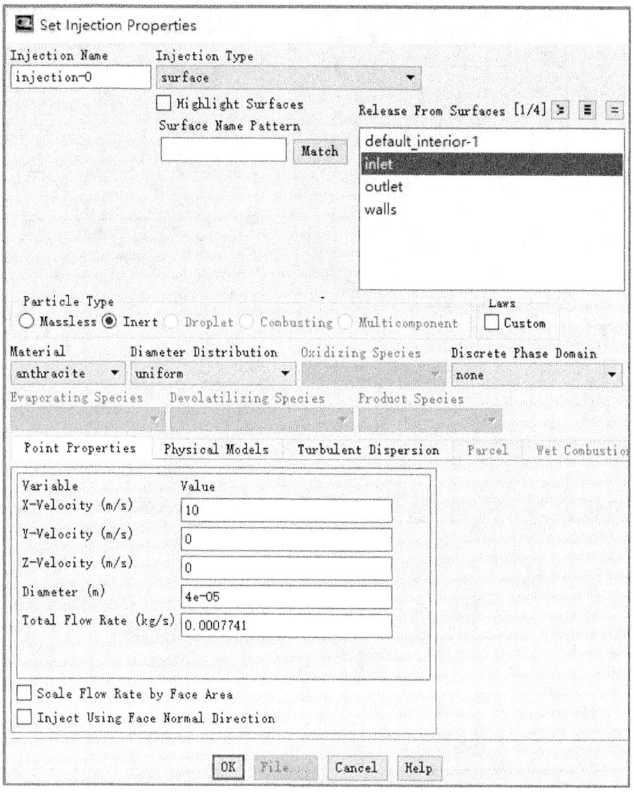

图 10-14 入射条件设置面板

【Q11】 DPM 模型稳态及瞬态计算

DPM 模型可以为稳态也可以为瞬态。它们的计算流程存在差异：稳态计算在判断出颗粒未达到最终状态（被捕捉、逃逸出计算域等）时，将返回颗粒运动方程继续进行积分计算，直至颗粒达到最终状态，如图 10-15 所示；而瞬态计算在判断出颗粒未达到最终状态时，则更新颗粒的位置，如图 10-16 所示。换句话说，稳态计算获得的是所有颗粒的最终状态，而瞬态计算则可以得到颗粒在每一个时间步下的位置。

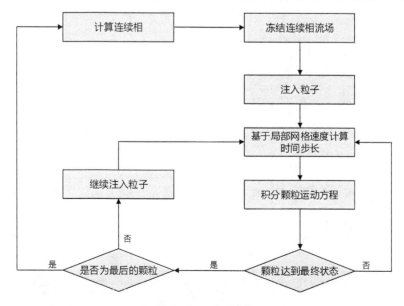

图 10-15 稳态计算

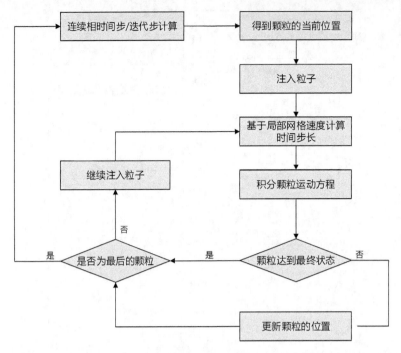

图 10-16 瞬态计算

【Q12】 DPM 壁面条件

颗粒在运动过程中接触到壁面后，会有不同的运动行为，FLUENT 提供了 5 种颗粒运动行为，如图 10-17 所示。

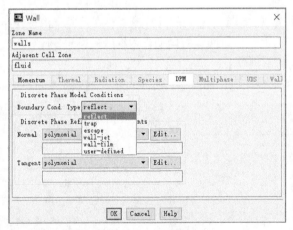

图 10-17 颗粒壁面条件

1．reflect

颗粒反弹。通过指定法向及切向恢复系数来计算颗粒反弹的角度及速度，如图 10-18 所示。

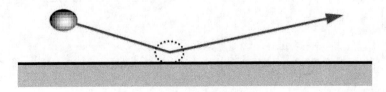

图 10-18 颗粒反弹

2．trap

颗粒被捕捉。捕捉后颗粒轨迹计算结束，如图 10-19 所示。

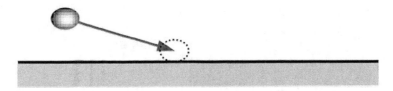

图 10-19　颗粒被捕捉

3．escape

逃逸条件。颗粒可以穿越边界逃出计算域，从而结束轨迹追踪，如图 10-20 所示。

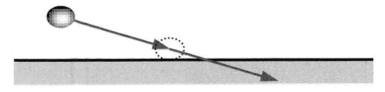

图 10-20　颗粒逃逸

4．wall-jet

模拟颗粒冲击壁面，但不考虑液膜的形成，如图 10-21 所示。

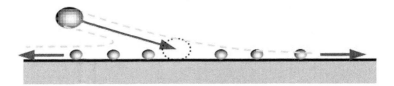

图 10-21　壁面射流

5．wall-film

模拟颗粒冲击到壁面后形成的壁面液膜，如图 10-22 所示。

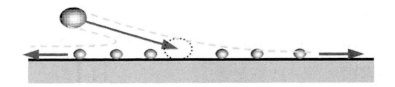

图 10-22　壁面液膜

【Q13】 DPM 颗粒相与连续相的匹配

一般来说，DPM 模型的颗粒轨迹追踪可以采用稳态或瞬态计算，而连续相的计算同样也可以采用稳态或瞬态计算，彼此之间并无必然的联系，因此就会存在以下 3 种选择。

（1）连续相与颗粒相均为稳态。

（2）连续相用稳态，颗粒相用瞬态。

（3）连续相与颗粒相均为瞬态。这又包含了两种选择：颗粒相与连续相采用相同的时间步长；颗粒相与连续相采用不同的时间步长。

1．稳态颗粒+稳态连续相

稳态 DPM 设置面板如图 10-23 所示。

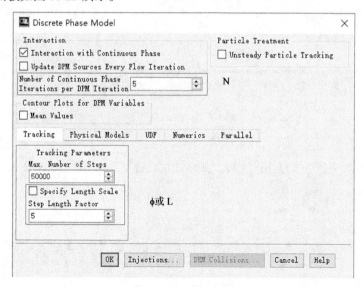

图 10-23　稳态 DPM

参数 Number of Continuous Phase Iterations per DPM Iteration 控制多少个稳态连续相迭代后进行一次 DPM 迭代，颗粒自从释放进入计算域后即开始追踪，直至达到最终状态，追踪参数包括最大迭代步数（Max. Number of Steps）及长度尺度（Length Scale）或 Step Length Factor。

颗粒运动方程积分时间步长通过以下公式进行估计。

（1）若指定了 Length Scale，则时间步长

$$\Delta t = \frac{L}{u_p + u_c}$$

式中，L 为指定的长度尺度；u_p 及 u_c 分别为颗粒速度及连续相速度。

（2）若指定的参数为 Step Length Factor，则时间步长

$$\Delta t = \frac{\Delta t^*}{\phi}$$

式中，Δt^* 为颗粒通过当前网格的估计时间；ϕ 为输入的参数 Step Length Factor。

颗粒的最终状态包括从计算域逃逸、被边界捕捉、达到最大的迭代步 3 种。

2．瞬态颗粒+稳态连续相

与稳态 DPM 模型相同，瞬态 DPM 模型在每 N 个连续相迭代后进行更新。二者的不同之处在于，在进行更新过程中，瞬态 DPM 在每一个时间步长（设置的参数 Particle Time Step Size）后进行轨迹更新，更新的迭代步数量也可以设置（参数 Number of Time Steps）。瞬态 DPM 设置面板如图 10-24 所示。

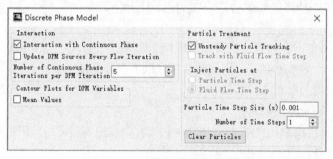

图 10-24　瞬态 DPM 设置面板

3. 瞬态颗粒+瞬态连续相（不同时间步长）

当连续相与颗粒相均选择采用瞬态时，此时关于时间步长的选择可以有两种方式：采用颗粒相指定的时间步长，或采用连续相时间步长。

当颗粒相采用与连续相不同的时间步长时，如图 10-25 所示，通过显式指定颗粒相时间步长 Particle Time Step Size。

在每一次 DPM 计算时，颗粒都会从当前位置向前推进，直到到达当前时间步结束后的新的位置。颗粒采用的时间步为指定的 Particle Time Step Size，Δt_p；因此 DPM 迭代的时间步数为 $\Delta t_{flow} / \Delta t_p$，最小值为 1。

当迭代步数不同时，则存在颗粒入射的问题，FLUENT 提供了两种方式：

（1）Particle Time Step：在每一个颗粒时间步入射颗粒。

（2）Fluid Flow Time Step：在每一个流动时间步入射颗粒。

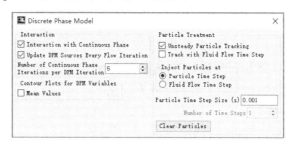

图 10-25 显示指定颗粒相时间步长

4. 瞬态颗粒+瞬态连续相（相同时间步长）

这种情况下，颗粒计算采用与连续相计算相同的时间步长。激活图 10-25 所示面板中的选项 Track with Fluid Flow Time Step 即可采用相同的时间步长进行计算。

【案例 1】混合模型：空化喷嘴

本案例演示如何利用 FLUENT 计算空化问题。

案例几何模型如图 10-26 所示，流体流经形状突变的几何产生局部负压形成空化。

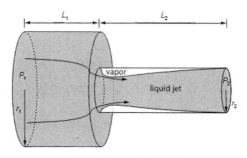

图 10-26 案例几何模型

几何模型尺寸 L_1=1.6cm，L_2=3.2cm，r_1=1.15cm，r_2=0.4cm。入口压力为 250MPa，出口压力为 95000Pa，系统温度为 300K。流体域中包含两种介质：液态水及水蒸气。液态水密度为 1000kg/m³，动力黏度为 0.001kg/m·s；水蒸气密度为 0.02558kg/m³，动力黏度为 1.26×10⁻⁶ kg/m·s。300K 条件下水的饱和蒸汽压为 3540Pa。

利用 FLUENT 计算出口的流量系数，并将计算结果与文献值[①]进行比较。流量系数定义为

---

① W.H. Nurick, "Orifice Cavitation and Its Effects on Spray Mixing". Journal of Fluids Engineering, Vol.98, pp.681-687, 1976。

$$C_d = \frac{\dot{m}}{A\sqrt{2\rho(p_1 - p_2)}}$$

利用计算得到的出口流量，代入公式即可计算得到流量系数。

Step 1：启动 FLUENT

以 2D 模式启动 FLUENT 并导入网格。

- 启动 FLUENT，选择 Dimension 为 2D。
- 利用菜单【File】>【Read】>【Mesh…】打开网格文件 ex5-1.msh。

读入网格文件后，软件自动将网格显示在图形窗口中。

Step 2：检查网格

检查计算域尺寸是否与实际情况相符。

- 选择模型树节点 General。
- 单击右侧面板中的 Scale…按钮，弹出 Scale Mesh 对话框。

如图 10-27 所示，可以看出导入的网格尺寸与实际尺寸不相符，需要进行缩放。

- 将对话框中 Mesh Was Created In 下拉框选项设置为 mm。
- 单击 Scale 按钮进行缩放。

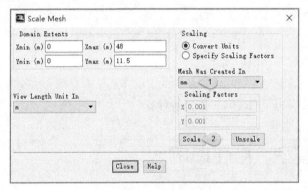

图 10-27　缩放网格

- 单击 Close 按钮关闭对话框。

Step 3：General 设置

设置一些通用选项。

- 选择模型树节点 General。
- 在右侧面板中选择 2D Space 为 Axisymmetric，其他为默认设置，如图 10-28 所示。

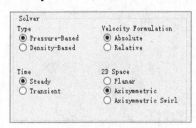

图 10-28　General 设置

Step 4：Models 设置

模型设置中包含湍流模型选择及多相流模型设置。本案例采用 Realizable k-epsilon 湍流模型和 Mixture 多相流模型。

1. 湍流模型设置

- 选择模型树节点 Models。
- 双击右侧面板中 Models 列表框内的 Viscous 列表项，弹出 Viscous Model 对话框。
- 如图 10-29 所示，选择 Model 为 k-epsilon（2 eqn），选择 Realizable 及 Standard Wall Functions 选项，单击 OK 按钮关闭对话框。

图 10-29　选择湍流模型

2. 多相流模型设置

- 双击列表项 Multiphase，弹出多相流模型设置对话框，如图 10-30 所示。
- 选择 Mixture 模型，设置 Number of Eulerian Phases 为 2。

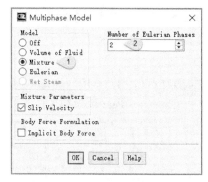

图 10-30　多相流模型设置对话框

- 其他参数保持默认，单击 OK 按钮关闭对话框。

Step 5: Materials 设置

添加液态水及水蒸气，并修改其属性。

- 选择模型树节点 Materials，单击右侧面板中 Create/Edit… 按钮。
- 在弹出的对话框中单击 FLUENT Database… 按钮，在弹出的对话框中选择 water-liquid(h2o<l>) 及 water-vapor(h2o)（见图 10-31），然后单击 Copy 按钮。

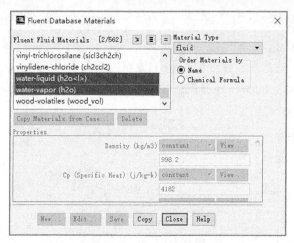

图 10-31　选择流体介质

- 单击 Close 按钮关闭对话框，回到 Materials 节点。
- 双击列表项 water-vapor，在弹出的对话框中修改密度 Density 为 0.02558 kg/m³，修改动力黏度为 1.26×10⁻⁶ kg/m·s，如图 10-32 所示，单击 Change/Create 按钮确认修改。

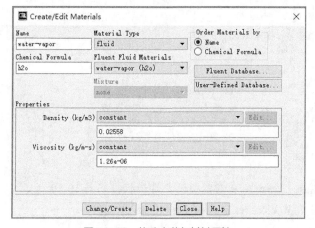

图 10-32　修改水蒸气材料属性

- 单击 Close 按钮关闭对话框，返回 Materials 面板。
用相同的方法修改 water-liquid 属性。
- 双击列表项 water-liquid，在弹出的对话框中修改密度 Density 为 1000 kg/m³，修改动力黏度为 0.001 kg/m·s，如图 10-33 所示，单击 Change/Create 按钮确认修改。

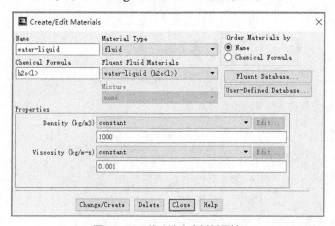

图 10-33　修改液态水材料属性

Step 6：设置相间作用及空化模型

设置主相和次相，以及相间相互作用。

- 双击模型树节点 Models | Multiphase| Phases，如图 10-34 所示。
- 弹出的 Phases 对话框如图 10-35 所示，选择 phase-1-Primary Phase 列表项，单击 Edit…按钮。

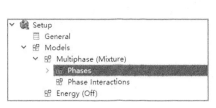

图 10-34　双击 Phases 节点

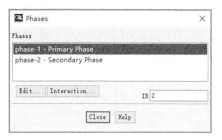

图 10-35　Phases 对话框

- 在弹出的 Primary Phase 对话框中，设置 Phase Material 为 water-liquid，设置 Name 为 water，如图 10-36 所示，单击 OK 按钮确认设置并关闭对话框。
- 返回至 Phases 对话框，以相同的方式设置 Phase-2-Secondary Phase 为 water-vapor，设置 Name 为 vapor，其他参数保持默认，单击 OK 确认设置并关闭对话框，如图 10-37 所示。

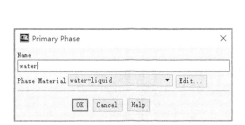

图 10-36　主相设置

图 10-37　第二相设置

- 返回至图 10-35 所示的 Phases 对话框，单击 Interaction…按钮进入 Phase Interaction 对话框，并切换至 Mass 标签页。
- 设置 Number of Mass Transfer Mechanisms 为 1，设置 From Phase 为 water，设置 To Phase 为 vapor，设置 Mechanism 为 cavitation，如图 10-38 所示。

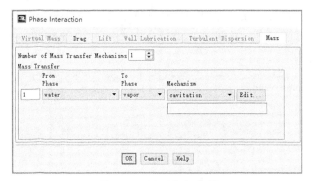

图 10-38　设置相间传质

- 软件弹出 Cavitation Model 设置对话框，如图 10-39 所示。
- 选择 Model 为 Zwart-Gerbcr-Belamri，设置 Vaporization Pressure 为 3540Pa，其他参数保持默认设置，单击 OK 按钮确认操作并关闭对话框。

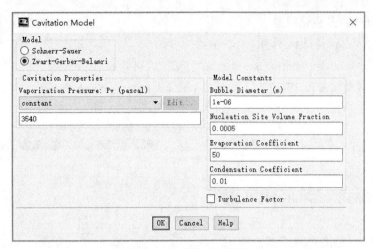

图 10-39　设置空化模型

Step 7：Boundary Conditions 设置

设置进出口边界条件。

- 选择模型树节点 Boundary Conditions。
- 选择右侧面板中的 inlet 列表项，选择 Phase 为 mixture，设置 Type 为 pressure-inlet，在弹出的对话框中设置 Gauge Total Pressure 为 250 MPa，其他参数按图 10-40 所示设置。

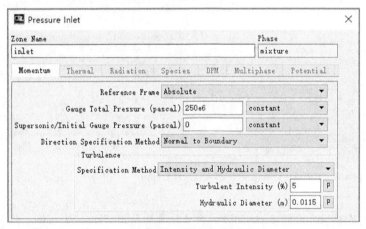

图 10-40　边界条件设置

- 单击 OK 按钮关闭 Pressure Inlet 对话框，返回至 Boundary Conditions 面板。
- 选择 inlet 列表项，选择 Phase 为 vapor，在弹出的对话框中，选择 Multiphase 标签页，确保 Volume Fraction 为 0，如图 10-41 所示。

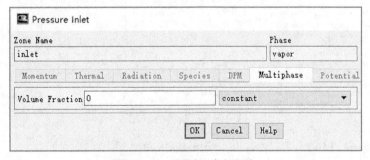

图 10-41　设置入口气相条件

- 单击 OK 按钮关闭 Pressure Inlet 对话框，返回至 Boundary Conditions 面板。

- 选择 outlet 列表项，选择 Phase 为 mixture，设置 Type 为 pressure-outlet，在弹出的 Pressure Outlet 对话框中设置 Gauge Pressure 为 95000，其他参数参照图 10-42 所示进行设置。

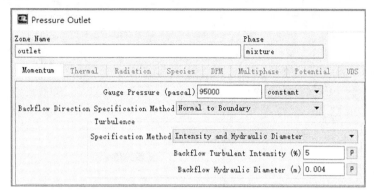

图 10-42　出口条件设置

- 单击 OK 按钮关闭 Pressure Outlet 对话框，返回至 Boundary Conditions 面板。
- 选择 outlet 列表项，选择 Phase 为 vapor，在弹出的对话框中，选择 Multiphase 标签页，确保 Backflow Volume Fraction 为 0。
- 单击 OK 按钮关闭 Pressure Outlet 对话框，返回至 Boundary Conditions 面板。

其他边界条件保持默认设置。

Step 8：Solution Methods 设置

设置求解方法。

- 选择模型树节点 Solution Methods。
- 激活右侧面板中的 Wraped-Face Gradient Correction 选项。

其他参数保持默认。

Step 9：Solution Initialization

采用 Hybird 方法进行初始化。

- 选择模型树节点 Solution Initialization。
- 选择右侧面板中的 Hybird Initialization 选项，单击 Initialize 按钮进行初始化。

初始化完毕后即可进行迭代计算。

Step 10：Run Calculation

设置迭代计算。

- 选择模型树节点 Run Calculation。
- 设置右侧面板中的 Number of Iterations 为 500。
- 单击 Calculate 按钮进行计算。

计算在 339 步收敛到 0.001。若需要提高计算精度，可修改残差标准继续计算。

Step 11：查看气相分布

后处理查看气相体积分数分布。

- 选择模型树节点 Graphics。
- 双击右侧面板中 Graphics 列表框内的 Contours 列表项。
- 在弹出的对话框中，选择 Contours of 为 Phases…，Phase 下拉框选择 vapor，单击 Display 按钮，如图 10-43 所示。

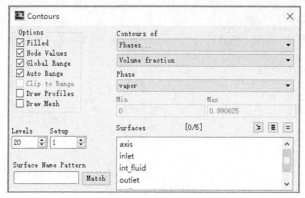

图 10-43　查看相体积分数分布

气相体积分数分布如图 10-44 所示。显示的对称云图如图 10-45 所示。

图 10-44　气相体积分数分布

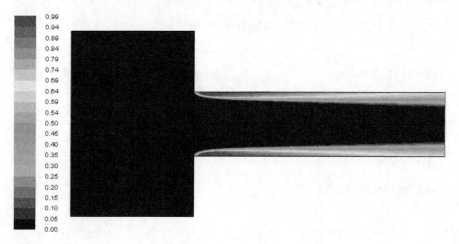

图 10-45　显示对称云图

Step 12：查看出口流量

查看出口流量并计算流量系数。

- 选择模型树节点 Reports。
- 双击右侧面板中 Reports 列表框内的 Fluxes 列表项，弹出 Flux Report 对话框。
- 选择 Options 为 Mass Flow Rate。
- 选择 Boudaries 为 outlet，单击 Compute 按钮。

如图 10-46 所示，出口 outlet 的质量流量为 21.823kg/s。

代入流量系数计算公式，可得流量系数

$$C_d = \frac{\dot{m}}{A\sqrt{2\rho(p_1 - p_2)}} = \frac{21.823}{\pi \times 0.004^2 \times \sqrt{2 \times 1000 \times (250000000 - 95000)}} = 0.614104$$

文献得出的流量系数为 0.62，计算误差为 0.9%。

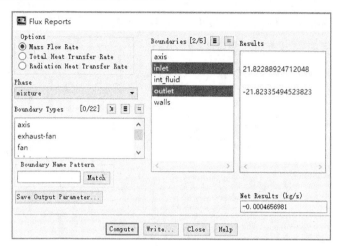

图 10-46　查看出口质量流量

本案例到此结束。

【案例 2】VOF 模型：水中气泡运动

本案例利用 FLUENT VOF 多相流模型计算水中气泡在浮力作用下的运动。案例模型如图 10-47 所示。采用 2D 计算域，完全封闭，尺寸为宽 80mm、高 200mm，气泡初始位置为距底面 40mm 高度，直径 2mm。计算域初始水位高度 160mm。

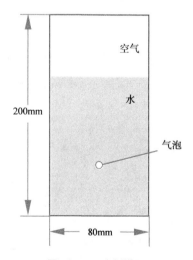

图 10-47　案例模型

计算采用 VOF 多相流模型，原始相分布以及气泡均采用 Patch 进行指定。

Step 1：启动 FLUENT 软件并读入网格
以 2D 模式启动 FLUENT。

- 启动 FLUENT 软件，选择 Dimension 为 2D。
- 选择菜单【File】>【Read】>【Mesh…】，读入网格文件 ex5-2.msh。

网格读入后显示于图形窗口。

Step 2：网格缩放

检查计算域尺寸，并对网格进行处理。

- 选择模型树节点 General，单击右侧面板中的 Scale…按钮。
- 设置 Mesh Was Created In 为 mm，如图 10-48 所示。
- 单击 Scale 按钮。

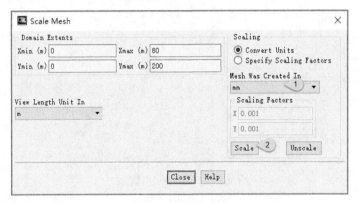

图 10-48　缩放网格

- 单击 Close 按钮关闭对话框。

Step 3：Models 设置

设置 VOF 多相流模型，计算采用层流模型。

- 选择模型树节点 Models，双击右侧面板中列表项 Multiphase，弹出多相流模型设置对话框。按图 10-49 所示进行设置。
- 选择 Volume of Fluid，设置 Number of Eulerian Phases 为 2。
- 激活选项 Implicit Body Force。
- 单击 OK 按钮关闭对话框。

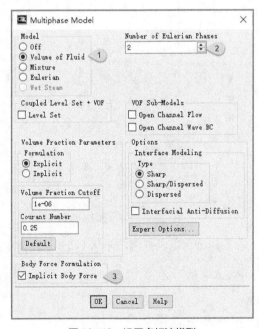

图 10-49　设置多相流模型

Step 4：Materials 设置

添加材料水，并设置空气密度为 ideal-gas，考虑其可压缩性。

- 选择模型树节点 Materials，单击右侧面板中的 Create/Edit…按钮，弹出材料定义对话框。
- 单击对话框中的 FLUENT Database…按钮弹出 FLUENT Database Materials 对话框。
- 选择材料 water-liquid(h2o<l>)，单击 Copy 按钮，如图 10-50 所示。
- 单击 Close 按钮关闭对话框。

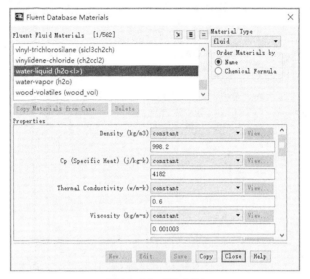

图 10-50 添加材料

- 双击列表项 air，弹出材料属性编辑对话框。
- 设置 Density 为 ideal-gas。

 提示：

本案例中气泡在上升的过程中由于压力降低，其体积会逐渐长大，因此考虑其可压缩性是非常有必要的。若不考虑可压缩性，计算常常会发散。

Step 5：设置相间相互作用

需要指定主相和次相，同时指定表面张力系数。

- 双击模型树节点 Models | Multiphase | Phase，弹出 Phases 对话框，按图 10-51 所示进行设置。

图 10-51 设置相

- 选择列表项 Phase-1-Primary Phase，单击下方 Edit…按钮弹出 primary Phase 设置对话框。
- 设置 Name 为 Water。
- 设置 Phase Material 为 water-liquid。
- 单击 OK 按钮关闭对话框，返回至 Phases 对话框。
- 选择列表项 Phase-2-Secondary Phase，单击下方 Edit…按钮弹出 primary Phase 设置对话框。
- 设置 Name 为 air。
- 设置 Phase Material 为 air。
- 单击 OK 按钮关闭对话框，返回至 Phases 对话框。
- 单击 Interaction…按钮，弹出 Phase Interaction 对话框，按图 10-52 所示进行设置。
- 切换至标签页 Surface Tension，激活 Surface Tension Force Modeling。
- 设置表面张力系数为 constant，参数值为 0.071。
- 单击 OK 按钮关闭对话框。

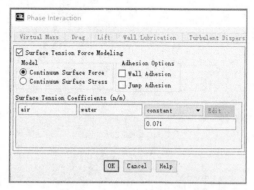

图 10-52　设置表面张力系数

Step 6：Boundary Conditons 设置

本案例的边界均为壁面边界，采用默认设置。需要设置操作条件。

- 选择模型树节点 Boundary Conditions，单击右侧面板中的 Operating Conditions…按钮，弹出操作条件设置对话框，如图 10-53 所示。
- 设置 Reference Pressure Location 为（0.2，0）。
- 激活 Gravity 选项，设置重力加速度为（0，−9.81）。
- 激活 Specified Operating Density，设置 Operating Density 为 1.225。
- 单击 OK 按钮关闭对话框。

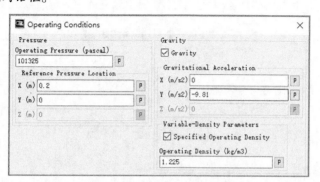

图 10-53　操作条件设置对话框

Step 7：Solution Initialization

需要对计算域进行 Patch。

1. 全局初始化

- 选择模型树节点 Solution Initialization。
- 设置 air Volume Fraction 参数值为 1。
- 单击右侧面板中的 Initialize 按钮对全域进行初始化。

2. 标记区域

- 选择 FLUENT 主界面标签页 Setting Up Domain 下的 Mark/Adapt Cells 按钮。
- 如图 10-54 所示，选择子项 Region…弹出区域定义对话框。
- 设置 Shapes 为 Quad，设置 Input Coordinates 为（0，0）到（0.08，0.16），如图 10-55 所示。单击 Mark 按钮标记区域。

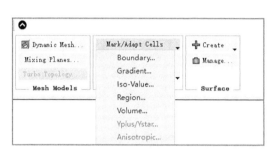

图 10-54　选择 Region…子项

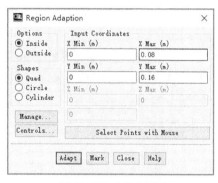

图 10-55　定义水区域

以相同的方式定义气泡区域，如图 10-56 所示。

- 设置 Shapes 为 Circle。
- 设置 X Center 为 0.04m。
- 设置 Y Center 为 0.02m。
- 设置 Radius 为 0.002m。
- 单击 Mark 按钮标记区域。

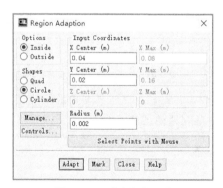

图 10-56　定义气泡区域

3. Patch 区域

- 选择模型树节点 Solution Initialization，单击右侧面板中的 Patch…按钮弹出 Patch 对话框，按图 10-57 所示进行设置。
- 选择 Phase 为 air，设置 Variable 为 Volume Fraction。
- 选择 Registers to Patch 下的列表项 hexahedron-r0。
- 设置 Value 为 0。
- 单击 Patch 按钮。

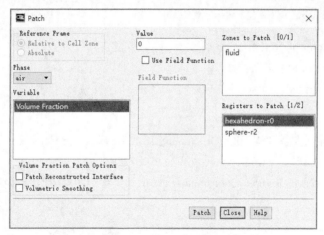

图 10-57 Patch 矩形区域

- 选择 Registers to Patch 下的列表项 sphere-r2。
- 如图 10-58 所示，设置 Value 为 1。
- 单击 Patch 按钮。
- 单击 Close 按钮。

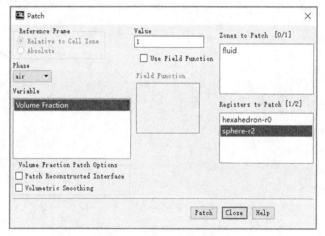

图 10-58 Patch 球形区域

 提示：--

　　区域后的编号（如图 10-58 中的 sphere-r2）是根据创建区域的次数自动编号的，若是一次创建成功，则为 sphere-r1，读者自己需要清楚所创建的区域名称。

Step 8：Calculation Activities 设置

设置自动保存文件。

- 选择模型树节点 Calculation Activities。
- 设置右侧面板中的 Autosave Every（Time Steps）为 25。

其他参数默认设置。

Step 9：Run Calculation

按图 10-59 所示设置迭代计算。

- 选择模型树节点 Run Calculation。
- 在右侧面板中设置 Time Step Size 为 0.001。
- 设置 Number of Time Steps 为 1125。

- 设置 Max Iterations/Time Step 为 30。
- 单击 Calculate 按钮进行计算。

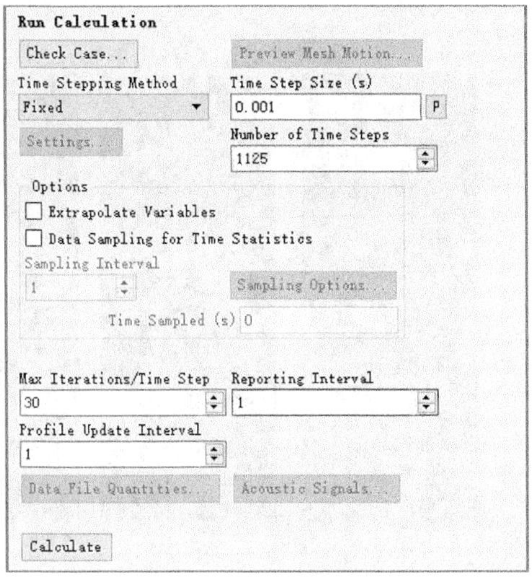

图 10-59　迭代设置

Step 10：导入文件到 CFD-Post 中

在进行后处理之前，打开工程路径，将 ex5-2.dat 及 ex5-2.cas 名称分别修改为 ex5-2-1-00000.dat 及 ex5-2-1-00000.cas。

- 启动 CFD-Post 软件。
- 依次单击菜单【File】>【Load Result…】，选择文件 ex5-2-1-00000.cas。
- 激活对话框中的选项 Load compute history as:及 A single case

提示：
　　修改 cas 及 dat 文件名是为了与 FLUENT 自动保存的时间序列文件名保持一致。

Step 11：查看相分布云图

查看各时刻空气体积分布。

- 选择菜单【Insert】>【Contours】，采用默认名称创建云图。
- 如图 10-60 所示，在左下角设置窗口中，设置 Location 为 symmetry 1。
- 设置 Variable 为 Air.Volume Fraction。
- 设置 Range 为 Local。
- 设置# of Contours 为 32。
- 单击 Apply 按钮。

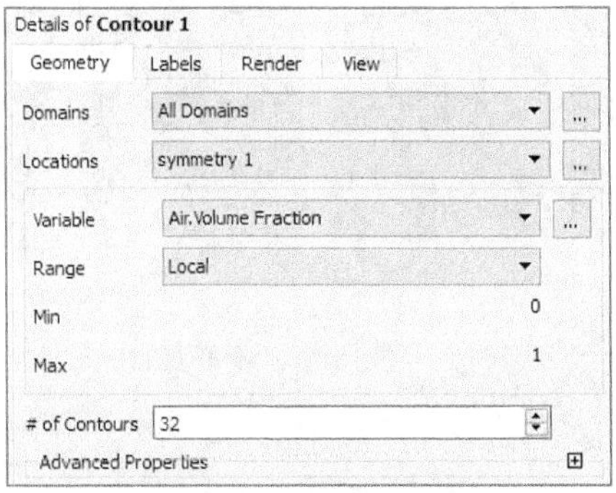

图 10-60　设置 Contour

- 选择菜单【Tools】>【Timestep Selector】，在弹出的时间选择对话框中分别选择 0 s、0.1 s、0.2 s、0.3 s、0.4 s、0.5 s、0.6 s、0.8 s、1 s、1.1 s 时刻。

各时刻气体体积分数分布如图 10-61 所示。

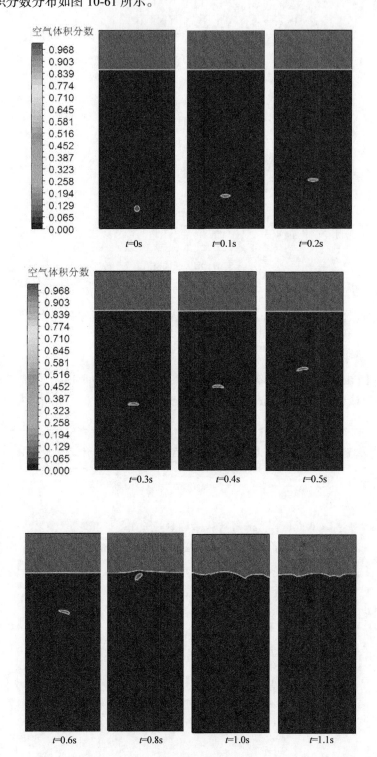

图 10-61　各时刻气体体积分数分布

本案例到此完毕。

【案例3】凝固/融化模型：管道结冰

本案例演示利用 FLUENT 的凝固/融化模型模拟管道结冰。案例几何如图 10-62 所示，管道直径为 0.005m，长 0.3m。

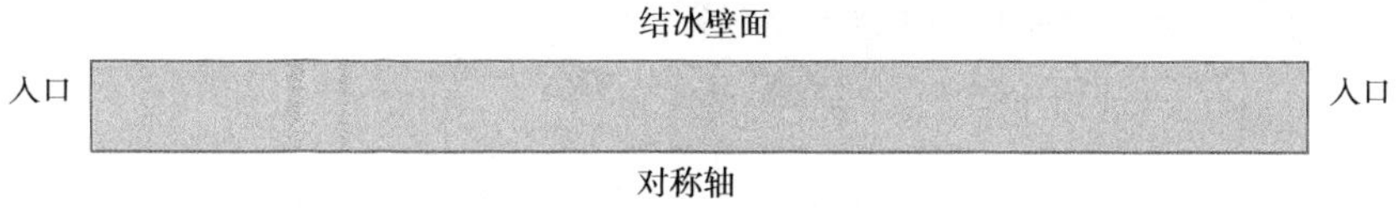

入口　　　　　　　结冰壁面　　　　　　　入口

对称轴

图 10-62　案例几何

案例中一些物理量需要采用 UDF 进行定义。

1．物性参数：热传导率

由于水和冰的热传导率相差甚大，因此在计算过程中无法忽略。冰的热传导率为 2.33 W/m·K，而水的热传导率为 0.620271 W/m·K。当温度大于 273K 时，热传导率为 0.620271（此时为水）。UDF 宏可写为：

```
DEFINE_PROPERTY(conductivity,c,t)
{
    real conduct;
    real temp = C_T(c,t);
    if(temp <= 273.0)
    {
        conduct = 2.33;
    }
    else
    {
        conduct = 0.620271;
    }
    return conduct;
}
```

2．定义壁面温度

定义壁面温度为

$$T_{wall} = \min(273.1, 2010.0(x-0.15)^2 + 253.0)$$

```
DEFINE_PROFILE(wall_temperature,t,i)
{
    real x[ND_ND];
    real temp;
    face_t f;
    begin_f_loop(f,t)
    {
        F_CENTROID(x,f,t);
        temp = 2010.0* pow(x[0]-0.15,2)+253.0;
        if(temp>273.1)
        {
            F_PROFILE(f,t,i) = 273.1;
        }else
        {
            F_PROFILE(f,t,i) = temp;
        }
    }
```

```
        end_f_loop(f,t)
}
```

3. 压力初始化

入口静压 1Pa，初始流速 0.012m/s，则入口总压为

$$p_{total} = p_{static} + \frac{1}{2}\rho v^2 = 1 + \frac{1}{2} \times 1000 \times (0.012)^2 = 1.072$$

出口静压 0Pa，按线性分布，则区域内静压分布为

$$p = 1.0 - x/0.3$$

写成 UDF 为：

```
DEFINE_INIT(init_pressure,d)
{
    cell_t c;
    Thread *t;
    real xc[ND_ND];

    thread_loop_c(t,d)
    {
        begin_c_loop_all(c,t)
        {
            C_CENTROID(xc,c,t);
            C_P(c,t)=1.0-xc[0]/0.3;
        }
        end_c_loop_all(c,t)
    }
}
```

其他参数均可在 FLUENT 中直接设置。

Step 1：启动 FLUENT

以 2D 模式启动 FLUENT，并导入网格。

- 启动 FLUENT，设置 Dimension 为 2D。
- 利用菜单【File】>【Import】>【Ensight…】，选择 ex5-3.case。
- 选择模型树节点 General，单击右侧 Scale…按钮，如图 10-63 所示。

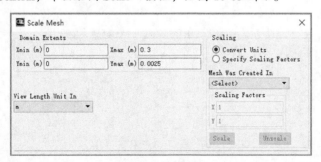

图 10-63　网格缩放

本案例导入的网格符合实际尺寸要求，无需进行缩放处理。

Step 2：General 设置

采用瞬态计算。

- 选择模型树节点 General。
- 选择右侧面板中的 Transient 选项及 Axisymmetric 选项，如图 10-64 所示。

其他参数保持默认设置。

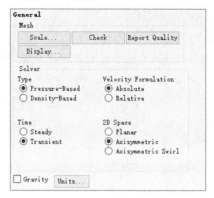

图 10-64 General 设置

Step 3：Models 设置

设置湍流模型及凝固模型。

- 选择模型树节点 Models。
- 双击右侧面板中的 Viscous 列表项，设置湍流模型为 Realizable k-epsilon 模型，采用 Standard Wall Functtions。
- 双击右侧面板中的 Solidification & Melting 列表项，弹出凝固/融化模型设置面板，激活 Solidification/Melting 选项，其他参数保持默认，单击 OK 按钮关闭对话框，如图 10-65 所示。

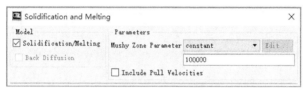

图 10-65 激活凝固模型

Step 4：加载 UDF

采用解释方式加载 UDF。

- 用鼠标右键单击模型树节点 Parameters & Cunstomization | User Defined Functions，选择 Interpreted 命令，弹出设置对话框。
- 单击 Browse…按钮，选择 UDF 文件 UDF.c，如图 10-66 所示。
- 单击 Interpret 按钮。
- 单击 OK 按钮关闭对话框。

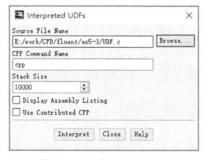

图 10-66 选择 UDF 文件

Step 5：Materials 设置

添加水，并设置其材料参数。

- 选择模型树节点 Materials，单击右侧面板中的 Create/Edit…按钮弹出材料创建对话框，指着单击对话框中的 FLUENT Database… 按钮打开材料库对话框。

- 选择材料库中的 water-liquid(h2o<l>)，单击 Copy 按钮添加材料。
- 单击 Close 按钮关闭对话框，回到材料属性编辑对话框，按图 10-67 所示进行设置。
- 设置 Thermal Conductivity 为 user-defined 及 conductivity。
- 设置 Pure Solvent Melting Heat 为 100000 j/kg。
- 设置 Solidus Temperature 为 273 K。
- 设置 Liquids Temperature 为 273 K。
- 其他参数保持默认设置，单击 Change/Create 按钮。
- 单击 Close 按钮关闭对话框。

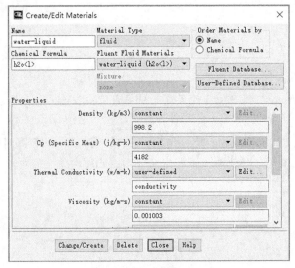

图 10-67　修改材料属性

Step 6：Cell Zones Conditons 设置

设置区域介质为液态水。

- 选择模型树节点 Cell Zone Conditions，双击右侧面板中的 tube_2d 列表项。
- 如图 10-68 所示，在弹出的对话框中设置 Materials Name 为 water-liquid。
- 单击 OK 按钮关闭对话框。

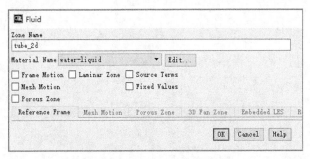

图 10-68　设置计算域介质

Step 7：Boundary Conditions 设置

设置边界条件。

1. 设置入口边界

- 选择模型树节点 Boundary Conditions。
- 双击右侧面板中的列表项 inlet，弹出边界设置对话框，按图 10-69 所示进行设置。

- 设置 Gauge Total Pressure 为 1.072 Pa。
- 设置 Turbulent Viscosity Ratio 为 5。
- 切换到 Thermal 标签页，设置 Total Temperature 为 273.1K。
- 其他参数保持默认设置，单击 OK 按钮关闭对话框。

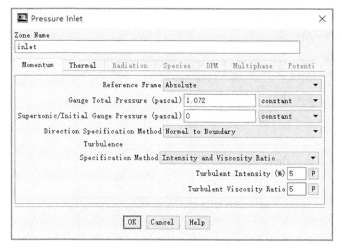

图 10-69　设置入口边界

2．设置出口边界

- 选择模型树节点 Boundary Conditions。
- 双击右侧面板中的列表项 inlet，弹出边界设置对话框。
- 设置 Turbulent Viscosity Ratio 为 5。
- 切换到 Thermal 标签页，设置 Total Temperature 为 273.1K。
- 其他参数保持默认设置，单击 OK 按钮关闭对话框。

3．设置壁面边界

- 选择模型树节点 Boundary Conditions。
- 双击右侧面板中的列表项 wall，弹出边界设置对话框。
- 如图 10-70 所示，切换到 Thermal 标签页，选择 Thermal Conditions 为 Temperature，设置 Temperature 为 udf wall_temperature。
- 单击 OK 按钮关闭对话框。

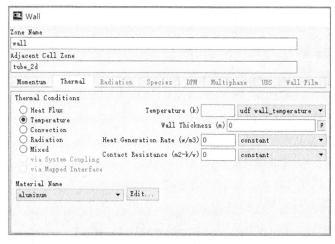

图 10-70　设置壁面边界

Step 8：初始化处理

对区域流场进行初始化。

- 选择模型树节点 Solution Initialization。
- 在右侧面板中选择 Standard Initialization 选项，选择 Compute from 为 inlet。
- 设置 Axial Velocity 为 0.012 m/s。
- 设置 Temperature 为 273.1 K。
- 单击 Initialize 按钮。
- 单击工具栏 User –Defined 标签页下的 Function Hooks…按钮弹出对话框。
- 单击弹出的对话框中 Initialization 右侧的 Edit…按钮。
- 如图 10-71 所示，单击弹出对话框中的 init_pressure 列表项，单击 Add 按钮添加 UDF，单击 OK 按钮关闭对话框。
- 单击 OK 按钮关闭 user-defined 对话框。

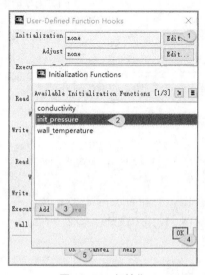

图 10-71　初始化

Step 9：设置自动保存

瞬态计算通常需要设置自动保存文件。

- 选择模型树节点 Calclulation Activities。
- 设置右侧面板中 Autosave Every(Time Steps)为 1。

其他参数保持默认设置。

Step 10：Run Calculation

设置迭代计算。

- 选择模型树节点 Run Calculation。
- 设置右侧面板中的 Time Step Size 为 0.2 s。
- 设置 Number of Time Steps 为 30。
- 设置 Max Iterations/Time Step 为 40。
- 单击按钮 Calculate 进行计算。

计算完毕后进行后处理可查看相分布。

Step 11：计算后处理

查看相分布。

- 选择模型树节点 Grahphics，双击右侧面板中的列表项 Contours，弹出云图设置对话框，按图 10-72 所示进行设置。
- 激活选项 Filled。
- 设置 Contours of 为 Solidification/Melting…及 Liquid Fraction。
- 单击 Display 按钮显示云图。

图 10-72　查看液相分布

也可以将数据导入至 Tecplot 之类的专业后处理软件查看计算结果及输出动画。

【案例 4】PBM 模型：鼓泡反应器

本案例演示利用 FLUENT 中的 PBM 模型计算鼓泡反应器中气泡的破碎及汇聚现象。案例采用了 PBM 与 Eulerian 多相流模型。

案例模型如图 10-73 所示。反应器直径为 0.29m，高 2m，空气从底部直径为 0.23m 的孔中通入反应器，初始注入的气泡直径为 3mm。

计算模型采用 2D 轴对称模型。

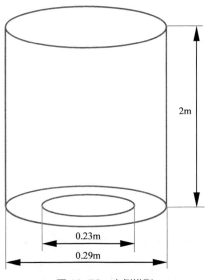

图 10-73　案例模型

Step 1：启动 FLUENT

启动 FLUENT 并读取网格文件。

- 以 2D 方式启动 FLUENT。
- 利用菜单【File】>【Read】>【Mesh…】打开网格文件 ex5-4.msh。

导入的网格将显示在图形窗口内。

Step 2：General 设置

选用瞬态求解器。

- 选择模型树节点 General。
- 选择右侧面板中 Time 下的选项 Transient。
- 选择 2D Space 下的选项 Axisymmetric。

其他采用默认设置。

Step 3：Models 设置

1．设置湍流模型

- 选择模型树节点 Models。
- 双击右侧面板中的 Viscous 列表项，在弹出的对话框中设置 standard k-epsilon 模型，单击 OK 按钮关闭对话框。

2．设置多相流模型

- 选择模型树节点 Models。
- 双击右侧面板中的 MultiPhase 列表项，在弹出的对话框中采用默认设置，单击 OK 按钮关闭对话框，如图 10-74 所示。

图 10-74　设置多相流模型

Step 4：Materials 设置

创建液态水。

- 选择模型树节点 Materials，单击右侧面板中的 Create/Edit…按钮弹出材料创建对话框，单击对话框中的 FLUENT Database…按钮打开材料库对话框。
- 选择材料库中的 water-liquid(h2o<l>)，单击 Copy 按钮添加材料。
- 单击 Close 按钮关闭对话框。
- 单击 Change/Create 按钮，然后关闭 Create/Edit Materials 对话框。

Step 5：相设置

设置水为主相，空气为次相。

- 双击模型树节点 Models | Multiphase | Phase 弹出设置对话框，按图 10-75 所示进行设置。
- 选择列表项 phase-1-Primary Phase，单击 Edit…按钮弹出主相设置对话框。
- 选择 Phase Material 为 water-liquid，设置 Name 为 water。
- 单击 OK 按钮关闭对话框。

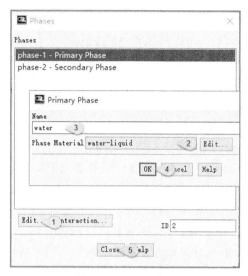

图 10-75　设置主相

- 选择列表项 phase-2-Secondary Phase，单击 Edit…按钮弹出次相设置对话框。
- 采用默认设置，单击 OK 按钮关闭对话框。

通常将少量的相作为次相。

Step 6：设置操作条件

指定重力加速度及参考密度。

- 选择模型树节点 Boundary Conditions。
- 单击右侧面板中的 Operating Condtions…按钮弹出操作条件设置对话框，按图 10-76 所示进行设置。
- 激活选项 Gravity，设置重力加速度 X 方向-9.81。
- 激活选项 Specified Operating Density，设置 Operating Density 为 1.225。
- 单击 OK 按钮关闭对话框。

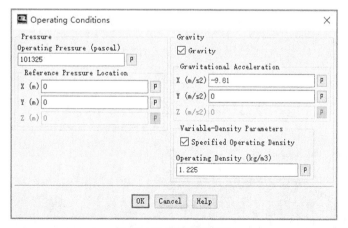

图 10-76　设置操作条件

Step 7：激活 PBM 模型

PBM 模型需要在 TUI 中进行激活。

- 在 TUI 窗口中输入 define/models/addon-module。
- 如图 10-77 所示，在 TUI 提示信息后输入 5，激活 PBM 模型。

Step 8：设置 PBM 模型

设置 PBM 模型参数。

- 选择模型树节点 Models，双击右侧面板中的 Population Balance 列表项，弹出 PBM 设置对话框，按图 10-78 所示进行设置。

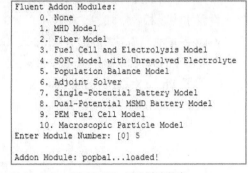

```
Fluent Addon Modules:
    0. None
    1. MHD Model
    2. Fiber Model
    3. Fuel Cell and Electrolysis Model
    4. SOFC Model with Unresolved Electrolyte
    5. Population Balance Model
    6. Adjoint Solver
    7. Single-Potential Battery Model
    8. Dual-Potential MSMD Battery Model
    9. PEM Fuel Cell Model
    10. Macroscopic Particle Model
Enter Module Number: [0] 5

Addon Module: popbal...loaded!
```

图 10-77　TUI 输出信息

- 在 Method 列表下选择 Discrete 项。
- 选择 Definition 列表下的 Geometric Ratio。
- 选择 Phase 下拉框内容为 air。
- 设置 Bins 为 6，Ratio Exponent 为 2，Min Diameter 参数为 0.001191。
- 激活选项 Phenomena。
- 激活选项 Aggregation Kernel 及 Breakage Kernel。
- 选择 Aggregation Kernel 及 Frequency 下拉框内容均为 luo-model，在弹出的表面张力设置对话框中保持默认参数 0.07，单击 OK 按钮关闭张力设置对话框。
- 单击 OK 按钮关闭 PBM 模型设置对话框。

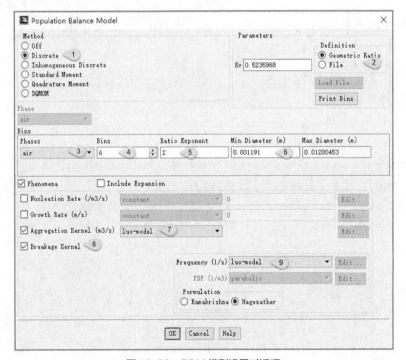

图 10-78　PBM 模型设置对话框

Step 9：Boundary Conditions 设置

设置边界条件。

1. 设置入口边界

- 选择模型树节点 Boundary Conditions，选择右侧面板中的 vinlet 列表项。

- 设置右侧面板中 Phase 下拉框内容为 air，单击 Edit… 按钮弹出设置对话框。
- 在 Momentum 标签页下，设置 Velocity Magnitude 为 0.02。
- 切换到 Multiphase 标签页下，设置 Volume Fraction 为 1，如图 10-79 所示。
- 确认所有的 Boundar Condition 为 Specified Value。
- 在 Boundary Value 中，设置 Bin-3-fraction 为 1，其他均为 0。
- 单击 OK 按钮关闭对话框。

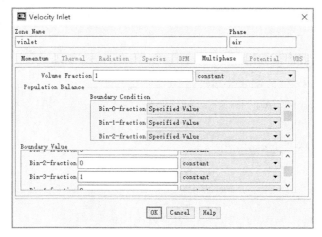

图 10-79　入口边界设置

- 选择面板中的 vinlet 列表项，设置右侧面板中 Phase 下拉框内容为 mixture，单击 Edit… 按钮弹出设置对话框。
- 在 Momentum 标签页下，设置 Specification Method 选项内容为 Intensity and Hydraulic Diameter。
- 设置 Turbulent Intensity 为 5%，设置 Hydraulic Diameter 为 0.145 m。
- 其他参数保持默认，单击 OK 按钮关闭对话框。

2. 设置出口条件

- 选择模型树节点 Boundary Conditions，选择右侧面板中 outlet 列表项。
- 设置右侧面板中 Phase 下拉框内容为 air，单击 Edit… 按钮弹出设置对话框。
- 切换到 Multiphase 标签页下，确认所有的 Boundar Condition 为 Specified Value，如图 10-80 所示。
- 在 Boundary Value 中，设置 Bin-3-fraction 为 1，其他均为 0。
- 单击 OK 按钮关闭对话框。

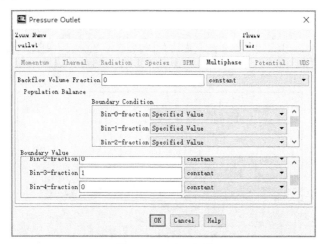

图 10-80　出口条件

- 选择面板中的 outlet 列表项，设置右侧面板中 Phase 下拉框内容为 mixture，单击 Edit···按钮弹出设置对话框。
- 在 Momentum 标签页下，设置 Specification Method 选项内容为 Intensity and Hydraulic Diameter。
- 设置 Turbulent Intensity 为 5%，设置 Hydraulic Diameter 为 0.145 m。
- 其他参数保持默认，单击 OK 按钮关闭对话框。

边界条件设置完毕。

Step 10：计算初始化

进行全区域初始化。

- 选择模型树节点 Solution Initialization。
- 设置右侧面板中的 Turbulent Kinetic Energy 为 0.1。
- 设置 Turbulent Dissipation Rate 为 0.25。
- 设置 Bin-3-fraction 为 1。
- 其他参数保持默认，单击 Initialize 按钮。

Step 11：标记区域

标记区域进行 Patch。

- 选择工具栏按钮 Mark/Adapt Cells > Region···弹出区域标记对话框。
- 如图 10-81 所示，设置 X Min 为 1.8 m，X Max 为 2.0 m，Y Min 为 0 m，Y Max 为 0.145 m。
- 单击 Mark 按钮进行标记。
- 单击 Close 按钮关闭对话框。

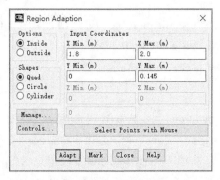

图 10-81　标记区域

Step 12：区域 Patch

对标记的区域进行 Patch。

- 选择模型树节点 Solution Initialization，单击右侧面板中的 Patch···按钮弹出 Patch 对话框，按图 10-82 所示进行设置。

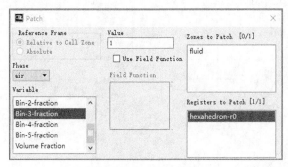

图 10-82　Patch 区域

- 设置 Phase 下拉框内容为 air，选择 Variable 列表框中的列表项 Bin-3-fraction。
- 选择 Registers to Patch 为 hexahedron-r0。
- 设置 Value 为 1，单击 Patch 按钮。
- 选择 Variable 列表项 Volume Fraction。
- 设置 Value 值为 1。
- 单击 Patch 按钮。
- 单击 Close 按钮关闭对话框。

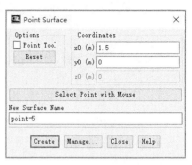

图 10-83　创建点

Step 13：创建监控点

创建一个监控点。

- 选择 Setting Up Domain 标签页下的工具按钮 Create > Point…。
- 创建监控点（1.5，0），保持默认名称 point-5，如图 10-83 所示。
- 单击 Create 按钮创建点。

Step 14：创建物理量监控

主要监控 bin-0，bin-3 及 bin-5 这 3 种粒径气泡的体积分数。

1．监控 bin-0-fraction 体积分数

- 选择模型树节点 Monitors，单击右侧面板中 Surface Monitors 下的 Create…按钮，弹出定义设置对话框，按图 10-84 所示进行设置。
- 激活选项 Plot 及 Write 选项。
- 设置 X Axis 及 Get Data Every 均为 Time Step。
- 设置 Report Type 为 Vertex Average。
- 设置 Field Variable 选项为 Population Balance Variables…及 Bin-0-fraction。
- 设置 Phase 为 air。
- 设置 Surface 为 point-5。
- 单击 OK 按钮创建监控。

图 10-84　监控物理量

2．监控 bin-3-fraction 体积分数

与上一步骤方法相同，设置 Field Variable 为 Bin-3-fraction。

3．监控 bin-5-fraction 体积分数

与上一步骤方法相同，设置 Field Variable 为 Bin-5-fraction。

Step 15：设置迭代计算

在设置迭代计算之前，先利用【File】>【Write】>【Case & Data…】保存文件为 ex5-4.cas 及 ex5-4.dat。

- 选择模型树节点 Run Calculation。
- 设置右侧面板中的 Time Step Size 为 0.01。
- 设置 Number of Time Steps 为 5000。
- 设置 Max Iterations/Time Step 为 100。
- 单击 Calculate 按钮进行计算。

计算出的监控曲线如图 10-85 ~ 图 10-87 所示。

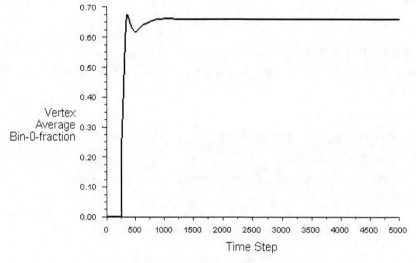

图 10-85　bin-0 体积分数监控曲线

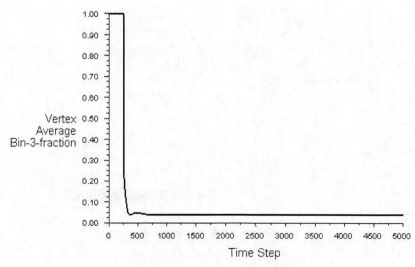

图 10-86　Bin-3 体积分数监控曲线

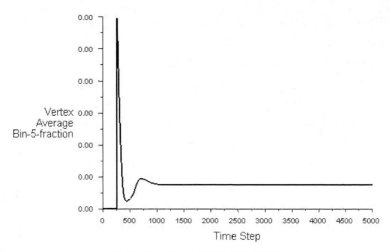

图 10-87　Bin-5 体积分数监控曲线

Step 16：计算后处理：查看体积分数分布云图

查看计算域内空气体积分数分布。

- 选择模型树节点 Result | Graphics，双击右侧面板中的列表项 Contours。
- 在弹出的对话框中激活选项 Filled，选择 Contours of 下选项为 Phases…及 Volume fraction，选择 Phase 为 air。
- 取消 Auto Range，设置 Min 为 0，Max 为 0.1。
- 单击 Display 按钮显示气相分布。

气相体积分数分布如图 10-88 所示。

图 10-88　气相体积分数分布

图中几何放置为横向，可以通过设置 view 将其竖直放置，并可以对称轴将全剖面显示出来。

- 单击 FLUENT Ribbon 工具栏中 Viewing 标签页下的 Views…按钮，弹出设置对话框，如图 10-89 所示。

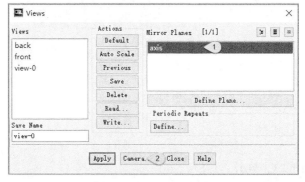

图 10-89　Views 对话框

- 选择 Mirror Planes 列表框内的 axis 列表项。
- 单击 Apply 按钮。
- 单击 Camera…按钮，弹出 Camera 对话框，如图 10-90 所示。
- 设置 Camera 为 Up Vector，设置矢量方向为（1,0,0）。
- 单击 Apply 按钮及 Close 按钮关闭对话框。

此时云图分布如图 10-91 所示。

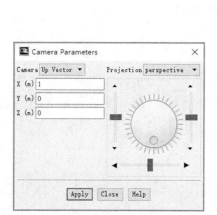

图 10-90　Camera 对话框

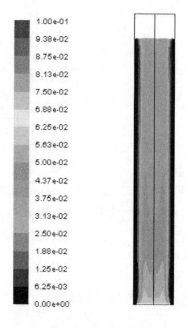

图 10-91　云图分布

Step 17：查看气泡粒径分布直方图

查看不同粒径气泡的数量密度。

- 双击模型树节点 Result | Plots | Histogram，弹出 Histogram 对话框，如图 10-92 所示。

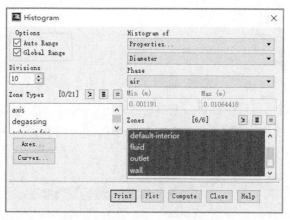

图 10-92　Histogram 对话框

- 选择 Histogram of 为 Properties…及 Diameter。
- 选择 Zones 列表项下的所有选项。
- 单击 Plot 按钮。

得到的气泡粒径分布直方图如图 10-93 所示。

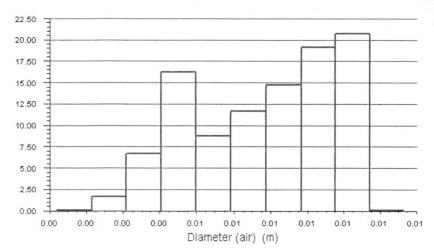

图 10-93 粒径分布直方图

其中 y 坐标为 sauter 模型中的气泡数量密度数。

本案例到此完毕。

【案例 5】DPM 模型：颗粒负载流动

本案例介绍利用 Flunet 中的 DPM 模型计算颗粒在方形弯管中的流动行为。案例几何如图 10-94 所示。

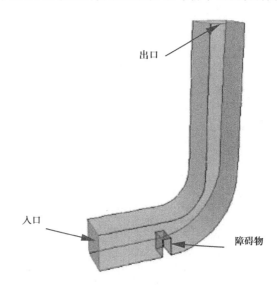

图 10-94 案例几何

计算条件为：空气以速度 10m/s 进入计算域，出口相对压力为 0Pa，流体属性假设为恒定值。入口位置颗粒分布为均匀分布，体积浓度为 0.01%，体积流量为 $6.4516 \times 10^{-7} \mathrm{m}^3/\mathrm{s}$，质量流量为 7.741×10^{-4} kg/s，颗粒粒径为 4×10^{-5} m，密度为 1200 kg/m³，初始颗粒速度为 10 m/s。

Step 1：启动 FLUENT 并读取网格

3D 模式启动 FLUENT。

- 启动 FLUENT，选择 Dimension 为 3D。
- 利用菜单【Flie】>【Import】>【Tecplot…】打开文件 ex5-5.plt。

网格导入后显示在图形窗口内，此时可以通过 scale 检查计算域尺寸是否符合要求，并检查网格质量。

Step 2：General 设置

采用默认设置。

Step 3：Models 设置

设置湍流模型及 DPM 模型。

1．设置湍流模型

- 选择模型树节点 Models，双击右侧面板中的列表项 Viscous。
- 在弹出的对话框中选择 Realizable k-epsilon 湍流模型。
- 采用 Standard Wall Functions 壁面函数。
- 单击 OK 按钮关闭对话框。

2．设置 DPM 模型参数

- 选择模型树节点 Models，双击右侧面板中的列表项 Discrete Phase，激活离散相设置对话框，按图 10-95 所示进行设置。
- 激活选项 Interaction with Continuous Phase。
- 设置 Number of Continuous Phase Interation per DPM Iteration 为 5。
- 切换到 Physical Models 标签页，激活选项 Saffman Lift Force、Virtural Mass Force 及 Pressure Gradient Force。
- 其他参数默认，单击 OK 按钮关闭对话框。

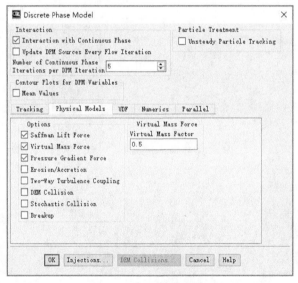

图 10-95　离散相模型

Step 4：设置 Injections

设置粒子入射条件。

- 双击模型树节点 Models | Discrete Phase | Injections，弹出粒子入射设置对话框。
- 在弹出的 Injections 对话框中单击 Create 按钮，弹出 Set Injection Properties 对话框，如图 10-96 所示。
- 设置 Injection Type 为 surface。
- 选择 Realease From Surfaces 为 fluid:inlet。
- 选择 Point Properties 标签页，设置 X-Velocity 为 10m/s。
- 设置 Diameter 为 4×10^{-5} m。
- 设置 Total Flow Rate 为 7.741×10^{-4} kg/s。

- 切换到 Turbulent Dispersion 标签页，激活选项 Discrete Random Walk Model，其他参数保持默认。
- 单击 OK 按钮关闭对话框。

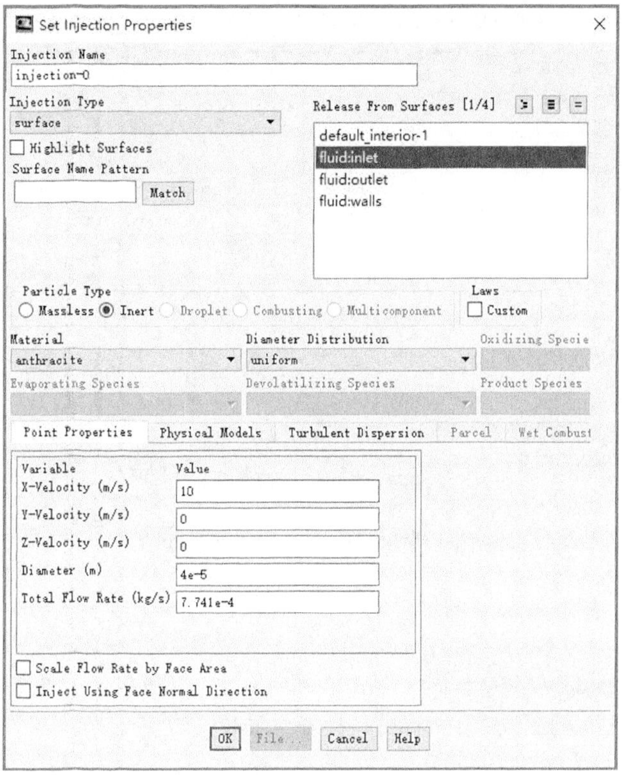

图 10-96　Set Injection Properties 对话框

Step 5：Material 设置

案例涉及两种材料：空气及颗粒材料。空气参数采用默认设置，颗粒材料属性需要修改。

- 双击模型树节点 Materials | Inert Particle | anthracite，弹出材料属性定义对话框。
- 如图 10-97 所示，设置 Density 为 1200kg/m³。
- 单击 Change/Create 按钮修改材料属性。
- 单击 Close 按钮关闭对话框。

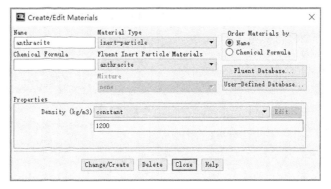

图 10-97　修改材料属性

Step 6：Boundary Conditions 设置

1. 设置入口边界条件

- 选择模型树节点 Boundary Conditions，单击右侧面板中的 fluid:inlet 列表项。

- 设置 Type 为 velocity-inlet，弹出速度入口设置对话框。
- 如图 10-98 所示，设置 Velocity Magnitude 为 10m/s，设置 Turbulence Specification Method 为 Intensity and Hydraulic Diameter，设置 Hydraulic Diameter 为 0.001m。

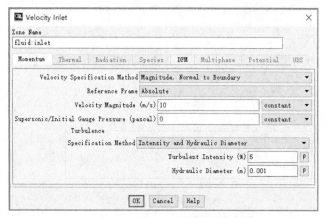

图 10-98　设置速度

- 切换到 DPM 标签页，设置 Discrete Phase BC Type 为 escape。
- 单击 OK 按钮关闭对话框。

2. 设置出口边界条件

- 选择模型树节点 Boundary Conditions，单击右侧面板中的 fluid:outlet 列表项。
- 设置 Type 为 pressure-outlet，弹出压力出口设置对话框。
- 设置 Turbulence Specification Method 为 Intensity and Hydraulic Diameter，设置 Hydraulic Diameter 为 0.001m。
- 切换到 DPM 标签页，设置 Discrete Phase BC Type 为 escape。
- 单击 OK 按钮关闭对话框。

其他参数保持默认设置。

Step 7：Solution Initialization 设置

选用 Hybrid 方法进行初始化。

- 选择模型树节点 Solution Initialization。
- 选择右侧面板中的 Hybird Initialization 选项，单击 Initialize 按钮进行初始化。

也可以采用 Standard 方法进行初始化。

Step 8：Run Calculation

设置迭代参数进行计算。

- 选择模型树节点 Run Calculation。
- 设置右侧面板中的 Number of Iterations 为 100。
- 单击 Calculate 按钮进行计算。

计算大约在 40 步后收敛。

Step 9：输出颗粒数据到 CFD-Post

采用 CFD-Post 进行后处理，需要将颗粒数据导出到 CFD-Post 中。

- 选择菜单【File】>【Export】>【Particle History Data】，弹出数据输出对话框，如图 10-99 所示。
- 选择 File Type 为 CFD-Post。
- 选择 Injections 为 injection-0。

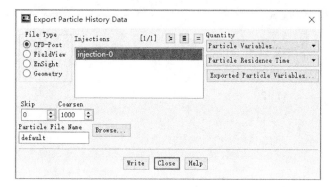

图 10-99　数据输出对话框

- 单击 Exported Particle Variables 按钮，弹出颗粒输出变量选择对话框。
- 如图 10-100 所示，选择 Available Particle Variables 列表框中的所有列表项。
- 单击 Add Variables 按钮添加变量。
- 单击 OK 按钮关闭当前对话框，返回至 Export Particle History Data 对话框。
- 单击 Write 按钮输出数据，单击 Close 按钮关闭 Export Particle History Data 对话框。

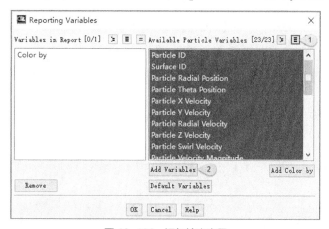

图 10-100　添加输出变量

Step 10：CFD-Post 后处理

启动 CFD-Post 并导入颗粒数据。

- 启动 CFD-Post。
- 选择菜单【File】>【Load Results…】读取文件 ex5-5.cas。
- 选择菜单【File】>【Import】>【Import FLUENT Particle Track File…】读取上一步保存的粒子数据 default.xml。

读取粒子数据后，将会在树状菜单中添加节点。

Step 11：查看粒子轨迹

查看颗粒轨迹分布。

- 双击属性菜单节点 FLUENT PT for Anthracite。
- 设置属性窗口 Geometry 标签页下的 Max Tracks 为 50。
- 切换至 Color 标签页，设置 Mode 为 Variable，设置 Variable 为 velocity，设置 Range 为 Local。
- 切换至 Symbol 标签页，激活选项 Show Tracks，设置 Track Type 为 Tube，设置 Tube Width 为 0.5。
- 单击 Apply 按钮。

粒子轨迹如图 10-101 所示。

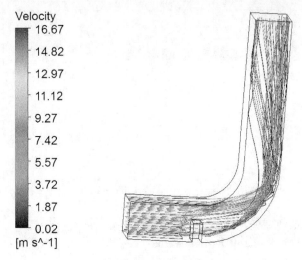

图 10-101　粒子轨迹

Step 12：创建平面

创建 $Z=0.02m$ 的平面。

- 选择菜单【Insert】>【Location】>【Plane】，采用默认名称 Plane 1。
- 如图 10-102 所示，在属性窗口中设置 Method 为 XY Plane。
- 设置 Z 为 0.02 m。
- 单击 Apply 按钮创建平面。

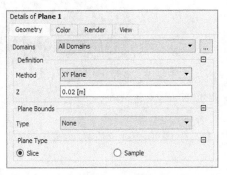

图 10-102　创建平面

Step 13：显示平面上矢量分布

查看 $Z=0.02m$ 平面上的速度矢量分布。

- 选择菜单【Insert】>【Vector】，采用默认名称 Vector 1。
- 在属性窗口中选择 Geometry 标签页，设置 Location 为 Plane，设置 Variable 为 velocity。
- 切换到 Color 标签页，设置 Mode 为 Constant，设置 Color 为红色。
- 切换到 Symbol 标签页，设置 Symbol 为 Arrow2D，设置 Symbol Size 为 0.7。
- 其他参数保持默认，单击 Apply 按钮。

矢量图如图 10-103 所示。

Step 14：查看壁面颗粒浓度

可以查看壁面上颗粒质量浓度。

- 激活树状菜单节点 Walls，并双击该节点。
- 在属性窗口中选择 Color 标签页，设置 Mode 为 Variable，设置 Variable 为 Particle Mass Concentration，设置 Range 为 Local。

● 其他参数保持默认，单击 Apply 按钮。

颗粒质量浓度如图 10-104 所示。

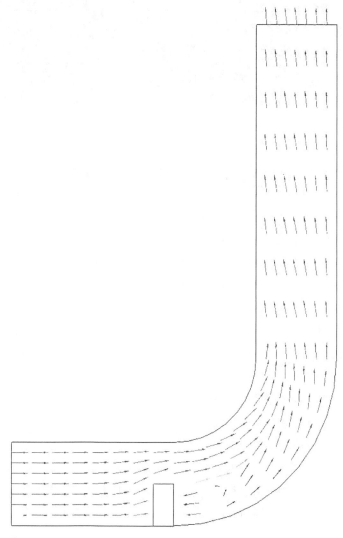

图 10-103 矢量图

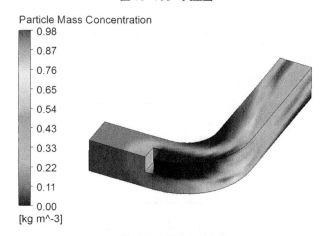

图 10-104 颗粒质量浓度

本案例完毕。

【Q1】 FLUENT 中的组分输运及反应流模型

单击 FLUENT 模型操作树节点 Models，在右侧面板中的 Models 列表框中选择 Species 列表项，如图 11-1 所示，即可打开组分输运模型选择面板（见图 11-2）。

如图 11-2 所示，FLUENT 中包括以下几种组分模型：Species Transport、Non-Premixed Combustion、Premixed Combustion、Partially Premixed Combustion 及 Composition PDF Transport。

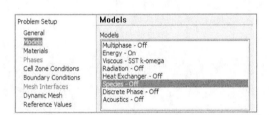

图 11-1　选择组分输运模型

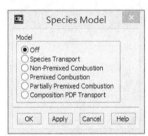

图 11-2　组分输运模型选择面板

1. Species Transport（组分输运）

组分输运模型，可以用于求解组分输运过程及化学反应，包括壁面化学反应及燃烧过程。可以考虑详细化学反应机理。组分输运模型可分为无反应组分输运模型和有限反应速率模型，而有限反应速率模型又包括层流有限速率模型、涡耗散模型以及涡耗散概念模型。

2. Non-Premixed Combustion（非预混燃烧）

图 11-3 所示为典型的非预混燃烧模型。燃料与氧化剂从不同的入口进入反应器。非预混燃烧模型利用混合分数方法（Mixture Fraction Function）求解燃烧过程，通过计算反应物及生成物的组分来间接反映燃烧过程。该模型无法在密度基求解器中使用。

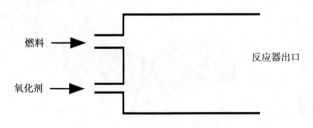

图 11-3　非预混燃烧模型

3. Premixed Combustion（预混燃烧）

图 11-4 所示为预混燃烧模型。在进入反应器之前，燃料与氧化剂在分子水平上混合。预混燃烧模型通

过求解过程变量（Progress Variable）来反映火焰阵面的位置。该模型无法在密度基求解器中使用。

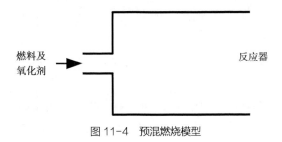

图 11-4　预混燃烧模型

4．Partially Premixed Combustion（部分预混燃烧）

部分预混模型是预混模型与非预混模型的混合，如图 11-5 所示。该模型无法与密度基求解器共用。

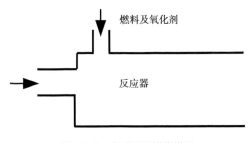

图 11-5　部分预混燃烧模型

5．Composition PDF Transport（组合 PDF 传输模型）

组合 PDF 传输模型与组分输运模型中的层流有限速率模型及涡耗散概念模型类似，当对湍流反应流中的有限速率化学动力学效应感兴趣时使用该模型。通过使用合适的化学反应机理，能够预测 CO 和氮氧化物的生成，以及火焰的熄灭与点火等。

【Q2】　无反应组分输运模型

对于不涉及化学反应的组分输运过程求解，可以采用无反应的组分输运模型。采用该模型可以求解计算组分在对流扩散过程中各组分的时空分布，其基于组分守恒定律。

可以参照图 11-6 所示操作选择组分输运模型。

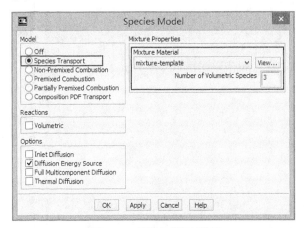

图 11-6　选择组分输运模型

在 FLUENT 中使用无化学反应的组分输运模型的基本步骤如下。

1．选择组分输运模型

在模型操作树 Model 节点中选择 Species Transport 模型，如图 11-6 所示。

2．设置混合材料

组分输运模型通常涉及多组分物质，用户需要在材料模型中定义这些组分。也可以在图 11-6 所示面板中单击 View…按钮进行混合物定义。

如图 11-7 所示，单击模型操作树节点 Materials，在右侧操作面板中的 Materials 列表框中选择混合物（该混合物名称为图 11-6 中所选择的混合物），单击 Create/Edit…按钮进入混合物材料定义面板，按图 11-8 所示进行设置。

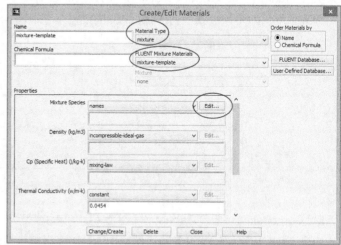

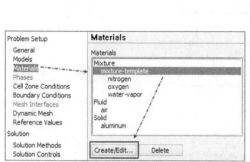

图 11-7　设置混合物材料　　　　　　　　　　图 11-8　设置混合物

在 Material Type 下拉列表框中选择 mixture，设置 FLUENT Mixture Materials 下拉列表框中选择前一步选择的混合物名称。

单击 Properties 中的 Mixture Species 下拉框右侧按钮 Edit…，进入混合物组分定义面板，如图 11-9 所示。面板中各项参数介绍如下。

Avaliable Materials：可以被添加至混合物的候选组分。选择列表项中的组分，单击按钮 Add 即可将组分添加至混合物中。添加后的组分放置于 Selected Species 列表框中。

Selected Species：已添加的组分。用户可以选择该列表中的组分，然后单击按钮 Remove 删除该组分。删除后的组分被移到 Avaliable Materialsie 列表中。

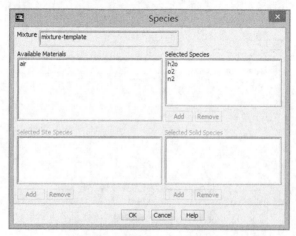

图 11-9　混合物组分定义面板

注意：

混合组分需要进行排序，通常选择量较多的组分为最后一种组分。如燃烧现象模拟，通常选择 N_2 作为最后一种组分。FLUENT 在计算时，最后一种组分的体积分数是通过前面的组分含量进行计算的。

3. 边界条件设置

组分输运模型需要设置入口和出口的组分分布情况，如图 11-10 所示。

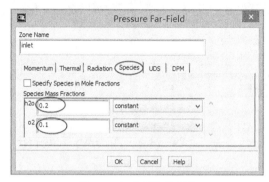

图 11-10　边界条件设置

对于入口和出口边界，通常都需要设置组分分布。需要注意的是，用户需要设置的组分比所具有的组分少一个，即最后一种组分质量分数或摩尔分数不需要设置。FLUENT 软件会用 1 减去前几种组分的含量，即为最后一种组分的含量。

4. 其他设置

其他前处理设置和单组分设置相同。

【Q3】　有限反应速率模型

FLUENT 中的有限反应速率模型主要包括层流有限速率模型（Laminar Finite-Rate）、涡耗散模型（Eddy-Dissipation）及涡耗散概念模型（Eddy-Dissipation Concept）。

如图 11-11 所示，通过选择【Species Trasnport】>【Volumetric】后，即可在 Turbulence-Chemistry Interaction 中选择反应模型。

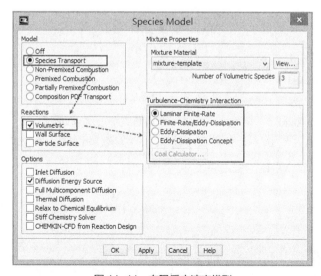

图 11-11　有限反应速率模型

（1）层流有限速率模型。通过计算阿累尼乌斯定律获得化学反应速率。该模型可以用于层流和湍流情况下。

（2）涡耗散模型。将湍流速率作为化学反应速率，不计算阿累尼乌斯公式。该模型只能用于湍流情况下，只有在选择了湍流模型后才能被激活。

（3）有限速率/涡耗散模型。同时计算阿累尼乌斯公式及湍流速率，取二者较小值作为化学反应速率。该模型也只能用于湍流环境下。

（4）涡耗散概念模型。计算详细化学反应动力学，用户可以自定义化学反应机理，也可以导入外部化学反应机理（如 CHEMKIN 机理）。

【案例 1】EDM 模型：燃烧器

本案例利用 FLUENT 中的涡耗散（Eddy Dissipation）有限速率（Finite-rate）反应模型仿真计算燃烧器内部流场。案例几何模型如图 11-12 所示。空气和燃料分别从不同的入口进入燃烧室混合燃烧，计算中采用 DO 模型考虑辐射传热。

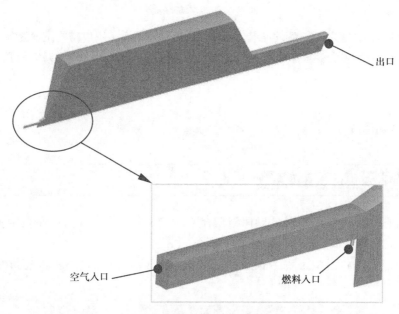

图 11-12　案例几何模型

Step 1：启动 FLUENT 并缩放网格

采用 3D 模式启动 FLUENT。

- 启动 FLUENT 软件，选择 Dimension 为 3D。
- 选择菜单【File】>【Read】>【Mesh…】，选择网格文件 ex6-1.msh。
- 选择模型树节点 General，单击右侧面板中的 Scale…按钮弹出网格缩放对话框。
- 如图 11-13 所示，选择 Mesh Was Created In 为 mm。
- 单击 Scale 按钮。
- 单击 Close 按钮关闭对话框。

Step 2：Models 设置

开启能量模型、湍流模型、辐射模型及组分传输模型。

1. 激活能量模型

- 选择模型树节点 Models，双击右侧面板中的列表项 Energy。
- 在弹出的对话框中激活选项 Energy Equation，如图 11-14 所示。
- 单击 OK 按钮关闭对话框。

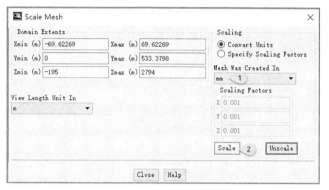

图 11-13　缩放网格

图 11-14　激活能量方程

2. 激活湍流模型

- 双击列表项 Viscous 打开湍流设置对话框。
- 选择 Model 下方选项 k-epsilon（2 eqn）。
- 选择 Realizable。
- 选择 Standard Wall Functions。
- 其他参数保持默认，单击 OK 按钮关闭对话框。

3. 激活辐射模型

- 双击列表项 Radiation，弹出辐射设置对话框，按图 11-15 所示进行设置。
- 激活模型 Discrete Ordinates。
- 设置 Energy Iterations per Radiation Iteration 为 1。
- 设置 Theta Divisions 为 4。
- 设置 Phi Divisions 为 4。
- 设置 Theta Pixels 为 3。
- 设置 Phi Pixels 为 3。
- 其他参数保持默认，单击 OK 按钮关闭对话框。

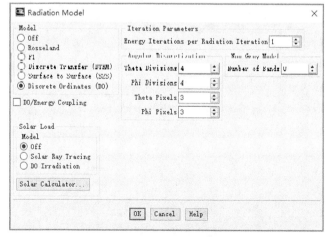

图 11-15　设置辐射模型

4．设置组分输运模型

- 双击列表项 Species，弹出组分输运模型设置对话框，按图 11-16 所示进行设置。
- 设置 Model 为 Species Transport。
- 激活选项 Volumetric。
- 选择 Turbulence-Chemistry Interaction 为 Finite-Rate / Eddy-Dissipation。
- 取消选项 Diffusion Energy Source。
- 其他参数默认，单击 OK 按钮关闭对话框。

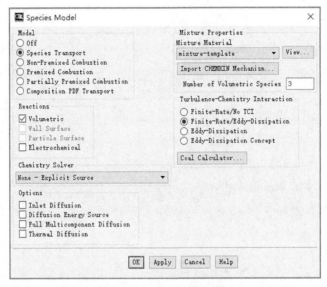

图 11-16　组分输运模型设置

Step 3：Materials 设置

添加材料 CH_4 和 CO_2。

1．添加 CH_4

- 选择模型树节点 Materials，单击右侧面板中的 Create/Edit… 按钮打开材料边界对话框。
- 单击对话框中的 FLUENT Database… 按钮打开材料数据库，按图 11-17 所示进行设置。
- 选择 Material Type 为 fluid。

图 11-17　设置材料

- 在 FLUENT Fluid Materials 列表框中选择列表项 methane（ch4）。
- 单击 Copy 按钮添加材料。
- 单击 Close 按钮关闭对话框，返回至 Create/Edit…对话框。
- 如图 11-18 所示，删除 Chemical Formula 中的文本内容，修改 Name 为 fuel。
- 单击 Change/Create 按钮并在弹出的提示对话框中选择 Yes，然后单击 Close 按钮。

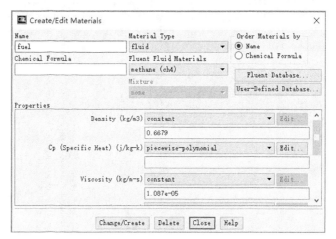

图 11-18　设置 fuel 介质

2. 添加 CO₂

相同的步骤，在材料库中添加材料 carbon-dioxide(co2)，如图 11-19 所示。

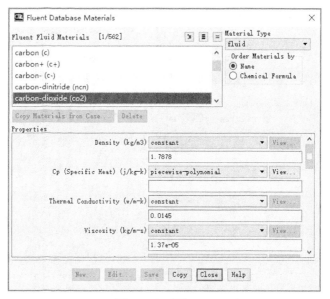

图 11-19　添加 co2

Step 4：设置材料 mixture-template

1. 修改组分结构

- 选择模型树节点 Materials，双击右侧面板中的列表项 mixture-template，弹出材料属性编辑对话框。
- 单击对话框中 Mixture Species 右侧按钮 Edit…弹出组分定义对话框。
- 选择 Available Materials 列表框中的 fuel，单击 Add 按钮将其添加到右侧列表框。
- 选择 carbon-dioxide(co2)，单击 Add 按钮将其添加至右侧列表框。
- 选择右侧 Selected Species 中的 nitrogen(n₂)，单击 Remove 按钮将其添加至左侧。

- 选择左侧 nitrogen(n2)，单击 Add 按钮将其添加至左侧。
- 单击 OK 按钮关闭对话框。

确保 N_2 位于 Selected Species 列表项的最下边，如图 11-20 所示。

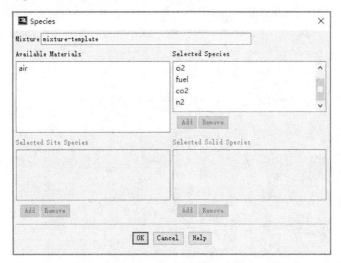

图 11-20　设置组分

2. 定义化学反应

- 在 Create/Edit…对话框中，单击 Reaction 右侧的 Edit…按钮弹出化学反应设置对话框。
- 设置 Number of Reactants 为 2，设置 Species 分别为 fuel 及 O_2，设置 fuel 的 stoich. Coefficient 为 1，Rate Exponent 为 1；设置 O_2 的 stoich. Coefficient 为 2，Rate Exponent 为 1。
- 设置 Number of Products 为 2，设置 Species 分别为 CO_2 及 H_2O，设置 CO_2 的 stoich. Coefficient 为 1，Rate Exponent 为 0；设置 H_2O 的 stoich. Coefficient 为 2，Rate Exponent 为 0。
- 如图 10-21 所示，其他参数保持默认设置，单击 OK 按钮关闭对话框。

化学反应方程式为

$$CH_4 + 2O_2 = CO_2 + 2H_2O$$

因此化学计量系数 CH_4、O_2、CO_2、H_2O 分别为 1，2，1，2。

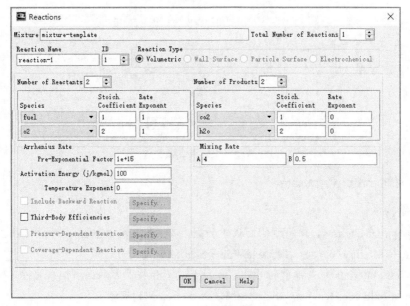

图 11-21　定义化学反应

3. 修改 Thermal Conductivity

- 如图 11-22 所示，在 Create/Edit…对话框中设置 Thermal Conductivity 为 Polynomial，弹出 Polynomial Profile 设置对话框。
- 设置 In Terms of 为 Temperature。
- 设置 Coefficients 为 2。
- 设置系数分别为 0.0076736 及 5.8837×10^{-5}。
- 单击 OK 按钮关闭设置对话框，返回至 Create/Edit Materials 对话框。

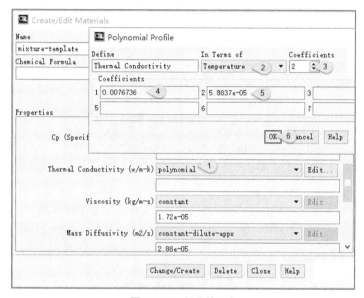

图 11-22 设置热导率

4. 设置 Viscosity

采用相同的方法设置 Viscosity 为 polynomial，设置参数为 7.6181×10^{-6} 及 3.2623×10^{-8}。

5. 设置 Absorption Coefficient

设置 Absorption Coefficient 为 wsggm-domain-based。

6. 设置 Scattering Coefficient

设置 Scattering Coefficient 为 1×10^{-9}。

单击 Change/Create 按钮修改参数，单击 Close 按钮关闭对话框。

Step 5：修改 fuel 参数

修改其分子量、标准状态焓及比热容。

- 选择模型树节点 Materials，单击右侧面板中的 Create/Edit…按钮打开材料对话框，按图 11-23 所示进行设置。
- 设置 Material Type 为 fluid。
- 选择 FLUENT Fluid Materials 为 fuel。
- 设置 Molecular Weight 为 16.313。
- 设置 Standard State Enthalpy 为 -1.0629×10^8。
- 其他参数保持默认，单击 Create/Create 按钮修改参数。
- 单击 Close 按钮关闭对话框。

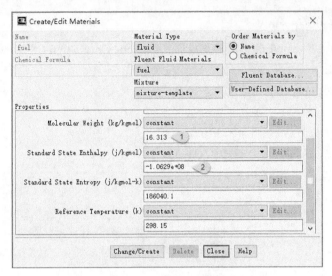

图 11-23　修改 fuel 属性

在 TUI 窗口中输入 "(set-ifrf-cp-polynomials 'mixture-template)"。

- 选择 Cp，设置其参数为 polynomial，弹出多项式设置对话框，如图 11-24 所示。
- 设置 Coefficeients 为 5。
- 设置 Coefficients 为 2005、−0.3407、2.362×10^{-3}、-1.178×10^{-6}、1.703×10^{-10}。
- 单击 OK 按钮关闭对话框。

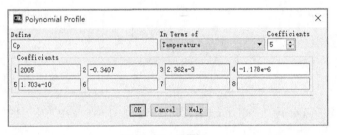

图 11-24　设置 Cp

Step 6：加载 UDF 宏

加载 UDF 宏用于后续的边界条件定义。

- 用鼠标右键单击模型树节点 Parameters & Customization | User Defined Functions，选择子菜单 Interpreted，弹出宏解释对话框。
- 单击 Browse…按钮加载宏文件 Profiles.c。
- 单击 Interpret 按钮。
- 单击 Close 按钮关闭对话框。

边界定义宏文件可以采用解释或编译的方式加载。

Step 7：Boundary Conditions 设置

1. 定义 inlet-air

- 选择模型树节点 Boundary Conditions。
- 双击右侧面板中的列表项 inlet-air，弹出设置对话框，按图 11-25 所示进行设置。
- 设置 Velocity Specification Method 为 Components。
- 设置 Coordinate System 为 Cylindrical。
- 设置 Radial-Velocity 为 0，设置 Tangential-Velocity 为 udf swirl_prof，设置 Axial-Velocity 为 udf axial-prof。

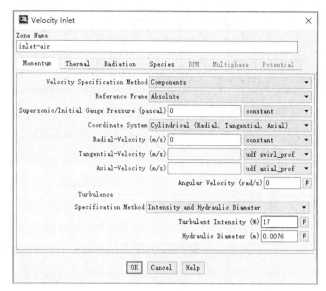

图 11-25　设置入口边界

- 设置 Turbulent Specification Method 为 Intensity and Hydraulic Diameter，设置 Turbulent Intensity 为 17%，设置 Hydraulic Diameter 为 0.0076m。
- 切换至 Thermal 标签页，设置 Temperature 为 312K。
- 切换至 Species 标签页，设置 O_2 为 0.2315。
- 其他参数保持默认，单击 OK 按钮关闭对话框。

2. 定义 inlet-fuel

- 双击列表项 inlet-fuel，弹出边界定义对话框。
- 设置 Mass flow Rate 为 0.0002623542 kg/s。
- 设置 Turbulent Specification Method 为 Intensity and Hydraulic Diameter，设置 Turbulent Intensity 为 5%，设置 Hydraulic Diameter 为 0.0009 m。
- 切换至 Thermal 标签页，设置 Temperature 为 308 K。
- 切换至 Species 标签页，设置 fuel 为 0.97，CO_2 为 0.008。

3. 定义 outlet

- 双击列表项 outlet，弹出边界定义对话框。
- 设置 Turbulence Intensity 为 10%，设置 Viscosity Ratio 为 5。
- 切换至 Thermal 标签页，设置 Temperature 为 1300 K。

4. 定义 wall-6

- 双击列表项 wall-6，弹出边界定义对话框。
- 切换至 Thremal 标签页，设置 Thermal Conditions 为 Heat Flux。
- 设置 Heat Flux 为 udf wall_temp。
- 设置 Internal Emissivity 为 0.6。

5. 定义 wall 1、wall 2、wall 3、wall 4、wall 5、wall 7、wall 8

这几个边界定义方式相同，只是参数不同（见表 11-1）。均采用温度边界。

- 双击列表项，切换至 Thermal 标签页。
- 选择 Thermal Conditions 为 Temperature。

表 11-1　各壁面边界条件

边界名称	Temperature	Internal Emissivity
Wall 1	312	0.6
Wall 2	1173	0.6
Wall 3	1173	0.6
Wall 4	1273	0.6
Wall 5	1100	0.5
Wall 7	1305	0.5
Wall 8	1370	0.5

Step 8：Mesh Interface

设置两个周期面。

- 选择模型树节点 Mesh Interfaces，单击右侧面板中的 Create/Edit…按钮，弹出设置对话框，按图 11-26 所示进行设置。
- 设置 Mesh Interface 文本框为 periodic。
- 选择 Interface zones side 1 下拉框内的列表项 int-1，选择 Interface zones side 2 下拉框内的列表项 int-2。
- 激活选项 Periodic Boundary Condition。
- 选择选项 Rotational。
- 激活选项 Auto Compute Offset。
- 单击 Create 按钮创建。

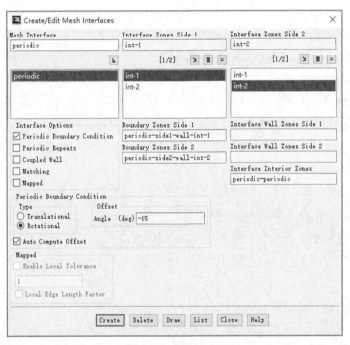

图 11-26　设置周期面

Step 9：Solution Methods 设置

设置求解方法。

- 选择模型树节点 Solution Methods。
- 在右侧面板中设置 Pressure-Velocity Coupling Scheme 为 Coupled。
- 激活选项 Warped-Face Gradient Correction。
- 其他参数保持默认设置。

Step 10：Solution Controls 设置

设置求解控制参数。

- 选择模型树节点 Solution Controls.
- 设置右侧面板中的 Flow Courant Number 为 50。
- 设置 Density 的亚松弛因子为 0.25。
- 其他参数保持默认设置，如图 11-27 所示。

Step 11：定义 line

定义 line 进行物理量监测。

- 依次单击 Setting Up Domain 标签页下的功能按钮 Surface > Create > Line/Rake…弹出 line 定义对话框，按图 11-28 所示进行设置。
- 设置 End Point 为(0,0,0.027)及（0,0.6,0.027）。
- 命名为 line-0.027。
- 单击 Create 按钮创建 line。

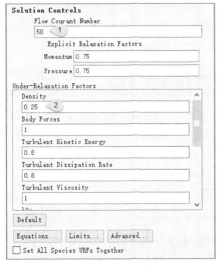

图 11-27　设置求解控制参数

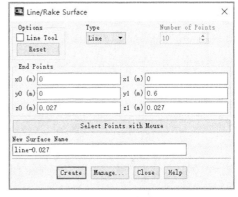

图 11-28　创建 line

Step 12：创建 Monitors

监测出口平均文件及 line-0.027 线上的平均切向速度。

1. 监测平均温度

- 选择模型树节点 Monitors。
- 单击右侧面板中 Surface 下方的 Create…按钮弹出监控定义对话框，如图 11-29 所示。
- 设置 Report Type 为 Mass-Weighted Average。
- 设置 Field Variable 为 Temperature…及 Static Temperature。
- 选择 Surfaces 为 outlet。
- 激活选项 Plot。
- 其他参数默认，单击 OK 按钮关闭对话框。

2. 监控 line-0.027 上的切向速度

- 选择模型树节点 Monitors。
- 单击右侧面板中 Surface 下方的 Create…按钮弹出监控定义对话框，如图 11-30 所示。

- 选择 Report Type 为 Area-Weighted Average。
- 选择 Field Variable 为 Velocity…及 Tangential Velocity。
- 选择 Surfaces 为 line-0.027。
- 激活选项 Plot。
- 单击 OK 按钮创建监控。

图 11-29　监控定义对话框

图 11-30　监控切向速度

Step 13：初始化

采用 Hybrid 方法进行初始化。

Step 14：取消 DO 模型进行计算

设置迭代参数进行计算。

- 选择模型树节点 Solution Controls，单击右侧面板中的 Equations…按钮。
- 取消选中 Disrete Ordinates。
- 选择模型树节点 Run Calculation。
- 设置 Number of Iteration 为 1000。
- 单击 Calculate 按钮进行计算。

在进行辐射计算之前，先计算无辐射条件下的初始场，对于计算稳定性和收敛性都有非常好的帮助。

Step 15：加载 DO 模型进行计算

添加 DO 辐射模型进行计算。

- 选择模型树节点 Solution Controls，单击右侧面板中的 Equations…按钮。
- 选中 Disrete Ordinates。
- 选择模型树节点 Run Calculation。
- 设置 Number of Iteration 为 1000。
- 单击 Calculate 按钮进行计算。

Step 16：观察 z=0 面上的物理量分布

先创建 z=0 面，然后观察该面上的速度、温度分布，分别如图 11-31 和图 11-32 所示。

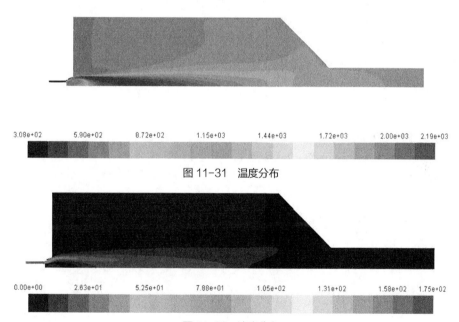

图 11-31　温度分布

图 11-32　速度分布

【案例 2】部分预混燃烧模型：同轴燃烧器

本案例演示利用 FLUENT 的部分预混燃烧模型模拟同轴燃烧器内部流场。本案例主要展示以下内容。

（1）为燃烧系统创建概率密度函数（PDF）文件。

（2）使用部分预混模型模拟燃烧系统。

案例模型如图 11-33 所示。

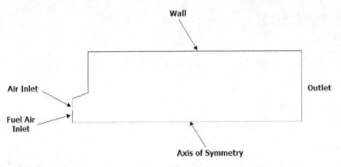

图 11-33 案例模型

计算采用轴对称模型，采用两个入口，其中内圈入口为甲烷与空气的混合物（等效比为 0.8），轴向速度为 50m/s，切向速度为 30m/s，外圈入口为春季空气，轴向速度为 10m/s。燃烧器内涉及的主要组分包括 CH_4、O_2、CO_2、CO、H_2O 及 N_2。

Step 1：导入网格

以 2D 模式启动 FLUENT，导入网格文件 Ex6-2.msh。

Step 2：Scale 网格

将网格单位缩放为 inch。

- 选择模型树节点 General。
- 单击右侧面板中的按钮 Scale…，启动网格缩放对话框。
- 设置 Mesh Was Created In 为 in，如图 11-34 所示。
- 单击 Scale 按钮缩放模型。
- 单击 Close 按钮关闭对话框。

Step 3：General 设置

设置轴对称旋转模型。

- 选择模型树节点 General。
- 设置 2D Space 为 Axisymmetric Swirl，如图 11-35 所示。
- 其他参数保持默认。

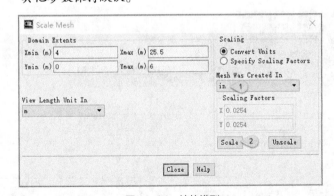

图 11-34 缩放模型

图 11-35 设置轴对称旋转模型

Step 4：Models 设置

设置 standard k-epsilon 湍流模型及部分预混燃烧模型。

1. 设置湍流模型

- 选择模型树节点 Models，双击右侧面板中的 Viscous 列表项。

- 在弹出的湍流模型设置对话框中，选择 standard k-epsilon 湍流模型，采用 Standard Wall Functions。
- 其他参数保持默认，单击 OK 按钮关闭对话框。

2. 设置燃烧模型

- 选择模型树节点 Models，双击右侧面板中的 Species 列表项。
- 在弹出的对话框中，选择模型 Partially Premixed Combustion。
- 在 Chemistry 标签页中，选择默认的 Chemical Equilibrium 及 Adiabatic，设置 Fuel Stream Rich Flamability Limit 为 0.1，其他参数保持默认，如图 11-36 所示。

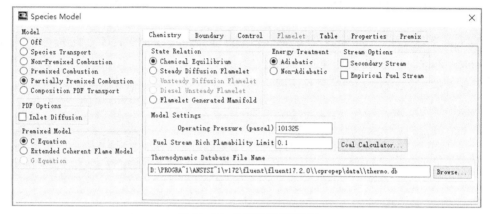

图 11-36　选择部分预混模型

- 进入 Boundary 标签页，按图 11-37 所示进行设置。

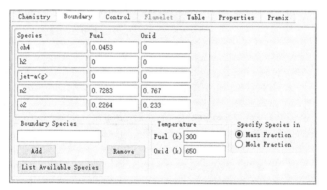

图 11-37　Boundary 标签页设置

- 进入 Table 标签页，保持默认参数设置，单击 Calculate PDF Table 按钮，如图 11-38 所示。

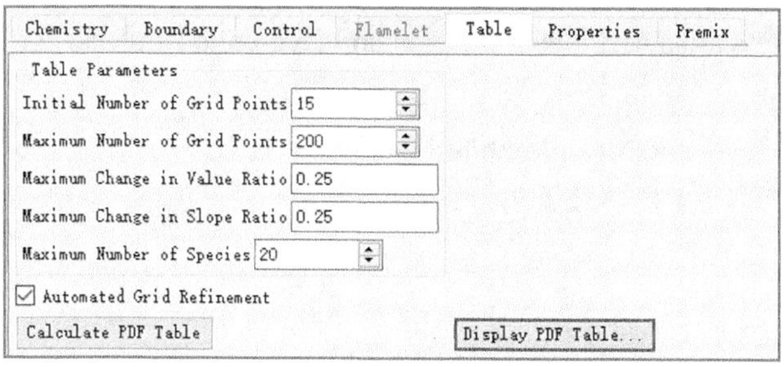

图 11-38　Table 标签页

- 单击 OK 按钮关闭组分模型设置对话框。
- 选择菜单【File】>【Write】>【PDF…】保存 PDF 文件为 ex6-2.pdf。

模型定义完毕。

Step 5：Materials 设置

包含默认设置。

Step 6：Boundary Conditions 设置

设置进出口条件。

1. 设置 air 边界

- 选择模型树节点 Boundary Conditions，双击右侧面板中的列表项 air，弹出边界设置对话框。
- 设置 Velocity Specification Method 为 Components。
- 设置 Axial-Velocity 为 10 m/s。
- 设置 Turbulence Specification Method 为 Intensity and Hydraulic Diameter，设置 Turbulent Intensity 为 5%，设置 Hydraulic Diameter 为 0.0254m，如图 11-39 所示。
- 其他参数默认，单击 OK 按钮关闭对话框。

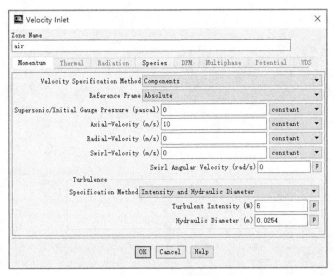

图 11-39　空气入口设置

2. air-fuel 边界设置

- 双击列表项 air-fuel，弹出边界设置对话框。
- Momentum 标签页中，设置 Velocity Specification Method 为 Components。
- 设置 Axial-Velocity 为 50 m/s。
- 设置 Swirl-Velocity 为 30 m/s。
- 设置 Turbulence Specification Method 为 Intensity and Hydraulic Diameter，设置 Turbulent Intensity 为 5%，设置 Hydraulic Diameter 为 0.0254m，如图 11-40 所示。
- 切换到 Species 标签页，设置 Mean Mixture Fraction 为 1。
- 其他参数保持默认，单击 OK 按钮关闭对话框。

3. 设置 outlet 边界

- 双击列表项 outlet，弹出边界设置对话框。
- 设置 Turbulence Specification Method 为 Intensity and Hydraulic Diameter，设置 Turbulent Intensity 为 5%，设置 Hydraulic Diameter 为 0.13m。
- 切换到 Species 标签页，设置 Backflow Progress Variable 为 1。
- 其他参数保持默认，单击 OK 按钮关闭对话框。

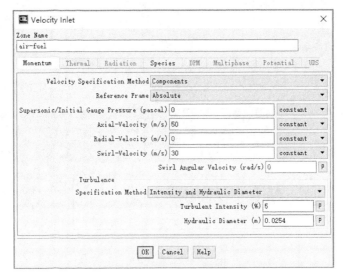

图 11-40 混合入口设置

Step 7：初始化

采用标准初始化。

- 选择模型树节点 Solution Initialization。
- 选择右侧面板中的选项 Standard Initialization。
- 设置 Compute from 为 all-zones。
- 单击 Initialize 按钮进行初始化。

初始化完毕后进行迭代计算。

Step 8：计算求解

设置迭代参数进行迭代计算。

- 选择模型树节点 Run Calculation。
- 设置 Number of Iterations 为 1000。
- 单击 Calculate 按钮进行计算。

大约计算 800 步后计算收敛。

Step 9：计算后处理

1．速度分布

速度分布如图 11-41 所示。

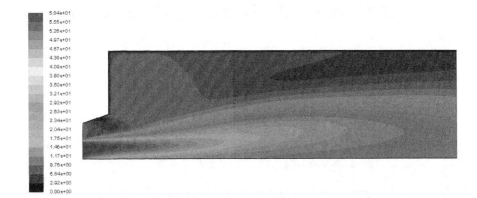

图 11-41 速度分布

2．温度分布

温度分布如图 11-42 所示。

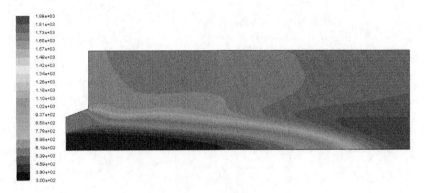

图 11-42　温度分布

3．组分分布

CH_4 质量分数及 CO_2 质量分数分别如图 11-43、图 11-44 所示。

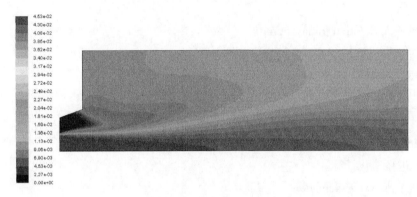

图 11-43　CH_4 质量分数

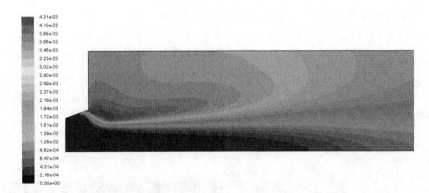

图 11-44　CO_2 质量分数

本案例到此完毕。

【案例 3】固体颗粒燃烧：煤燃烧

本案例演示利用 FLUENT 的有线速率/涡耗散模型仿真计算煤粉燃烧或汽化。

案例采用 2D 模型进行模拟，模型长 10m，宽 1m，如图 11-45 所示，计算过程中利用其对称性考虑一半模型。计算模型的入口被分为两个部分，接近中心区域入口速度为 50m/s，其他部分入口速度为 15m/s，入口气体温度均为 1500K。煤粉颗粒从高速入口进入燃烧炉，其质量流量为 0.1kg/s（完整模型质量流量为 0.2kg/s），燃烧炉壁面温度为 1200K。

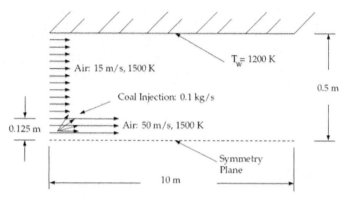

图 11-45　案例模型

Step 1：导入模型

以 2D 模式启动 FLUENT 并导入网格。

- 启动 FLUENT，选择 Dimension 为 2D。
- 利用菜单【File】>【Read】>【Mesh…】打开网格文件 ex6-3.msh。

网格读入后可以检查网格。

Step 2：General 设置

采用默认设置。

Step 3：Models 设置

开启能量方程，设置湍流模型及组分模型。

1．启动能量方程

- 选择模型树节点 Models，双击右侧面板中的 Energy 列表项。
- 在弹出的对话框中激活选项 Energy Equation，如图 11-46 所示。
- 单击 OK 按钮关闭对话框。

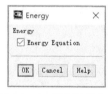

图 11-46　激活能量方程

2．设置湍流模型

- 双击面板中的 Viscous 列表项，弹出湍流模型设置对话框。
- 选择 Realizable k-epsilon(2 eqn)湍流模型。
- 其他参数保持默认，单击 OK 按钮关闭对话框。

3．设置组分模型

- 双击面板中的 Species 列表项，弹出组分输运模型设置对话框，按图 11-47 所示进行设置。
- 设置 Model 为 Species Transport，激活选项 Volumetric 及 Particle Surface。

- 选择 Mixture Material 为 coal-mv-volatiles-air。
- 选择 Finite-Rate/Eddy-Dissipation。

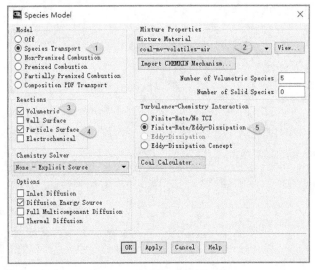

图 11-47　设置组分输运模型

- 其他参数保持默认，单击 OK 按钮关闭对话框。

Step 4：添加新材料

1. 添加材料 carbon-monoxide（co）、carbon-solid(c<S>)及 hydrogen(h2)

- 选择模型树节点 Materials。
- 单击右侧面板中的按钮 Create/Edit…，弹出材料编辑对话框。
- 单击 FLUENT Database…按钮打开材料数据库对话框，选择 Material Type 为 fluid，如图 11-48 所示。
- 选择材料 carbon-monoxide（co）、carbon-solid(c<s>)及 hydrogen(h2)，单击 Copy 按钮添加材料。

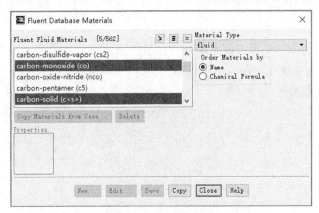

图 11-48　添加材料

2. 设置材料属性

设置材料 air、CO_2、CO、C(s)、H_2、N_2、O_2、H_2O 的 Cp 为 Piecewise-polynomial。

- 选择模型树节点 Materials，双击右侧面板中的列表项 air，弹出材料设置对话框。
- 设置 Cp 为 Piecewise-polynomial，在弹出的对话框中保持参数默认。
- 单击 Create/Edit…按钮修改材料属性。
- 单击 Close 按钮关闭对话框。
- 以相同的步骤设置其他材料属性。

- 保持 coal-mv-volatiles 的 Cp 为默认。

3. 添加混合物组分

- 选择模型树节点 Materials，双击右侧面板中的 coal-mv-volatiles-air 列表项。
- 在弹出的材料定义对话框中，单击 Mixture Species 右侧的 Edit…按钮，弹出组分编辑对话框，如图 11-49 所示。
- 添加 H_2 及 CO 到 Selected Species 中，确保 N_2 位于列表框最下方。
- 添加 C<s>到 Select Solid Species 中。
- 单击 OK 按钮关闭对话框。

图 11-49　组分编辑对话框

4. 定义化学反应

- 选择模型树节点 Materials，双击右侧面板中的 coal-mv-volatiles-air 列表项。
- 在弹出的材料定义对话框中，单击 Reaction 右侧的 Edit…按钮弹出 Reactions 对话框。
- 设置 Total Number of Reactions 为 6。

第一个化学反应采用默认，下面按图 11-50 所示。设置第二个化学反应。

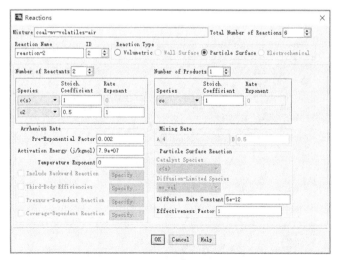

图 11-50　设置化学反应

- 设置 ID 为 2，设置 Reaction Type 为 Particle Surface。
- 设置 Number of Reactants 为 2，设置 Species 分别为 C<s>及 O_2，设置 Stoich.Coefficient 分别为 1 与 0.5。

- 设置 Number of Products 为 1，设置 Species 为 CO，设置 Stoich.Coefficient 为 1。
- 其他参数保持默认。

本案例涉及到的化学反应为

$$C(s) + 0.5O_2 \rightarrow CO$$
$$C(s) + CO_2 \rightarrow 2CO$$
$$C(s) + H_2O \rightarrow CO + H_2$$
$$H_2 + 0.5O_2 \rightarrow H_2O$$
$$CO + 0.5O_2 \rightarrow CO_2$$

按表 11-2 所示定义其他 4 个化学反应。

表 11-2 其他 4 个化学反应

Reaction ID	3	4	5	6
Reaction Type	Particle Surface	Particle Surface	Volumetric	Volumetric
Number of Reactants	2	2	2	2
Species	$C(s), CO_2$	$C(s), H_2O$	H_2, O_2	CO, O_2
Stoch. Cofficient	$C(s)=1$ $CO_2=1$	$C(s)=1$ $H_2O=1$	$H_2=1$ $O_2=0.5$	$CO=1$ $O_2=0.5$
Rate Exponent	default	default	default	default
Arrhenius Rate	default	default	default	default
Number of Product	1	2	1	1
Species	CO	H_2, CO	H_2O	CO_2
Stoch. cofficient	$CO=2$	$H_2=1$ $CO=1$	$H_2O=1$	$CO_2=1$
Rate Exponent	default	default	default	default

定义完毕后关闭材料定义对话框。

Step 5：定义离散相模型

定义离散相模型，以模拟煤粉喷入燃烧炉。

1. 设置离散相模型

- 选择模型树节点 Define，选择右侧面板中的 Discrete Phase…列表项，打开模型定义对话框，按图 11-51 所示进行设置。

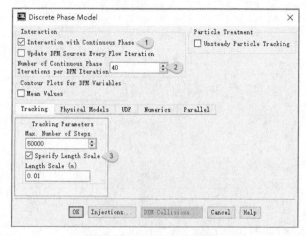

图 11-51 定义 DPM 模型

- 激活选项 Interaction with Continuous Phase。
- 设置 Number of Continuous Phase Iterations per DPM Iteration 为 40。
- 激活选项 Specify Length Scale，设置 Length Scale 为 0.01 m。

2. 定义 Injection

- 单击图 11-51 中的 Injections…按钮，在弹出的 Injections 对话框中单击 Create 按钮，弹出 Set Injection Properties 对话框，按图 11-52 所示进行设置。
- 设置 Injection Type 为 group，设置 Number of Streams 为 10。
- 设置 Particle Type 为 Combusting。
- 选择 Material 为 coal-mv。
- 设置 Diameter Distribution 为 rosin-rammler。
- 选择 Point Properties 标签页，设置 First Point 参数：
  - X-Position：0.001 m。
  - Y-Position: 0.03124 m。
  - X-Velocity: 10 m/s。
  - Y-Velocity: 5 m/s。
  - Temperature: 300 K。
  - Total Flow Rate: 0.1 kg/s。
  - Min. Diameter: 70×10^{-6} m。
  - Max. Diameter: 200×10^{-6} m。
  - Mean Diameter: 134×10^{-6} m。
  - Spread Parameter: 4.52。
  - Last Point 参数与 First Point 参数相同。

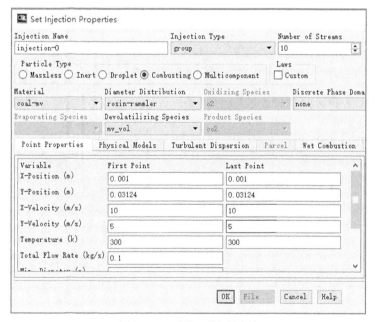

图 11-52　定义颗粒入射参数

- 如图 11-53 所示，切换到 Turbulent Dispersion 标签页，激活选项 Dsicrete Random Walk Model。
- 设置 Number of Tries 为 10。
- 其他参数保持默认，关闭所有的弹出窗口。

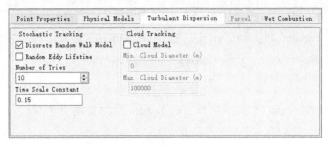

图 11-53　湍流分散选项

Step 6：修改材料 coal-mv 参数

定义了离散相模型后，会在材料库中添加新的材料 coal-mv，需要修改其属性。

- 选择模型树节点 Materials，双击右侧面板中的列表项 coal-mv，弹出材料速度编辑对话框（见图 11-54 ）。
- 设置 Density 为 1300 kg/m^3。
- 设置 Cp 为 1000 J/kg・K。

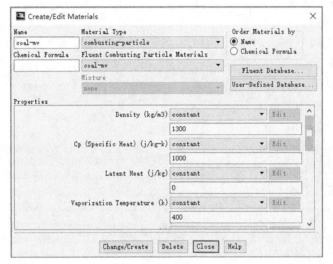

图 11-54　设置材料属性

- 设置 Vaporization Temperature 为 400 K。
- 设置 Volatile Component Fraction 为 28%。
- 设置 Binary Diffusivity 为 5×10^{-4} m^2。
- 设置 Swelling Coefficient 为 2。
- 设置 Combustible Fraction 为 64%。
- 设置 Combustion Model 为 multiple-surface-reaction。
- 单击 Change/Create 按钮修改参数。
- 单击 Close 按钮关闭对话框。

Step 7：Boundary Condition 设置

1. 设置 velocity-inlet-2

- 选择模型树节点 Boundary Conditions，双击右侧面板中的列表项 velocity-inlet-2，弹出边界条件设置对话框，按图 11-55 所示进行设置。
- 设置 Velocity Magnitude 为 15 m/s。
- 设置 Turbulence Specification Method 为 Intensity and Hydraulic Diameter。
- 设置 Turbulent Intensity 为 10%，设置 Hydraulic Diameter 为 0.75 m。

- 切换到 Thermal 标签页，设置 Temperature 为 1500 K。
- 切换到 Species 标签页，设置 Species Mass Fractions 中 o2 为 0.23。
- 其他参数保持默认，点击 OK 按钮关闭对话框。

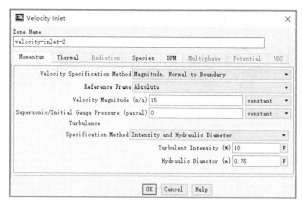

图 11-55 边界条件设置

2. 设置 velocity-inlet-8

设置步骤与 velocity-inlet-2 相同，具体参数为：

- Velocity Magnitude：50 m/s。
- Temperature：1500 K。
- Turbulence Intensity：5%。
- Hydraulic Diameter：0.25 m。
- Species Mass Fraction：O_2=0.23。
- 其他参数保持默认。

3. 设置 wall-7

- 双击列表项 wall-7，弹出设置对话框。
- 切换到 Thermal 标签页，设置 Thermal Conditions 为 Temperature。
- 设置 Temperature 为 1200 K。
- 其他参数默认，单击 OK 按钮关闭对话框。

4. 设置 Pressure-outlet-6

- 双击列表项 Pressure-outlet-6，弹出设置对话框。
- 设置 Turbulence Specification Method 为 Intensity and Hydraulic Diameter。
- 设置 Turbulent Intensity 为 5 %，设置 Hydraulic Diameter 为 1 m。
- 切换至 Thermal 标签页，设置 Thermal Conditions 为 Temperature
- 设置 Temperature 为 2000 K。
- 切换到 Species 标签页，设置 Species Mass Fractions 中 O_2 为 0.23。
- 其他参数保持默认，单击 OK 按钮关闭对话框。

Step 8：计算初始化

采用 Velocity-inlet-2 边界条件进行初始化。

- 选择模型树节点 Solution Initialization。
- 在右侧面板中选择 Standard Initialization，如图 11-56 所示。
- 选择 Compute from 为 velocity-inlet-2。
- 单击 Initialize 按钮进行初始化。

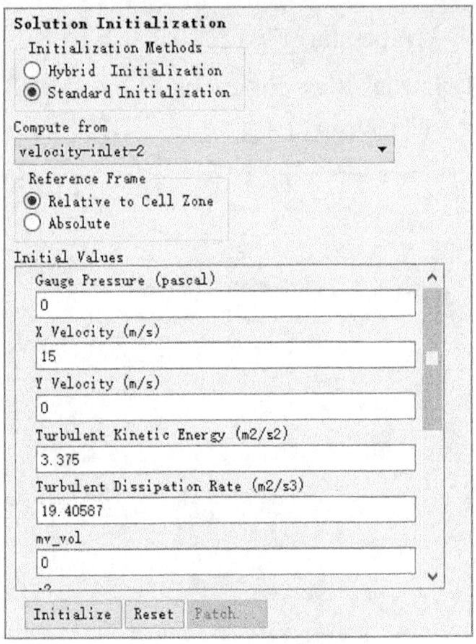

图 11-56　初始化设置

Step 9：求解计算

设置迭代参数进行求解计算。

- 选择模型树节点 Run Calculation。
- 设置 Number of Iterations 为 500。
- 单击 Calculate 按钮进行计算。

计算完毕后进行后处理。

Step 10：后处理

查看温度及各种组分的浓度。具体方法不再赘述，结果如图 11-57 ~ 图 11-59 所示。

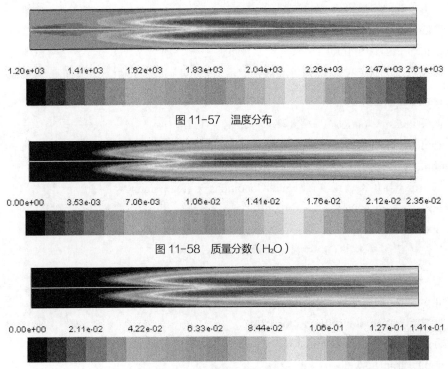

图 11-57　温度分布

图 11-58　质量分数（H_2O）

图 11-59　质量分数（CO_2）

Step 11：考虑辐射模型

添加 P1 辐射模型进行计算。

- 选择模型树节点 Models，双击右侧面板中的列表项 Radiation。
- 如图 11-60 所示，选择 Model 为 P1。
- 采用默认参数，单击 OK 按钮关闭对话框。

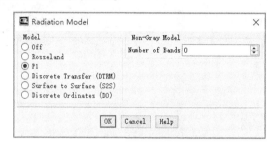

图 11-60 添加辐射模型

Step 12：修改材料属性

修改混合物材料的吸收系数。

- 选择模型树节点 Materials，双击右侧面板中的列表项 coal-mv-volatiles-air。
- 设置 Absorption Coefficient 为 wsggm-domain-based，其他参数不变。
- 单击 Change/Edit 按钮修改参数。
- 单击 Close 按钮关闭对话框。

Step 13：重新迭代计算

设置迭代参数进行求解计算。

选择模型树节点 Run Calculation。

设置 Number of Iterations 为 100。

单击 Calculate 按钮进行计算。

计算完毕后进行后处理。考虑辐射模型的温度分布如图 11-61 所示。

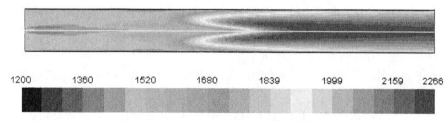

图 11-61 考虑辐射模型的温度分布

本案例完毕。

第12章 耦合问题计算

【Q1】 流固耦合基础

流固耦合（Fluid Structure Interaction、Fluid-Solid Interaction，FSI）在工程中经常会遇到，如旋转机械叶片变形、涡激振动、血管血液流动等，这类问题所具有的公共特征在于：流体的流动造成的固体变形不可忽略。

1. 流固耦合计算适合的场合

流固耦合计算由于要联合流体仿真与固体仿真，因此计算开销很大。对于一些可以简化为单场计算的问题，则应当进行简化。流固耦合主要应用于以下场合。

（1）流场与固体应力场耦合紧密。换句话说，流体流动导致的固体变形不可忽略，或者固体变形是研究感兴趣的内容，此时则需要采用流固耦合计算。

（2）固体变形会影响到流场的分布。实际上和第一点是一回事。比如说飘扬中的旗帜，其变形会影响到周围的流动分布。

共轭传热问题虽然涉及固体，但是并不需要采用流固耦合计算，因流体求解器可以计算热传导方程。

2. 流固耦合分类

通常有两种分类方式：按求解方程分类可以将流固耦合分为强耦合和弱耦合；按求解顺序可以将流固耦合问题分为单向耦合和双向耦合。

强耦合：流体计算与固体计算联立求解。由于固体方程与流体方程存在很大的差异，联立求解困难重重。目前还没有一款商业软件可以求解强流固耦合问题。

弱耦合：流体方程和固体方程分别单独求解，然后在迭代步中进行数据交换。目前的流固耦合基本上都是采用弱耦合。由于存在时间差，所以与现实情况存在一定的误差。单向耦合与双向耦合主要是针对弱耦合求解。

前面提到弱耦合需要在固体和流体求解器间进行数据交换，因此便存在单向耦合和双向耦合的问题。通常固体求解器向流体求解器发送的是位移，而流体求解器向固体求解器发送的是压力及温度等。

单向耦合：单向数据发送。通常只是一方求解器向另一方求解器发送数据，另一方求解器并不会返回数据。比如说计算射流冲击固体，若固体应力应变可忽略的话，则可以用单向耦合计算。此时流体求解器只是发送压力数据到固体求解器，固体求解器并不会返回位移数据到流体求解器。

双向耦合：固体求解器和流体求解器均会发送响应数据给对方。比如说前面提到的迎风招展的旗帜。

3. 当前流行的流固耦合计算的软件

目前能够进行流固耦合计算的商用软件挺多，而且功能也很强大，那么当前进行流固耦合计算的主流软件及配置有哪些呢？以下是一些常见的计算软件。

（1）Adina。这个软件比较老牌，而且功能也很强大，长于固体非线性计算。目前新版本增加了不少新功能特性。此软件包含有 Adina CFD 模块，可以和结构模块进行单、双向流固耦合计算。其缺点在于前后处理界面不太友好，也可能是笔者使用不熟练的原因。

（2）COMSOL。另一款可以进行流固耦合计算的软件。

（3）ANSYS。目前 ANSYS 主要是利用 CFX 和 FLUENT 进行流体计算，而固体计算则采用 ANSYS Mechanic 模块。双向耦合主要是利用 CFX，不过 14.0 之后版本的 FLUENT 可以利用 SYSTEM COUPLING 模块实现双向耦合。

（4）STAR CCM+联合 ABAQUS。STAR CCM+本身可以利用有限体积法计算固体应力，单独的 CCM+可以实现单向耦合。不过要计算双向耦合则需要借助 ABAQUS。

（5）MPCCI。这并非一款计算软件，而是一个中间软件，相当于一个通信器，用于流体计算与固体计算中的数据交换。

【Q2】 流固耦合计算方法

流固耦合问题可由其耦合方程定义，这组方程的定义域同时有流体域与固体域。而未知变量含有描述流体现象的变量和描述固体现象的变量，一般而言具有以下两点特征：① 流体域与固体域均无法单独求解。② 无法显式地消去描述流体运动及固体现象的独立变量。流固耦合问题按其耦合机理可分为两大类：

（1）耦合作用仅仅发生在两相交界面上，在方程上的耦合是由两相耦合面上的平衡及协调来引入的，如气动弹性、水动弹性等。

（2）流体域和固体域部分或全部重叠在一起，难以明显地分开，使描述物理现象的方程，特别是本构方程需要针对具体的物理现象来建立，其耦合效应通过描述问题的微分方程来体现。

流固耦合的求法一般有两种方法：直接耦合求解和间接耦合求解。直接耦合求解，在有限元分析时，采用不同种类自由度的单元（如一个单元包含温度 t、位移 u、压力 p 等自由度），把不同的场耦合到一个有限元方程中，数值处理难度较大。间接耦合求解，不同的耦合场交叉迭代，通过场间耦合媒介交换耦合信息，一般又称序贯耦合分析，这种方法比较常用。

常用的流固耦合（Fluid Structure Interaction，FSI）计算方法有两种。

（1）单向耦合计算（one-way couple）。流固交界面上 CFD 分析计算结果（压力、温度或对流荷载等）作为载荷加载到固体计算边界上，但是固体边界的位移计算值并不返回到 CFD 分析程序中。因此，单向耦合计算其实是忽略了流固耦合边界面的位移对流场的影响，只计算流场对固体域的影响。一种单向耦合计算数据传递方式如图 12-1 所示。

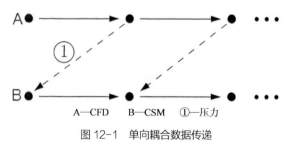

图 12-1　单向耦合数据传递

（2）双向耦合计算（two-way couple）。固体域边界位移作为载荷传递给流体域，同样的流体计算结果将计算的流场数据返回到固体边界上。双向流固耦合计算考虑固体变形对流场的影响，同时还考虑流场对固体的作用力。双向耦合的数据传递如图 12-2 所示。

流固耦合的数值计算问题，早期是从航空领域的气动弹性问题开始的，这也就是通过界面耦合的情况，只要满足耦合界面力平衡，界面相容就可以。

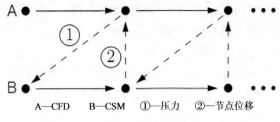

图 12-2　双向耦合数据传递

气动弹性开始主要是考虑机翼的颤振边界问题，计算采用简化的气动方程和结构动力学方程，从理论推导入手，建立耦合方程，这种方法求解相对容易，适用范围也较窄。

现在，由于数值计算方法、计算机技术的发展，整个的求解趋向于 N-S 方程与非线性结构动力学。一般使用迭代求解，也就是在流场、结构上分别求解，在各个时间步之间耦合迭代，收敛后再向前推进。这种方法的好处就是，各自领域内成熟的代码稍做修改就可以应用。其中可能还要涉及一个动网格的问题，由于结构的变形，使得流场的计算域发生变化，要考虑流场网格随时间变形以适应耦合界面的变形。

不过现在国外比较前沿的技术都集中在系统性的设计方面，数值计算一般已经可以满足需要。在数值计算的初步估计基础上，通过降维模型（Reduced Order Model）可以很快地得到初步设计方案，再通过详细的数值计算来验证。国内由于起步较晚，将降维模型用在气动设计上面的相对较少，只在航空航天等高科技领域及非线性转子动力学领域得到了较多应用。

【Q3】 ANSYS Workbench 中的流固耦合

在 ANSYS 软件中使用流固耦合计算是很方便的。

在 ANSYS 中，进行流体计算的软件主要是 FLUENT 与 CFX，而参与固体力学计算的模块主要是 APDL（俗称的经典模块）与 Mechanical。这 4 款软件中的流体计算模块与固体计算模块的相互组合，即可构成流固耦合计算方案。由于笔者对于 APDL 的耦合计算应用较少，因此不打算在这里讨论 APDL 在流固耦合上的应用。

前面提到，流固耦合计算可分为单向耦合与双向耦合，利用 CFX 或 FLUENT 与 Mechanical 的联合仿真，可以实现单向耦合和双向耦合（需要注意的是：14.0 之后的版本中才允许 FLUENT 通过 System Coupling 模块与 Mechanical 实现双向耦合计算，在之前的版本中 FLUENT 只能做单向耦合）。

1. 单向耦合

单向耦合指的是只有一方求解器向另一方发送数据信息，而另一方并不返回数据。分为以下两种情况。

（1）流体求解器向固体求解器发送压力及温度数据。这是最常见的单向耦合计算，通常用于固体热应力计算，或计算流体载荷在固体上产生的应力。一般来说，这种计算都是基于固体小变形假设的，也就是说，固体的形变对流场产生的影响可以忽略。

（2）固体变形对流场的影响。这种情况在实际计算过程中很少应用到，因为流体计算中的动网格功能完全可以满足要求。

2. 双向耦合

双向耦合应用于流体作用于固体变形耦合强烈的领域。通常需要考虑到固体变形对流场的影响。分为以下两种情况。

（1）扰动由流体引起。即流体流动导致固体变形，固体变形引起流场的扰动。如涡激振动就是一种典型情况。

（2）扰动由固体引起。固体变形引起流体流场扰动，之后流体流场反作用于固体变形，研究其相互作用。这两种情况在实际应用中都会经常遇到。

case1：单向耦合 1

一共包括 4 种组合方式，分别为 FLUENT、CFX 与稳态静力计算、瞬态静力计算的组合。

图 12-3、图 12-4 所示分别为 FLUENT 稳态单向耦合和 CFX 稳态单向耦合的示例。

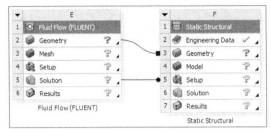

图 12-3　FLUENT 稳态单向耦合　　　　　　　图 12-4　CFX 稳态单向耦合

其原理比较简单：将流体计算的压力当作静载荷施加到结构上，以计算结构的应力应变。

case 2：单向耦合 2

这种情况基本不会存在，ANSYS 中取代这种情况的是双向耦合计算。

case 3：双向耦合 1

双向耦合通常都是瞬态计算。扰动源为流体的计算方式如图 12-5、图 12-6 所示。

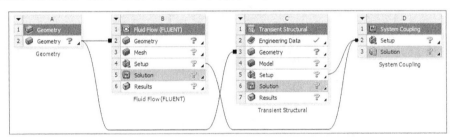

图 12-5　FLUENT 双向耦合

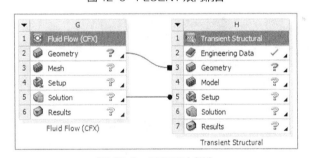

图 12-6　CFX 双向耦合

case 4：双向耦合 2

与 case3 类似，只不过此时固体计算在先。扰动源为固体的计算方式如图 12-7、图 12-8 所示。

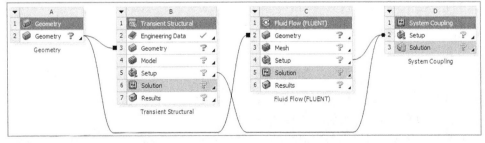

图 12-7　FLUENT 双向耦合

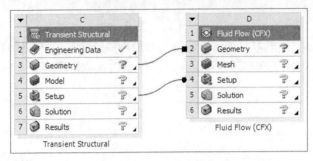

图 12-8　CFX 双向耦合

实际上图 12-7 与图 12-5 是等价的，流体计算与固体计算的数据均通过 system coupling 进行中转。

【案例 1】双向流固耦合：簧片阀

簧片阀是一种常见的压力控制阀，其基本原理为：利用流体作用在弹簧片上的压力来控制阀门的开启。本案例演示利用双向流固耦合计算模拟簧片阀的工作过程，计算过程中用到了 FLUENT 的动网格技术以及 system coupling 模块。

本案例如图 12-9 所示，初始情况下阀门被超弹性橡胶封闭，入口通入压力为 15000Pa 的空气，气流使橡胶变形从而打开阀门直到达到稳定状态。本案例仅关注最终稳态结果。

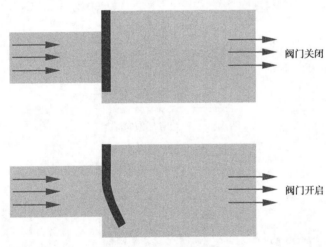

图 12-9　案例示意图

基本求解过程为：

（1）Fluent 计算流体压力，并将作用在簧片上的压力传递给 Mechanical。

（2）Mechanical 计算簧片的变形，并将变形量传递给 FLUENT。

（3）FLUENT 接收簧片变形数据，利用动网格技术更新网格。

案例在 Workbench 下完成。

Step 1：启动 Workbench

采用以下方式：

- 启动 Workbench。
- 利用菜单【File】>【Restore Archive…】，选择文件 ex7-2.wbpz。
- 在另存为对话框中，选择另存为工程文件 ex7-2.wbpj。

计算流程如图 12-10 所示。此处计算几何及网格已经准备完毕了，读者可以尝试自己准备计算模型和网格。

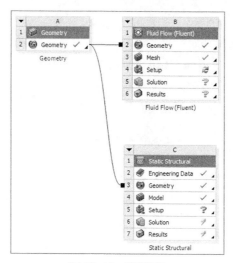

图 12-10 计算流程

Step 2：设置 FLUENT

先设置 FLUENT 参数。

- 双击 B4 单元格处的 Setup 启动 FLUENT Launcher。
- 激活 Double Precision，如图 12-11 所示。
- 单击 OK 按钮启动 FLUENT。

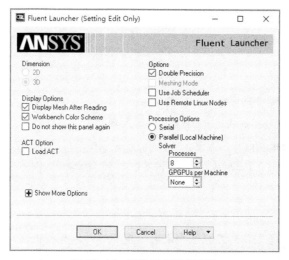

图 12-11 设置 FLUENT 启动

💿 提示：
　　这里可以采用并行进行计算，不过要注意不要把所有的 CPU 都用上，要预留一些 CPU 给 Mechanical 计算。

Step 3：General 设置

采用默认设置。

Step 4：Models 设置

采用 Realizable k-epsilon 模型进行计算。

- 选择模型树节点 Models，双击右侧面板中的列表项 Viscous，弹出湍流模型设置对话框，按图 12-12 所示进行设置。

- 选择 Model 为 k-epsilon(2 eqn)。
- 选择 k-epsilon Model 为 Realizable。
- 设置 Near-Wall Treatment 为 Standard Wall Functions。
- 其他参数保持默认，单击 OK 按钮关闭对话框。

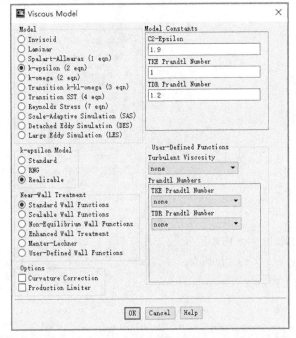

图 12-12　设置湍流模型

Step 5：Materials 设置

案例中流体介质为 air，设置其属性。

- 选择模型树节点 Materials，双击右侧面板中的列表项 air，弹出材料定义对话框。
- 设置 Density 为 ideal-gas。
- 其他参数保持默认，单击 Change/Create 按钮更改材料属性。
- 单击 Close 按钮关闭对话框。

 提示：
- -
　　在耦合问题中，使用理想气体密度模型要比定密度不可压缩模型更稳定。

Step 6：Boundary conditions 设置

设置边界条件。

- 选择模型树节点 Boundary conditions。
- 选择右侧面板中的列表项 inlet，设置其 Type 为 Pressure-inlet，弹出压力入口设置对话框。
- 如图 12-13 所示，设置 Gauge Total Pressure 为 15000 Pa，设置 Specification Method 为 Intensity and Length Scale，设置 Turbulent Intensity 为 5%，Turbulent Length Scale 为 0.0001 m。
- 单击 OK 按钮关闭入口设置对话框。
- 选择 outlet，确认其 Type 为 Pressure-outlet，设置 Gauge Pressure 为 0 Pa，设置 Specification Method 为 Intensity and Length Scale，设置 Turbulent Intensity 为 5%，Turbulent Length Scale 为 0.0001 m。
- 单击 OK 按钮关闭入口设置对话框。

其他边界保持默认设置。

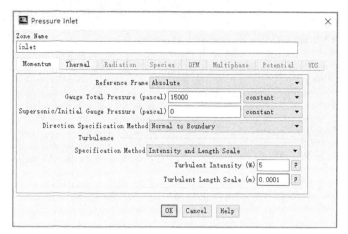

图 12-13 入口边界设置

Step 7：动网格参数设置

流固耦合中涉及网格的变形及重生，因此需要设置动网格参数。

- 选择模型树节点 Dynamic Mesh。
- 如图 12-14 所示，激活右侧面板中的 Dynamic Mesh 选项，并激活 Mesh Methods 下的 Smoothing 选项及 Remeshing 选项。
- 单击 Setting 按钮打开动网格设置对话框。
- 选择对话框中的 Smoothing 标签页，选择 Method 为 Diffusion，设置 Difffusion Parameter 为 0.5，如图 12-15 所示。

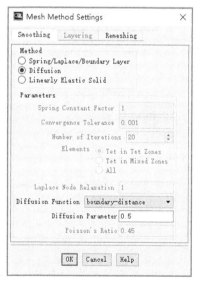

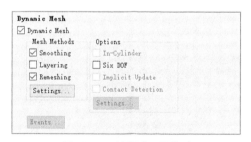

图 12-14 选择动网格模型

图 12-15 设置网格光顺参数

 建议：

  FLUENT 提供了多种网格光顺算法，其中扩散光顺算法比弹簧光顺算法的计算开销要大，但是扩散光顺算法可以生成较高质量的网格，并且允许较大的边界变形。

- 如图 12-16 所示，切换到 Remeshing 标签页，激活选项 Local Cell、Local Face、Region Face。
- 然后设置 Parameters 下方的参数：Minimum Length Scale 为 0.0001，Maximum Length Scale 为 0.0005，Maximum Cell Skewness 为 0.7，Maximum Face Skewness 为 0.6，Size Remeshing Interval 为 1。
- 单击 OK 按钮关闭对话框。

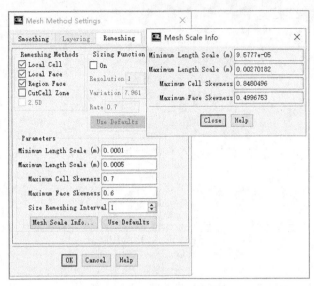

图 12-16　Remeshing 参数

💮 提示：

可以通过单击 Mesh Scale Info…按钮，弹出网格信息对话框，参照对话框中的网格数据设置动网格参数。

Setp 8：动网格区域指定

指定动网格区域并设置其参数。

- 选择模型树节点 Dynamic Mesh。
- 单击右侧面板中的 Create/Edit…按钮，弹出 Dynamic Mesh Zones 对话框，按图 12-17 所示进行设置。
- 选择 Zone Names 为 symmetry-fluid_deforming。
- 选择 Type 为 Deforming。
- 选择 Geometry Definition 标签页。
- 选择 Definition 为 plane。
- 设置 Point on Plane 为（0.157409，0.1，−0.03）。
- 设置 Plane Normal 为（1，0，0）。

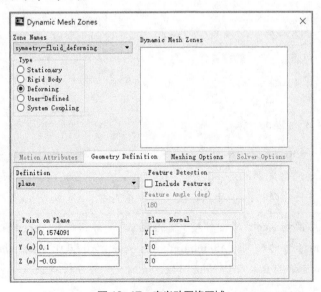

图 12-17　定义动网格区域

- 切换至 Meshing Options 标签页，设置 Minimum Length Scale 为 0.0001，Maximum Length Scale 为 0.00035，如图 12-18 所示。
- 单击 Create 按钮创建动区域。

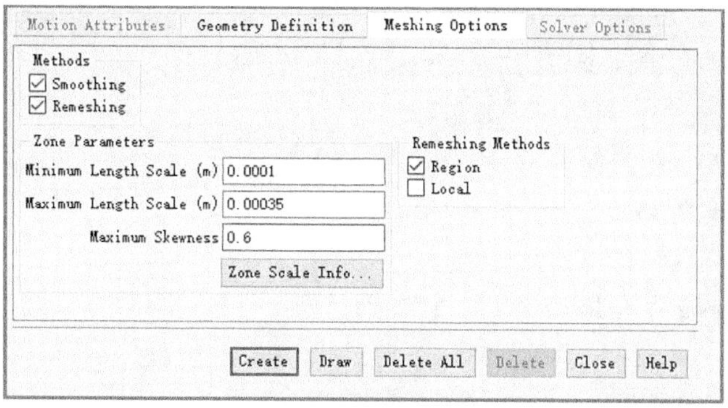

图 12-18　网格参数

设置流固耦合面的运动。

- 设置 Zone Name 为 wall_fsi，选择 Type 为 System Coupling。
- 选择标签页 Meshing Options，设置 Cell Height 为 0.0003。
- 单击 Create 按钮创建区域。
- 单击 Close 按钮关闭对话框。

其他参数保持默认设置。

Step 9：Solution Methods 设置

设置求解算法。

- 选择模型树节点 Solution Methods。
- 设置 Pressure-Velocity Coupling Scheme 为 Coupled。
- 激活选项 Pseudo Transient、Wraped-Face Gradient Correction 及 High Order Term Relaxation，如图 12-19 所示。

其他参数保持默认设置。

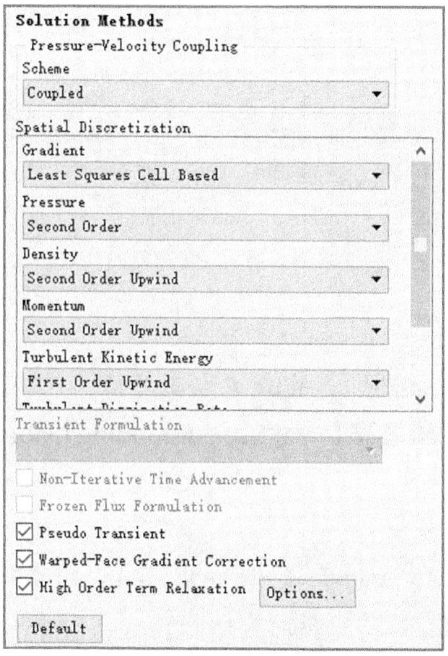

图 12-19　求解方法

Step 10：定义 Custom Field Functions

定义变量方便后面进行监测，这里定义的是作用在簧片上 Z 方向的力。

- 用鼠标右键选择模型树节点 Parameters & customization | Custom Field Functions，在弹出的菜单中选择子项 New。
- 选择 Field Functions 为 Pressure 及 Static Pressure。
- 单击 Select 按钮。
- 选择面板中的 X 号，如图 12-20 所示。
- 选择 Field Functions 为 Mesh…及 Z Face Area。
- 单击 Select 按钮。
- 设置 New Function Name 为 force-z，如图 12-21 所示。
- 单击 Define 按钮定义变量。
- 单击 Close 按钮关闭对话框。

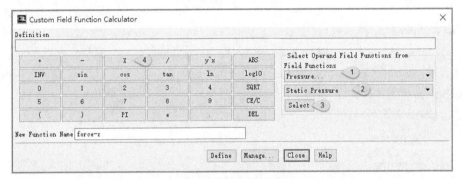

图 12-20　自定义变量 1

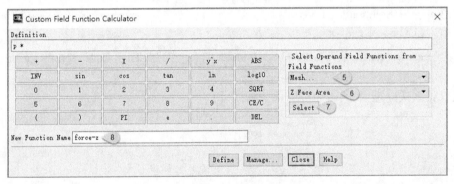

图 12-21　自定义变量 2

Step 11：定义 Monitors

定义残差监测标准及变量监测。

- 选择模型树节点 Monitors。
- 双击右侧面板中的列表项 Residuals，弹出残差监测对话框。
- 如图 12-22 所示，激活选项 Compute Local Scale Reporting Option，选择选项 local sacaling。
- 设置所有的方程残差均为 1×10^{-4}。
- 单击 OK 按钮关闭对话框。
- 创建 Surface Monitors，单击 Monitors 面板中 Surface Monitors 下方的 Create…按钮，弹出面监控对话框，按图 12-23 所示进行设置。
- 设置 Report Type 为 Sum。

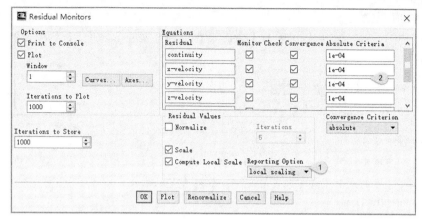

图 12-22　设置残差标准

- 设置 Field Variable 为 Custom Field Functions…及 force-z。
- 选择 Surfaces 为 wall_fsi。
- 激活选项 Plot。
- 激活选项 Write。
- 其他参数保持默认设置，单击 OK 按钮关闭对话框。

图 12-23　面监控设置对话框

Step 12：Calculation Activities 设置

设置自动保存。

- 选择模型树节点 Calculation Activities。
- 在右侧面板中设置 AutoSave Every(Iterations)为 20。

其他参数保持默认设置。

Stetp 13：Run calculation 设置

设置迭代参数。

- 选择模型树节点 Run Calculation。
- 设置右侧面板中的 Number of Iterations 为 50。

其他参数保持默认设置。

到此 FLUENT 中的设置完毕,可以关闭 FLUENT 软件退回至 Workbench 工程界面,然后进入 Mechanical 进行计算参数设置。

Step 14:进入 Mechanical 中进行设置

双击 C5 单元格进入 Mechanical 设置。

1. 设置固定约束

- 用鼠标右键单击模型树节点 Static Structural(c5),选择子菜单【Insert】>【Fixed Support】。
- 在图形窗口中选择约束面(max y 及 max z),如图 12-24 所示。
- 在属性窗口中单击 Apply 按钮。

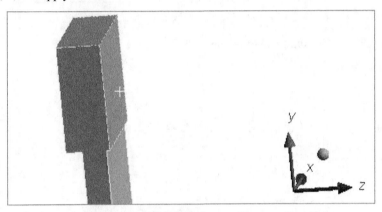

图 12-24　固定约束面(max y 及 max z)

2. 设置无摩擦支撑约束

- 用鼠标右键单击模型树节点 Static Structural(c5),选择子菜单【Insert】>【Frictionless support】。
- 在图形窗口中选择约束面(mix x),如图 12-25 所示。
- 在属性窗口中单击 Apply 按钮。

图 12-25　约束面(min x)

3. 设置流固交界面

- 用鼠标右键单击模型树节点 Static Structural(c5),选择子菜单【Insert】>【Fluid Solid Interface】。
- 选择除前面选中的 3 个面之外的所有面(共 8 个面)。
- 在属性窗口中单击 Apply 按钮。

4．设置求解参数

- 选择模型树节点 Analysis Settings。
- 在属性窗口中设置 Large Deflection 为 On，如图 12-26 所示。

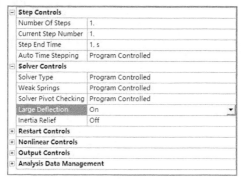

图 12-26 求解参数设置

5．设置结果查看

- 用鼠标右键单击模型树节点 Solution(c6)，选择子菜单【Insert】>【Deformation】>【Directional Deformation】。
- 在属性窗口设置 Orientation 为 Z Axis。

至此，Mechanical 中的参数设置完毕，关闭 Mechanical 返回至 Workbench 工程窗口。

Step 15：添加 System Coupling

从 Toolbox 中拖曳 System Coupling 模块到工程窗口中，并建立起数据连接。完毕后的数据流程如图 12-27 所示。

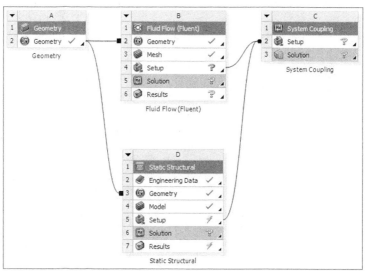

图 12-27 数据流程

Step 16：设置 System Coupling 参数

在设置 System Coupling 参数之前，需要先更新 B4 及 D5 单元格。

- 分别在 B4 及 D5 单元格上单击右键，选择 Update。
- 双击 C2 单元格，出现图 12-28 所示的对话框，单击是按钮进入 System Coupling 参数设置面板。
- 单击 A3 单元格进行 Analysis Settings 设置，在下方的属性窗口中，设置 Number of Steps 为 50，设置 Minimum Iterations 及 Maximum Iterations 均为 1，其他参数保持默认设置，如图 12-29 所示。

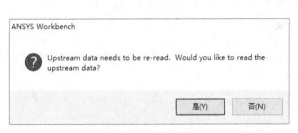

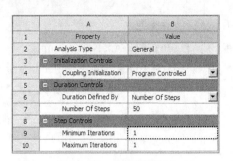

图 12-28　提示信息　　　　　　　　　　　图 12-29　求解参数设置

- 按住 Ctrl 键分别选择 A7 单元格（wall_fsi）及 A12 单元格（Fluid Solid Interface），单击鼠标右键，选择子菜单 Create Data Transfer，如图 12-30 所示。

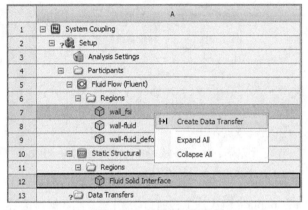

图 12-30　创建数据传递面

数据传递面建立完毕后，会在树状菜单中添加节点 Data Transfer 及 Data Transfer 2，如图 12-31 所示。

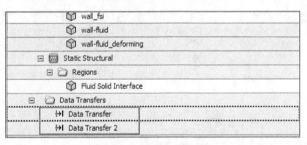

图 12-31　增加的节点

- 选中节点 Data Transfer，设置属性窗口中参数 Under Relaxation Factor 为 0.5。以同样的方法设置 Data Transfer 2 也为 0.5。

其他参数保持默认设置。

Step 17：启动计算

单击工具栏按钮 ⟳ Update 开始进行流固耦合计算。软件会自动启动 FLUENT 及 Mechanical 进行计算。计算量比较大，在至强 X5650、16GB 内存的工作站上耗时约 7h。

Step 18：查看簧片变形

在 Mechanical 中查看簧片的变形量。

- 在 Workbench 工程窗口中，双击 D7 单元格（Result）打开 Mechanical。
- 在 Mechanical 中单击模型树节点 Directional Deformation，显示监测点的变形曲线（见图 12-32）及位移数据（见图 12-33）。

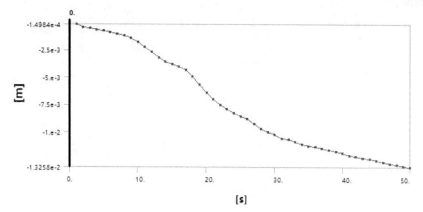

图 12-32 监测曲线

	Time [s]	☑ Minimum [m]	☑ Maximum [m]
1	1.	-1.4984e-004	-1.4984e-004
2	2.	-4.609e-004	-4.609e-004
3	3.	-5.1065e-004	-5.1065e-004
4	4.	-6.4509e-004	-6.4509e-004
5	5.	-7.8624e-004	-7.8624e-004
6	6.	-9.2854e-004	-9.2854e-004
7	7.	-1.053e-003	-1.053e-003
8	8.	-1.2126e-003	-1.2126e-003
9	9.	-1.4204e-003	-1.4204e-003
10	10.	-1.7898e-003	-1.7898e-003
11	11.	-2.2252e-003	-2.2252e-003
12	12.	-2.7243e-003	-2.7243e-003

图 12-33 监测点位移数据

Step 19：查看簧片变形及应力

在 Mechanical 中查看簧片变形及应力。

- 用鼠标右键单击模型树节点 Solution(D6)，选择【Insert】>【Deformation】>【Total】
- 右键选择节点 Total Deformation，选择子菜单 Evaluate All Result。显示出的簧片变形如图 12-34 所示。
- 用鼠标右键单击模型树节点 Solution(D6)，选择子菜单【Insert】>【Stess】>【Equivalent(von-Mises)】。
- 右键选择节点 Equivalent Stress，选择子菜单 Evaluate All Result。显示出的等效应力如图 12-35 所示。

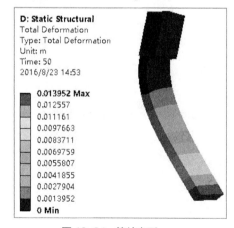

图 12-34 簧片变形

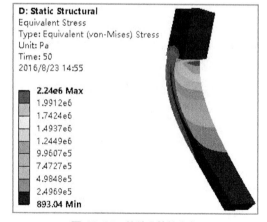

图 12-35 簧片上等效应力

Step 20：查看流场

添加 Result 模块到计算流程中，如图 12-36 所示。

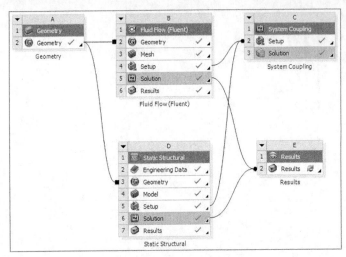

图 12-36　增加 Result 模块

● 双击 E2 单元格进入 CFD-Post 模块。

● 激活模型树节点 SYS at 50s | Default Domain | Default Boundary 并双击节点，在属性窗口中按图 12-37 所示进行设置。

显示的总位移如图 12-38 所示。

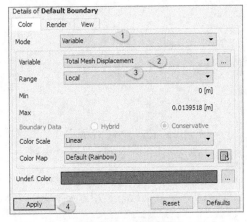

图 12-37　显示位移

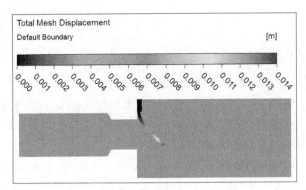

图 12-38　总位移

Step 21：查看速度矢量

查看对称面上的速度矢量分布。

● 选择菜单【Insert】>【Vector】，接受默认名称。

● 如图 12-39 所示，在属性窗口中选择 Location 为 symmetry fluid 及 symmetry fluid_deforming。

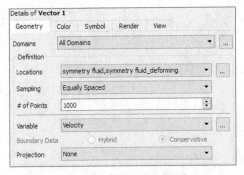

图 12-39　查看速度矢量分布

- 设置 Samping 为 Equally Spaced。
- 设置#of Points 为 1000。
- 单击 Apply 按钮确认。

矢量分布如图 12-40 所示。

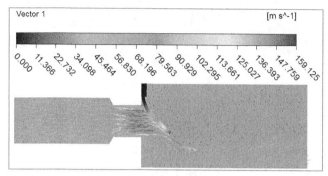

图 12-40 矢量分布

Step 22：压力云图分布

查看对称面上的压力云图分布。

- 选择菜单【Insert】>【contours】，接受默认名称。
- 在属性窗口中选择 Location 为 symmetry fluid 及 symmetry fluid_deforming。
- 设置 Variable 为 Pressure，设置 Range 为 Local，设置# of contours 为 33。
- 单击 Apply 按钮。

显示的压力分布如图 12-41 所示。

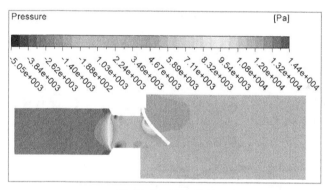

图 12-41 压力分布

 建议：
  若对簧片变形过程感兴趣，可采用瞬态计算，读者可自行尝试。

【案例 2】热-结构耦合：T 型管热应力计算

本案例演示如何利用 Mechanical 及 FLUENT 计算 T 型管内热应力。案例几何模型如图 12-42 所示，同时包含有固体域及流体域。

T 型管包含两个入口，流速均为 2m/s，主管入口温度为 20℃，支管入口温度为 80℃，出口管为压力出口，出口表压为 0 Pa，环境温度为 300K。

本案例从几何导入开始，演示热应力计算设置方法。

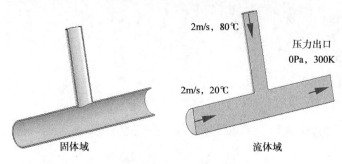

图 12-42　计算模型

Step 1：几何处理

在 Workbench 中进行几何处理。

- 启动 Workbench，添加 Geometry 模块，如图 12-43 所示。
- 用鼠标右键单击 A2 单元格，选择菜单 New DesignModeler Geometry…进入 DM 模块。
- 在 DM 模块中选择菜单【File】>【Import External Geometry File…】，弹出文件选择对话框，选择文件 ex7-3.x_t。
- 单击工具栏按钮 ジGenerate 导入几何文件（见图 12-44）。
- 确认树状菜单节点 2 Parts、2 Bodies，按 F2 键修改 Volume 名称为 Fluid。
- 关闭 DM 模块返回至 Workbench 界面。

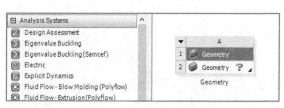

图 12-43　添加 Geometry 模块

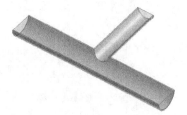

图 12-44　几何文件

Step 2：添加 FLUENT

添加 FLUENT 模块到工作流程中。

- 从 Toolbox 中拖曳 Fluid Flow(FLUENT)到 A2 单元格上，如图 12-45 所示。
- 双击 B3 单元格进入 Meshing 模块。

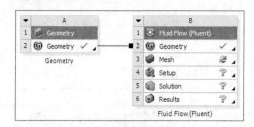

图 12-45　添加 FLUENT 模块

Step 3：几何处理

在 Meshing 模块中处理几何。

- 用鼠标右键选择模型树节点 Project | Model(B3) | Geometry | Solid，选择子菜单 Suppress Body 去除固体几何。
- 在图形窗口中选择几何的剖切平面，单击鼠标右键，在弹出的子菜单中选择 Create Named Selection。如图 12-46 所示，在弹出的对话框中设置名称为 symmetry，单击 OK 按钮关闭对话框。

- 以相同的步骤创建 inlet-main、inlet-branch、outlet 以及 wall，如图 12-47 所示。

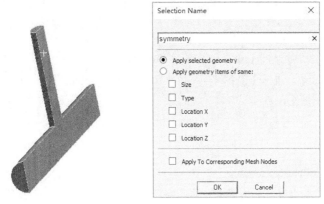

图 12-46　命名面

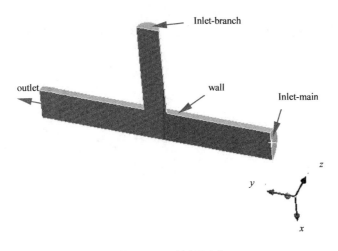

图 12-47　创建面命名

Step 4：划分网格

设置网格参数划分流体网格。

- 用鼠标右键单击模型树节点 Mesh，选择子菜单【Insert】>【Sizing】。
- 选择整个几何体，单击属性窗口中的 Apply 按钮，设置 Element Size 参数为 0.001m。
- 用鼠标右键单击模型树节点 Mesh，选择子菜单【Insert】>【Inflation】，选择 Geometry 为整个几何体，选择 Boundary 为 wall 面（除进出口及对称边界外的两个圆柱面），设置 Growth Rate 为 1.05。生成网格如图 12-48 所示。

图 12-48　生成网格

关闭 Meshing 模块返回至 Workbench 界面。

Step 5：启动 FLUENT

进入 FLUENT 中进行设置。

- 用鼠标右键单击 B3 单元格 Mesh，选择菜单 Update。
- 双击 B3 单元格 Setup，进入 FLUENT 启动界面，选择 Double Precision。
- 单击 OK 按钮进入 FLUENT。

在 FLUENT 中进行流体边界设置。

Step 6：Models 设置

开启能量方程并设置湍流模型。

- 选择模型树节点 Models，双击右侧面板中的列表项 Energy，在弹出的对话框中激活选项 Energy Equation，如图 12-49 所示。单击 OK 按钮关闭对话框。
- 双击列表项 Viscous，弹出湍流模型设置对话框。
- 选择 Model 为 k-epsilon(2 eqn)，激活选项 Realizable 及 Standard Wall Functions，其他参数保持默认设置，如图 12-50 所示。
- 单击 OK 按钮关闭对话框。

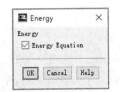

图 12-49　开启能量方程　　　　　　　　　图 12-50　设置湍流模型

Step 7：Materials 设置

添加材料液态水。

- 选择模型树节点 Materials。
- 单击右侧面板中的 Create/Edit… 按钮，进入材料设置对话框。
- 单击材料设置对话框中的 FLUENT Database… 按钮，在弹出的材料数据库对话框中，选择材料 water-liquid(h2o<l>)，如图 12-51 所示。单击 Copy 按钮添加材料。
- 单击 Close 按钮关闭对话框。

 注意：

　　本案例只是演示热应力计算设置方法，因此材料参数采用默认参数。在实际工程中要按照真实情况修改材料属性。

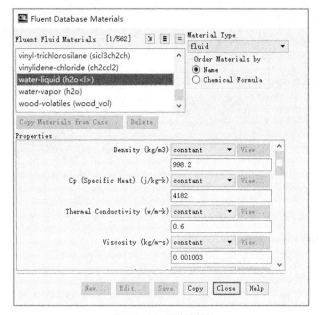

图 12-51 添加材料

Step 8：Cell Zone Conditions 设置

设置计算域材料为 water-liquid。

- 选择模型树节点 Cell Zone Conditions，双击右侧面板中的列表项 fluid，弹出区域设置对话框。
- 在弹出的对话框中设置 Materials Name 为 water-liquid，如图 12-52 所示。
- 单击 OK 按钮关闭对话框。

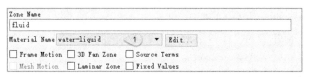

图 12-52 设置计算域介质

Step 9：Boundary conditions 设置

设置进出口边界。

1．设置 inlet-main 边界

- 选择模型树节点 Boundray conditions，双击右侧面板中的列表项 inlet-main，在弹出的对话框中按图 12-53 所示进行设置。

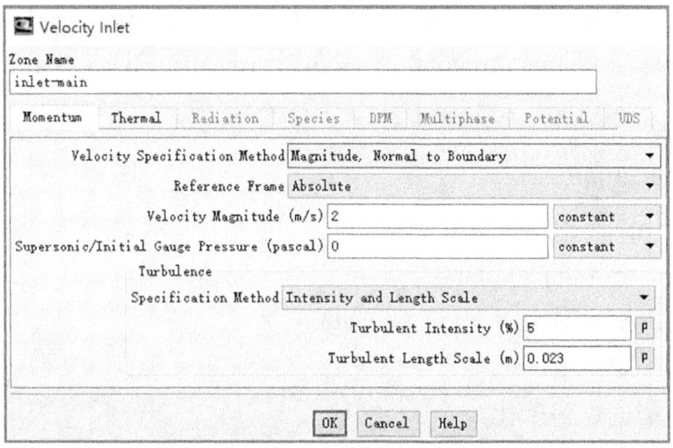

图 12-53 设置 inlet-main 边界

- 设置 Velocity Magnitude 为 2 m/s。
- 设置 Specification Method 为 Intensity and Length Scale。
- 设置 Turbulent Intensity 为 5 %。
- 设置 Turbulent Length Scale 为 0.023 m。
- 切换至 Thermal 标签页，设置 Temperature 为 293.15 K。
- 单击 OK 按钮关闭对话框。

2. 设置 inlet-branch

- 选择模型树节点 Boundray conditions，双击右侧面板中的列表项 inlet-branch。
- 设置 Velocity Magnitude 为 2 m/s。
- 设置 Specification Method 为 Intensity and Length Scale。
- 设置 Turbulent Intensity 为 5 %。
- 设置 Turbulent Length Scale 为 0.023 m。
- 切换至 Thermal 标签页，设置 Temperature 为 353.15 K。
- 单击 OK 按钮关闭对话框。

3. 设置 outlet 边界

- 选择模型树节点 Boundray conditions，鼠标选择右侧面板中的列表项 outlet。
- 确保 Type 为 Pressure-outlet，单击 Edit… 按钮弹出边界设置对话框。
- 设置 Gauge Pressure 为 0 Pa。
- 设置 Specification Method 为 Intensity and Length Scale。
- 设置 Turbulent Intensity 为 5 %。
- 设置 Turbulent Length Scale 为 0.023 m。
- Thermal 标签页下的 Tepmerature 保持默认。

4. 设置 Symmetry 边界

确保该边界类型为 Symmetry，无需设置其他参数。

5. 设置 wall 边界

采用默认的光滑无滑移壁面边界，热边界采用默认的绝热边界。

Step 10：Solution Methods

设置求解方法。

- 选择模型树节点 Solution Methods。
- 在右侧面板中设置 Pressure-Velocity coupling Scheme 为 coupled。
- 激活选项 Wraped-Face Gradient correction 及 High Order Term Relaxation。

其他参数保持默认设置。

Step 11：Solution Initialization

进行初始化设置。

- 选择模型树节点 Solution Initialization。
- 在右侧面板中选择初始化方法 Hybird Initialization。
- 单击 Initialize 按钮进行初始化.

也可以采用 Standard 方法进行初始化。

Step 12：Run calculation 设置

设置迭代步数进行迭代计算。

- 选择模型树节点 Run claculaton.
- 设置右侧面板中的 Number of Iterations 为 250。
- 单击 Calculate 按钮进行迭代计算

计算收敛后自动停止。

Step 13：查看壁面温度分布

流体壁面上的温度将作为载荷施加到固体内壁面上，FLUENT 计算完毕后可以查看壁面上的温度分布。

- 选择模型树节点 Graphics，双击右侧面板中的 Contours 列表项。
- 如图 12-54 所示，激活选项 Filled，选择 Contours of 为 Temperature···及 Static Temperature。
- 选择 Surfaces 为 wall。
- 单击 Display 按钮显示壁面温度分布。

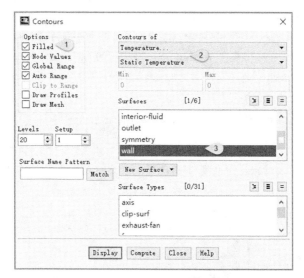

图 12-54　显示壁面温度分布

壁面温度分布如图 12-55 所示。

图 12-55　壁面温度分布

FLUENT 中的工作至此完毕，可以关闭 FLUENT 返回 Workbench 界面中。

Step 14：添加 Mechanical 模块

在 Workbench 中添加 Thermal 模块及 Mechanical 模块，如图 12-56 所示。

- 双击 C4 单元格 Model 进入 Thermal 模块。

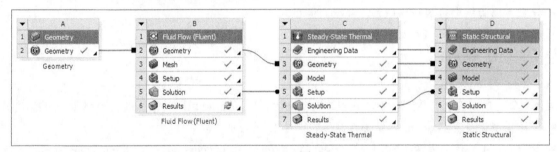

图 12-56　添加 Mechanical 模块及 Thermal 模块

Step 15：几何处理及生成网格

在 Thermal 中进行设置。

- 用鼠标右键选择模型树节点 Model | Geometry | Fluid，选择子菜单 Suppress Body 去除流体几何。
- 选择节点 Solid，在属性窗口中设置 Assignment 为默认的 Structural Steel。
- 用鼠标右键单击节点 Mesh，选择子菜单【Insert】>【Sizing】，在图形窗口中选择几何体。
- 设置 Element Size 参数为 0.001 m。
- 用鼠标右键单击节点 Mesh，选择子菜单 Generate Mesh 生成网格。

> **注意：**
>
> 　　这里只是案例演示，并未对网格进行更多的设置。在实际的工程中，务必保证流体几何与固体几何重合面处的网格尺寸接近，否则在数据映射过程中会存在较大误差甚至错误。另外对于本案例中的薄壁几何，务必保证沿厚度方向超过 3 层网格。

图 12-57　计算网格

Step 16：导入热载荷

将 FLUENT 计算得到的温度作为热载荷施加到固体几何上。

- 用鼠标右键选择模型树节点 Steady-State Thermal(c5) | Imported Load(B5)，选择子菜单【Insert】>【Temperature】。
- 单击属性窗中的 Geometry，选择图形窗口中两管道的内表面，单击 Apply 按钮。
- 单击属性窗口中的 CFD Surface，选择 fluid。
- 用鼠标右键单击节点 Imported Temperature，选择子菜单 Import Load。

此时可以单击节点 Imported Temperature 以查看图形窗口中的温度载荷，如图 12-58 所示。

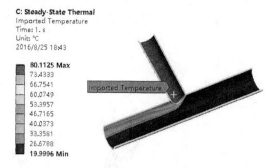

图 12-58　导入的温度载荷

Step 17：设置约束

包括两个约束：对称面约束以及固定约束。对称面及固定面如图 12-59 所示。

- 用鼠标右键单击节点 Startic Structural(D5)，选择子菜单【Insert】>【Frictionless Support】。
- 在属性窗口中选择对称面，单击 Apply 按钮。

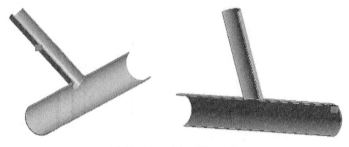

图 12-59　对称面以及固定面

- 用鼠标右键单击节点 Startic Structural(D5)，选择子菜单【Insert】>【Fixed Support】。
- 在属性窗口中选择 min y 半圆环面作为固定约束面，单击 Apply 按钮。

💧 提示：

　　Mechanical 中的 Frictionless Support 边界与对称边界等同，均为沿面法向位移自由度为零，另外两个方向的转动自由度为零。

Step 18：求解计算及后处理

进行计算并观察计算结果。

- 用鼠标右键单击模型树节点 Startic Structural(D5)，选择子菜单 Solve 进行计算。
- 用鼠标右键单击模型树节点 Solution(D6)，选择子菜单【Insert】>【Deformation】>【Total Deformation】显示总变形。

总变形如图 12-60 所示。

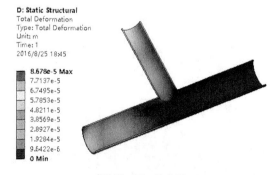

图 12-60　总变形

- 用鼠标右键单击模型树节点 Solution(D6)，选择子菜单【Insert】>【Stress】>【Equivalent Stress(von Mises)】显示等效应力。

等效应用如图 12-61 所示。

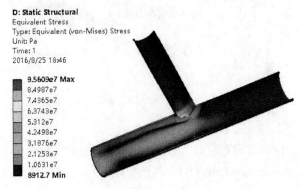

图 12-61　等效应力

本案例至此结束。